生成AIを Word & Excel & PowerPoint & Outlookで 自在に操る超実用 VBAプログラミング術

近田伸矢［著］
古川渉一［監修］
株式会社デジタルレシピ
取締役・最高技術責任者

インプレス

ご購入・ご利用の前に必ずお読みください

本書の内容は、2024年1月時点の情報をもとに構成しています。本書の発行後に各種サービスやソフトウェアの機能、画面などが変更される場合があります。また、APIの仕様変更やWindowsやOfficeのアップデートなどにより、サンプルが動作しなくなる可能性もあります。

本書発行後の情報については、弊社のWebページ（https://book.impress.co.jp/）などで可能な限りお知らせいたしますが、すべての情報の即時掲載ならびに、確実な解決をお約束することはできかねます。また本書の運用により生じる、直接的、または間接的な損害について、著者ならびに弊社では一切の責任を負いかねます。あらかじめご理解、ご了承ください。本書で紹介している内容のご質問につきましては、巻末をご参照のうえ、メールまたは封書にてお問い合わせください。ただし、本書の発行後に発生した利用手順やサービスの変更に関しては、お答えしかねる場合があります。また、本書の奥付に記載されている初版発行日から1年が経過した場合、もしくは解説する製品やサービスの提供会社がサポートを終了した場合にも、ご質問にお答えしかねる場合があります。あらかじめご了承ください。

また、以下のご質問にはお答えできませんのでご了承ください。

- 書籍に掲載している内容以外のご質問
- 書籍に掲載している以外のプログラムの作成方法
- 個別の環境や業務に合わせたコードの改変など

本書の内容

本書にはOpenAIのGPT、DALL-EおよびEmbeddingsの各APIを使用し、著者が検証・編集・改訂した個所が含まれます。本書に記載されているサンプル通りに各コードを記述したとしても、生成物が異なることがあります。これは各生成AIの特性によるものですので、ご理解の上、本書をご活用ください。

本書提供ファイルのご利用について

本書で提供している各ファイルはご購入者様向けのものになります。図書館などの貸し出しサービスではご利用いただけません。

本書の前提

本書では、「Windows 11」に「Microsoft 365」がインストールされているパソコンで、インターネットに常時接続されている環境を前提に画面を再現しています。

Microsoft、Windowsは、米国Microsoft Corporationの米国およびその他の国における登録商標または商標です。

そのほか、本書に記載されている会社名、製品名、サービス名は、一般に各開発メーカーおよびサービス提供元の登録商標または商標です。なお、本文中にはTMおよび®マークは明記していません。

▷ はじめに

ChatGPTをはじめとする生成AI は、私たちの仕事や生活に身近な存在となっています。でも、APIの活用、特にOffice VBAからの利用はまだ珍しいのではないでしょうか。本書の目次に並んでいる魔法のようなレシピをご覧になったあなたは、「これは本当に実現可能なの？」と疑問に思われるかもしれません。

本当です。生成AIは、Office VBAから自在に操ることができます！

本書はマクロを使用したことがあるOfficeユーザーを対象に、1章でVBAの基本操作、2章でOpenAI社の生成AIモデルやVBAからAPIを利用する方法を詳しく解説します。3～6章では、Officeアプリから、会話型文章生成のChatGPT、画像生成のDALL-E、自然言語処理のEmbeddingsの各APIを呼び出す関数を作成します。

7章以降は、Officeアプリ毎に、様々な便利マクロをレシピ形式で紹介します。自動スライド作成やWord文書要約、返信メール自動作成、Excelでの画像認識など、いずれも実践的なメニューばかりです。最終10章では、独自にカスタマイズされたMyGPTsを、最新のAssistants APIを利用して再現します。これにより、有償のChatGPT Plusユーザーでなくても、特定ドキュメントの参照やデータを分析するAIアシスタントを作成することが可能となります。

本書はVBAに触れたことがある方はもちろん、これを機に新たにマクロの世界に足を踏み入れる方にも最適です。手順に沿って、提供されるアドインをOfficeに導入すれば、あなたのOfficeは生成AIにより強化され、業務の質を飛躍的に向上させることができます。本書で紹介するレシピの活用でVBAプログラミングスキルが高まり、皆さまのOfficeを使用した業務が、あなたにとって、よりクリエイティブで楽しいものになれば、著者としてこんな嬉しいことはありません。

2024年１月　**近田伸矢**

▷生成 AI × VBA の可能性を体験しよう

本書は、生成AIをOffice VBAで自在に操る方法を詳細に解説します。OpenAIの生成AIモデルであるChatGPT（会話生成）、DALL-E（画像生成）、Embeddings（自然言語処理のベクトル変換）の各APIをVBA（マクロ）から呼び出すことで実現できることの一端をご紹介しましょう。

ChatGPT×VBAで実現！ 会話生成AIをフル活用する便利マクロ

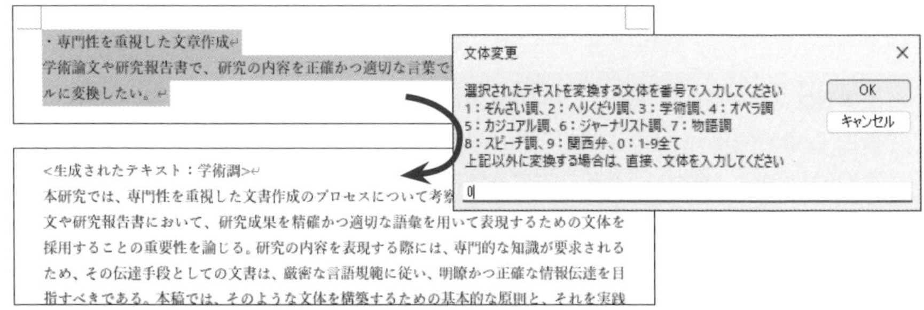

▲ Word上で、選択したテキストの文体を自在に変更できる

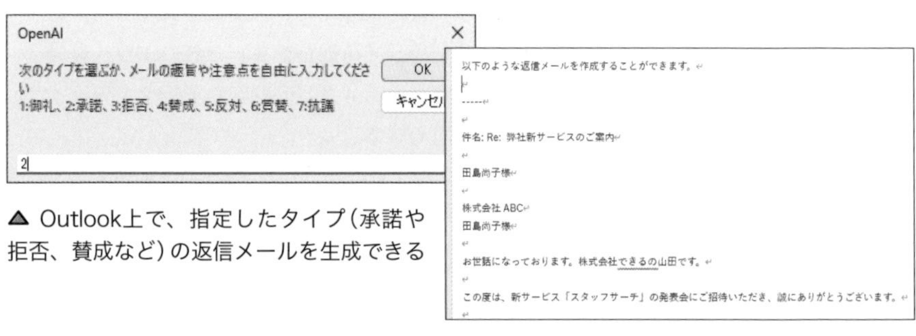

▲ Outlook上で、指定したタイプ（承諾や拒否、賛成など）の返信メールを生成できる

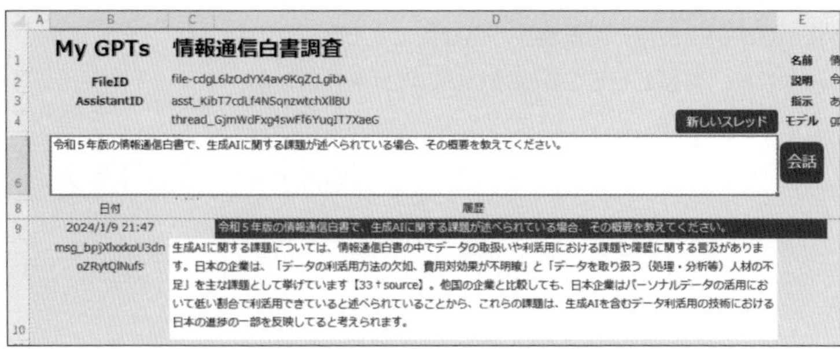

▲ Excel上で、指定したPDFやOfficeドキュメントを対象に、参照やデータ分析しながら回答するカスタムチャット「MyGPTs」を再現できる

DALL-E×VBAで実現！ 画像生成AIをフル活用する便利マクロ

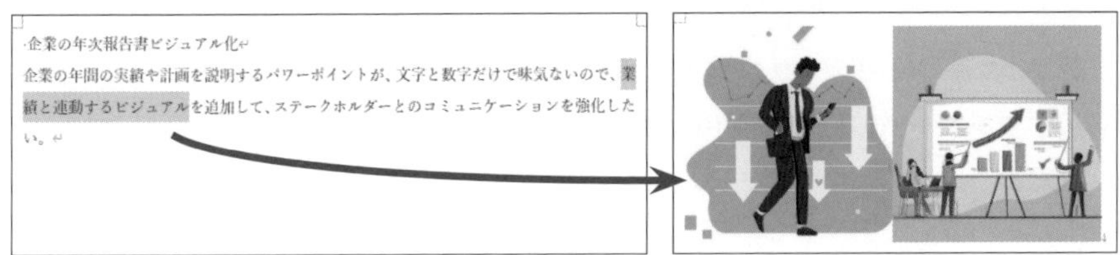

▲ Word上で、選択した文字列を基にした、写真調・イラスト調などの画像を文書に挿入できる

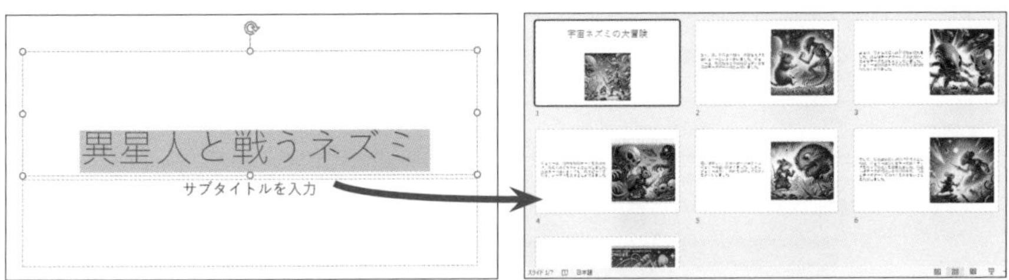

▲ PowerPoint上で、キーワードを基にして「絵本」や「パンフレット」など制作スライドを生成できる

Embeddings×VBAで実現！ 自然言語処理をフル活用する便利マクロ

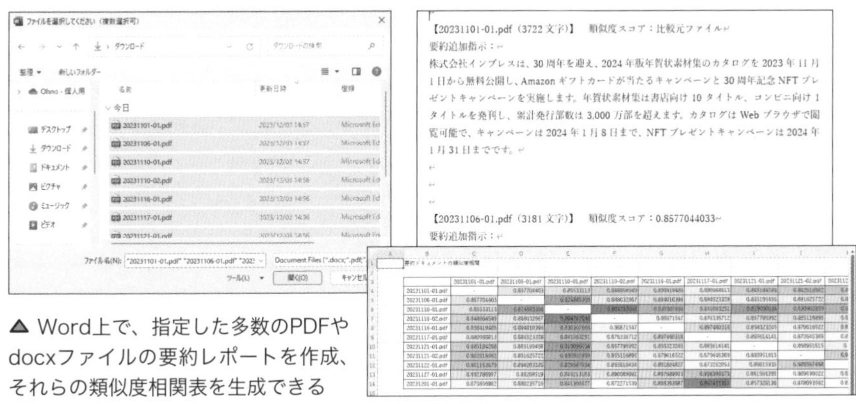

▲ Word上で、指定した多数のPDFやdocxファイルの要約レポートを作成、それらの類似度相関表を生成できる

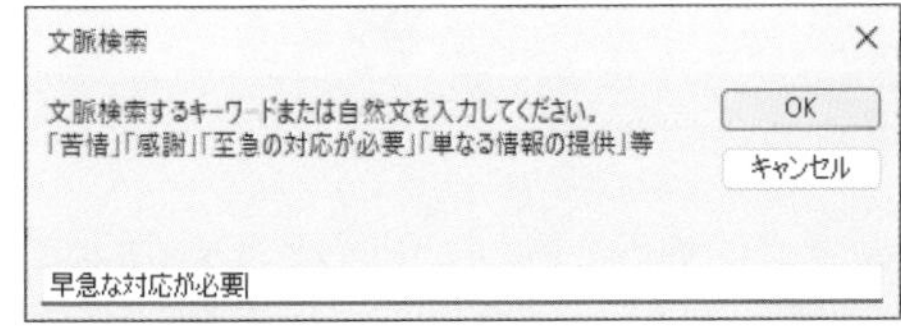

▲ Outlook上で、指定したキーワードに関連するメールを自然言語処理でリストアップできる

▷サンプルファイルの使い方

第3章以降で使用するサンプルファイルは、以下のURLからダウンロードできます。ダウンロードにはCLUB Impressの会員登録が必要です（無料）。会員でない方は登録のうえ、ご利用ください。

▍本書の商品情報ページ

https://book.impress.co.jp/books/1123101083

※P.2の「ご購入・ご利用の前に必ずお読みください」をご確認のうえ、ご利用ください。

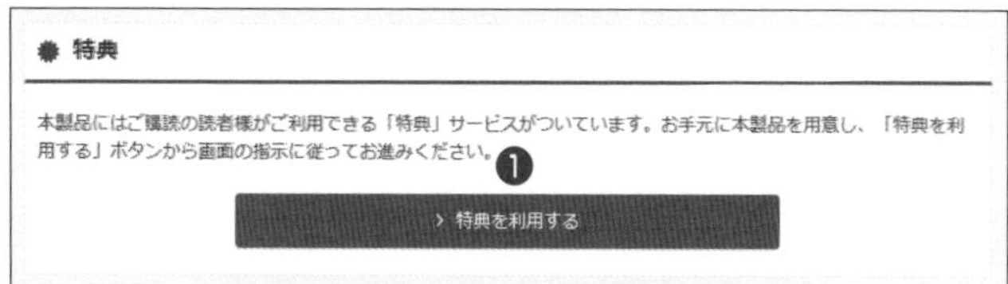

上記のURLを参考に本書の商品ページを表示し、[特典を利用する]をクリック❶する

会員ID
メールアドレスを会員IDとして登録している方以外は、登録済みの会員IDを入力してください
会員パスワード
ログイン情報を記憶する
❷
ログインする
会員登録する(無料)

CLUB Impressの会員ではない場合は、[会員登録する（無料）]をクリック❷して登録を進める

特典をダウンロードする
クイズの答えを入力して［確認］ボタンを押してください。正解するとダウンロードページへ遷移します。
Q 336ページのにあるワンポイントのタイトルに含まれる全角カタカナを6文字で入力してください。
A クイズの解答
❸ 確認

登録後、会員IDと会員パスワードを使ってログインする。表示された質問の回答を入力し、[確認]をクリック❸する

サンプルファイルのダウンロード画面が表示されたら、[ダウンロード]をクリック❹する

サンプルファイルの展開とマクロのブロック解除

インターネット上からダウンロードしたxlsmファイル（マクロ有効ブック）は、マクロの実行がブロックされます。解除するには以下の手順を参考に、ファイルごとにセキュリティの許可を設定してください。なお、ファイルの入手元が信頼できる場合のみ、設定するようにしましょう。

ダウンロードしたサンプルファイルをエクスプローラーで表示して選択❶する。［すべて展開］をクリック❷する

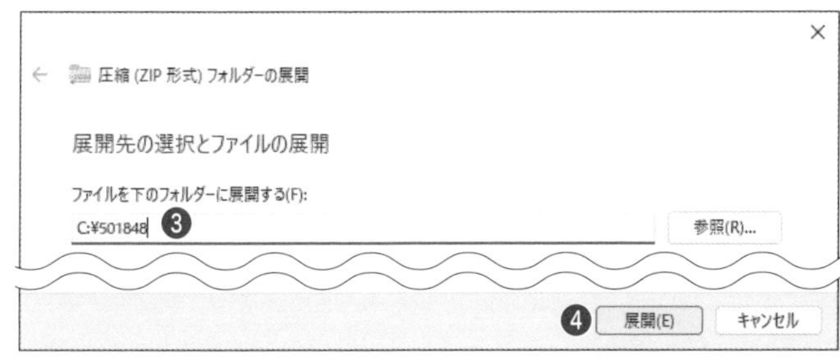

展開先を選択❸し、［展開］をクリック❹する。なお、本書ではCドライブなどを展開先として推奨している

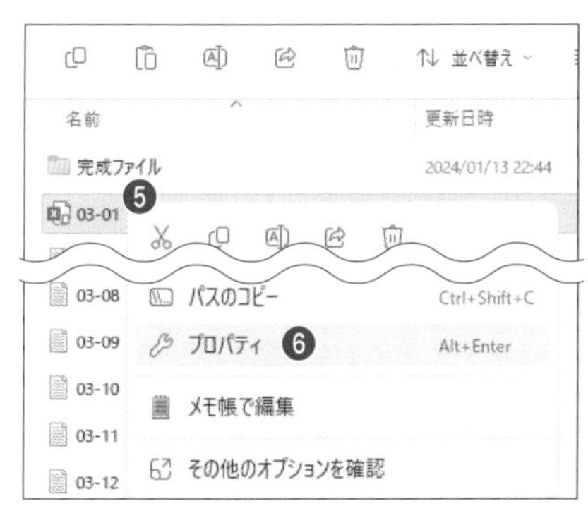

展開されたファイルを表示しておく。xlsmファイルを右クリック❺し、［プロパティ］をクリック❻する

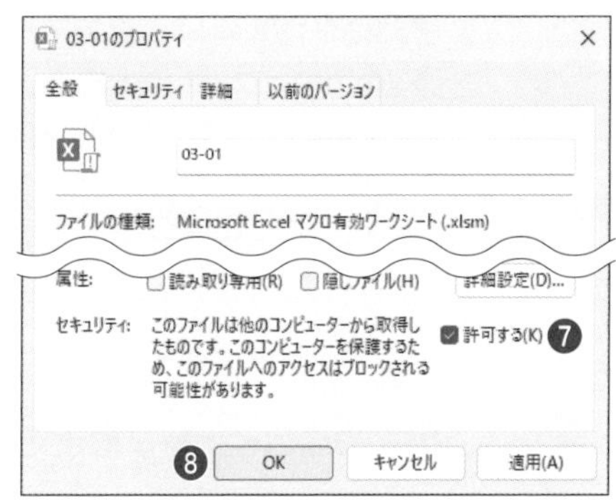

ファイルのプロパティが表示される。［セキュリティ］の［許可する］をクリック❼してチェックマークを付け、［OK］をクリック❽する

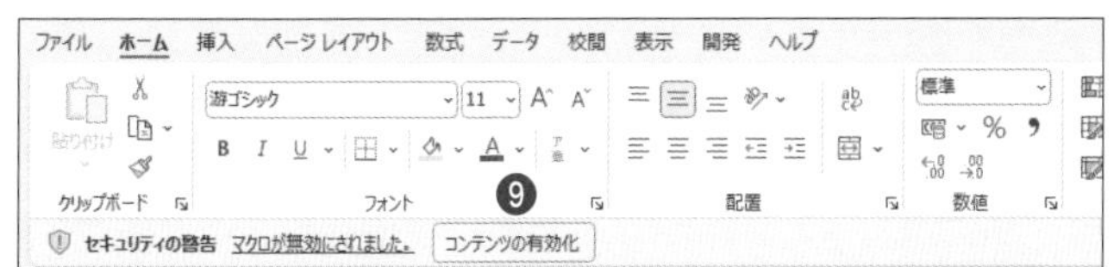

プロパティを変更したxlsmファイルを開き、［セキュリティの警告］の［コンテンツの有効化］をクリック❾する

▷ CONTENT

第1章

Chapter 1

▽

生成 AI を操る VBA の基礎知識

本書では、ChatGPT に代表される生成 AI 技術を、各 Office アプリ（Excel、Word、PowerPoint、Outlook）へ組み込み、Office の機能を向上させる方法を具体的に解説、レシピ形式で紹介していきます。この組み込みに必須なのが「VBA」です。
VBA（Visual Basic for Applications）は、Office アプリ内でのプログラミングに使用される言語です。Excel の操作自動化や Word 文書の一括処理など、日々の業務を効率化するために不可欠なツールであり、分かりやすく一言で「マクロ」と呼ばれることもあります。
この章では、VBA の基本的な機能や操作方法、文法などを解説します。環境設定からプログラムの基本構造、専門用語など確実に理解することで、次章以降で解説する生成 AI 技術の組み込みがスムーズに行えるようになります。それでは一緒に、新しい時代の Office を楽しむための第一歩を踏み出しましょう！

1-1 ▷VBA開発環境の基本を理解しよう

VBAプログラミングの世界へようこそ！ このセクションでは、VBA（Visual Basic for Applications）の開発環境について解説します。まずは、VBAの統合開発環境であるVBE（Visual Basic for Applications Editor）の起動方法を紹介し、その後、標準モジュールの追加やコードの書き方、管理方法の基本について説明します。そして、VBEの画面構成の紹介を通じて、より効率的で使いやすいコーディング環境を設定するコツを身につけます。ここではExcel VBAを例にしていますが、内容は他のOfficeアプリでも同様です。さあ、一緒にVBA開発環境の基本をしっかりとマスターしましょう。

Visual Basic Editorを起動するには

リボンの［開発］タブにある［Visual Basic］をクリックします。（もしくはショートカットでAlt＋F11キーを押します）メニューに［開発］タブが表示されていない場合は、以下の手順で表示できます。

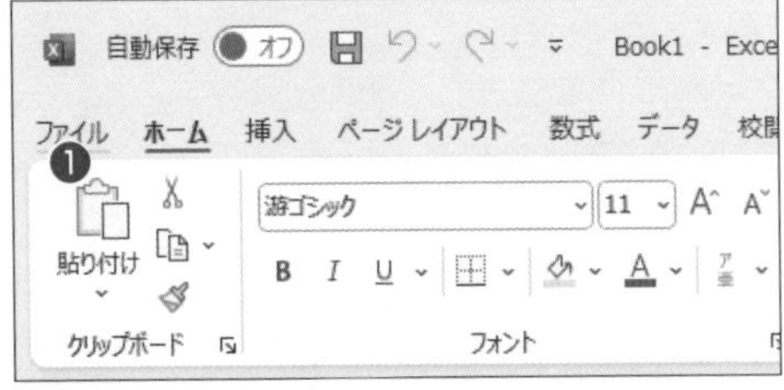

Excelを起動し、［ファイル］タブをクリック❶する

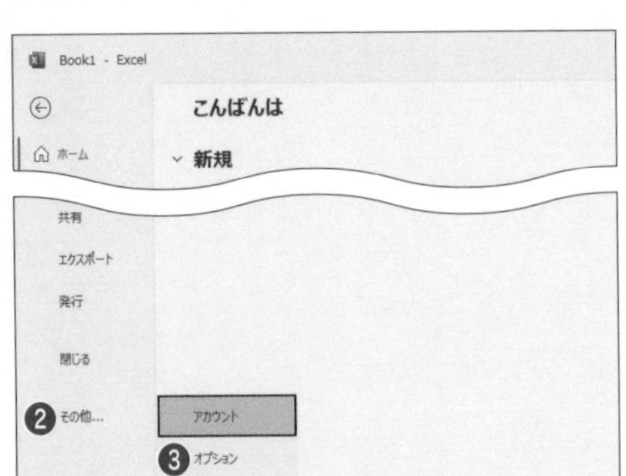

［その他］をクリック❷し、［アカウント］-［オプション］の順にクリック❸する

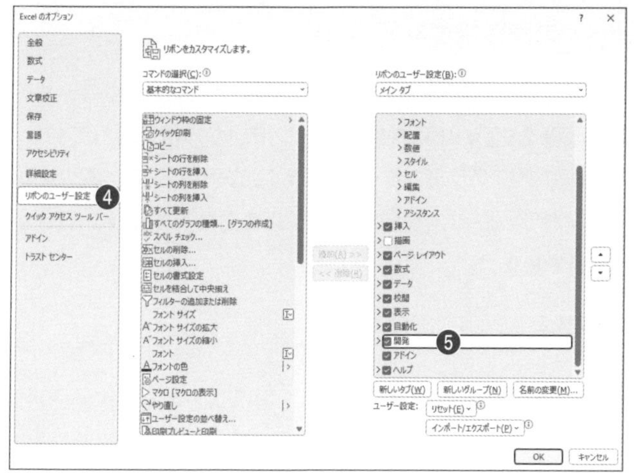

[Excelのオプション]ダイアログボックスが表示される。[リボンのユーザー設定]をクリック❹し、[開発]にチェックマークを付けて[OK]をクリック❺する

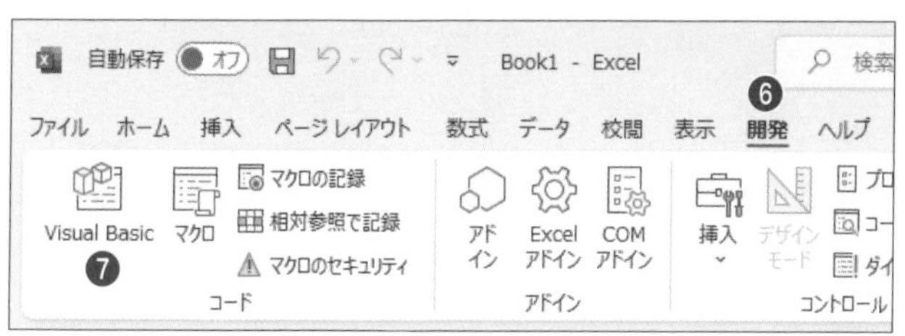

[開発]タブが表示される。[開発]タブをクリック❻し、[Visual Basic]をクリック❼するとVisual Basic Editorが起動する

標準モジュールを追加するには

標準モジュールは、VBAにおいてマクロのコードを記述するための重要な場所です。標準モジュールをプロジェクトに追加することで、プログラムコードをモジュール単位で効率的に管理し、プログラム全体の可読性と保守性を高めることができます。

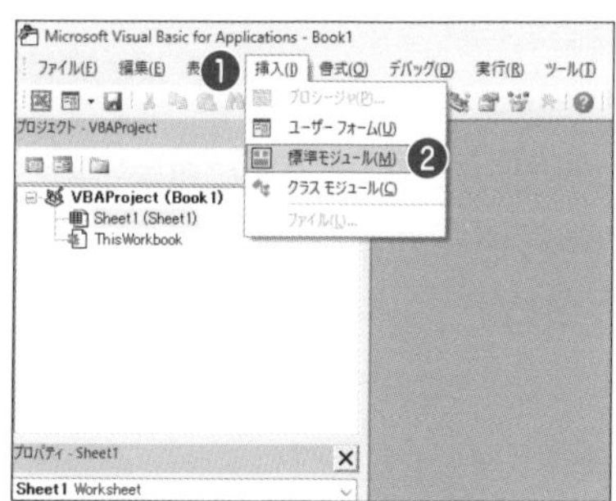

[挿入]をクリック❶し、[標準モジュール]をクリック❷する

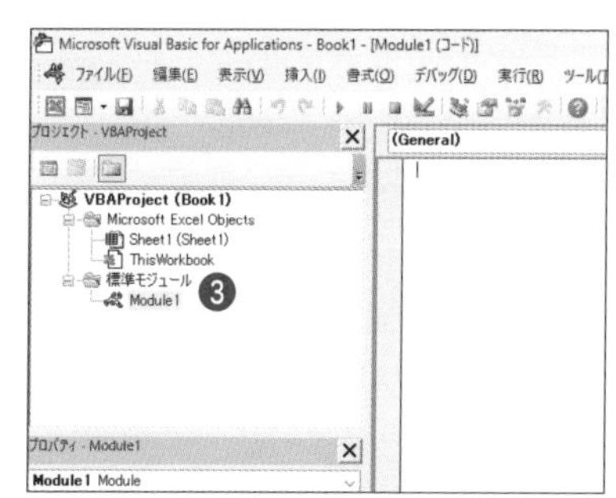

標準モジュールが追加❸される。追加された標準モジュールは名前を変更できる

Visual Basic Editor の画面構成を知ろう

VBEはVBAでプログラムを記述する際のエディターであり、デバッグやコードを実行できるVBAの統合開発環境です。VBEは複数のウィンドウから構成されており、これらのウィンドウを活用してプログラミングを行います。次のように、各ウィンドウには特定の機能があり、ドラッグにより移動やサイズ変更も可能です。自分が使いやすい配置にするとよいでしょう。

● **Visual Basic Editor の画面構成**

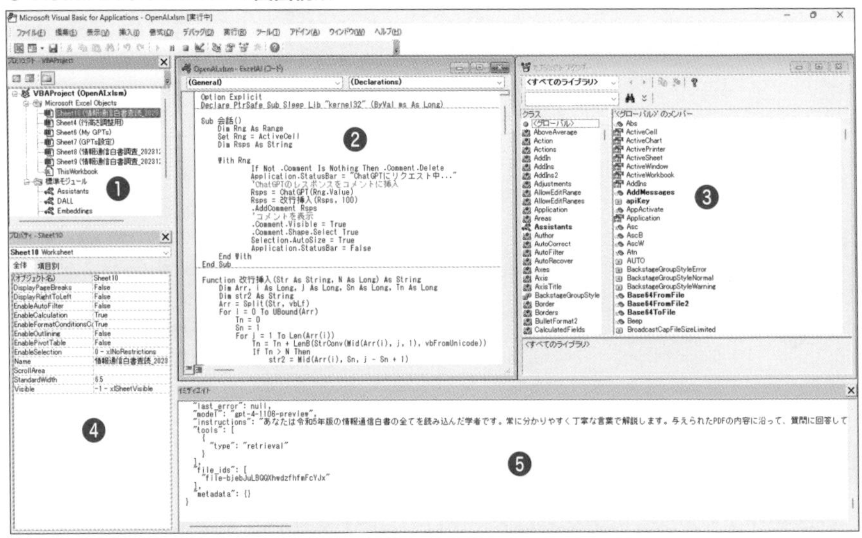

❶ プロジェクトエクスプローラー

ワークシートやモジュールなどプロジェクト内の各オブジェクトをツリー上で表示、選択することができます。

❷ コードウィンドウ

VBEの中心的な部分で、ここにVBAのプログラム（コード）を直接書き込んでいきます。選択したモジュールやシートに応じたコードウィンドウが表示されるので、編集や追記が容易です。コードを実行した際にエラーが発生した場合、該当する行や部分がハイライトされ、エラーメッセージが表示されます。VBAのプログラミングにおいて最も頻繁に使われる場所です。

❸ オブジェクトブラウザー

VBAの中で使える「部品」(オブジェクト)や、その部品ができることを一覧で見ることができる便利なツールです。たとえば、Excelのシートやセルなど、プログラムで使いたい「部品」がどんなものか(プロパティ)、それぞれ何ができるのか(メソッド)が、階層構造で分かりやすく表示されます。

❹ プロパティウィンドウ

プロジェクトエクスプローラーで選択されているオブジェクトのプロパティの表示や設定を行います。

❺ イミディエイトウィンドウ

ちょっとしたコードを試したり、動作を確かめたりするための場所です。少量のコードが正しく動くかどうかをすぐに試すことができるので、プログラミングをする上でとても役立つツールです。

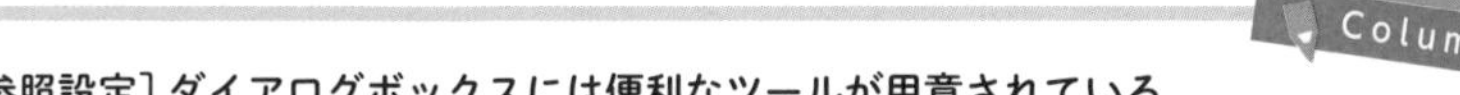

[参照設定] ダイアログボックスには便利なツールが用意されている

ウィンドウでありませんが、メニューの[ツール]-[参照設定]で表示できる[参照設定]ダイアログボックスも重要です。VBAで新しい機能やツールを追加するための追加設定で、たとえば、Windowsの特別な機能や、他のプログラムの機能(ライブラリ)をVBAで使いたいときに設定します。

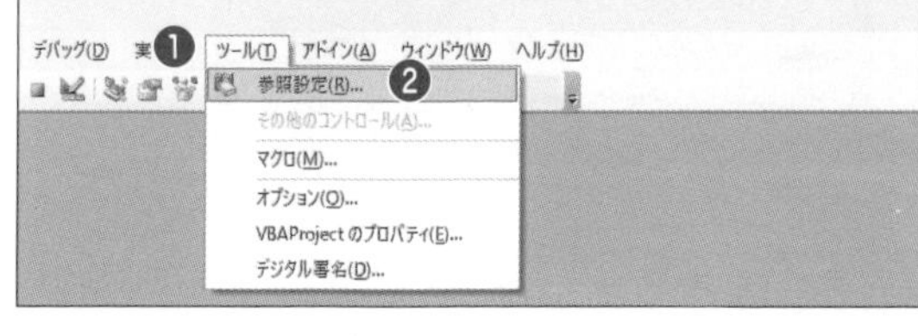

[ツール]をクリック❶し、[参照設定]をクリック❷する

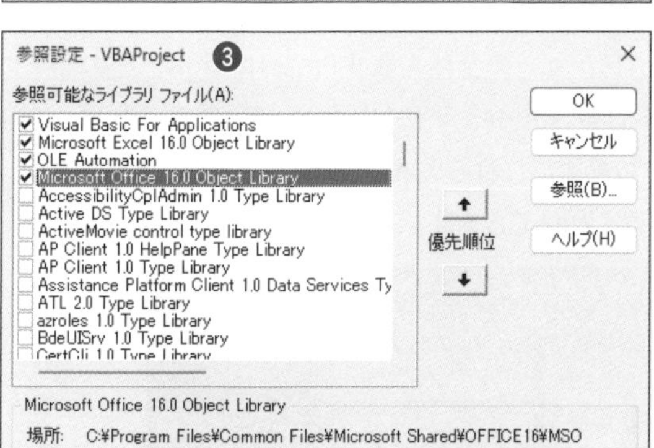

[参照設定]ダイアログボックスが表示❸される

1-2 Office のオブジェクト構造を理解しよう

オブジェクトは、Officeアプリ内の各機能や部品、たとえばWorkbookやWorksheetなどをプログラムから操作するためのインターフェースです。これはVBAからの操作手段として機能する、アプリケーションの実体そのもので、いずれのオブジェクトも、親となるApplicationオブジェクトの配下に階層として存在しています。それらの構造や関係性を理解することで、Officeアプリをよりスムーズに操作できるようになります。

Excel のオブジェクト構造

Excelの中心となるオブジェクトはWorkbookと、その配下にあるWorksheetです。Workbookの配下には複数のWorksheetが存在し、それぞれのWorksheetにはセルやグラフ、図形などのオブジェクトが配置されています。これらの階層を理解し正しく指定することで、ワークシートやセルの操作がスムーズに行えます。

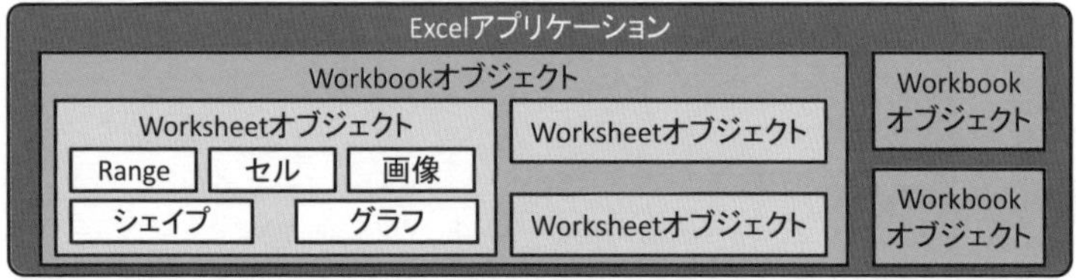

PowerPoint のオブジェクト構造

PowerPointの場合、スライドショーの全体を表すPresentation、その配下にあるSlideが主要なオブジェクトです。Slide配下には「図形」や「テキストボックス」、「画像」、「グラフ」などが存在します。これらのオブジェクトを操作することで、スライドの内容を動的に変更することができます。

Wordのオブジェクト構造

Wordでは、Documentが中心となるオブジェクトです。Documentオブジェクト内には、セクション、段落、テーブル、図形など、さまざまなオブジェクトが配置されています。他に、現在選択されている領域を表すSelectionオブジェクトや、文書内の連続した領域を開始文字位置と終了文字位置で定義できるRangeオブジェクトなどがあります。これらのオブジェクトを組み合わせて指定することで、テキストの挿入やスタイルの変更など複雑な文書操作や自動化が可能になります。

Outlookのオブジェクト構造

Outlookは他のアプリとかなり異なる複雑なオブジェクト構造となっています。主要なオブジェクトには「メール」「カレンダー」「フォルダー」「連絡先」などのアイテムがあり、「MAPI」と呼ばれるNamespaceオブジェクトを通じて、それらのオブジェクトやOutlookの機能にアクセスする仕組みとなっています。他にも、メイン画面上のオブジェクトを取得できるExplore、メイン画面とは別に開いている画面上のオブジェクトを取得できるInspectorがあり、これらを組み合わせて、各オブジェクトの取得や操作を行います。

以上のように、各Office製品はそれぞれ独自のオブジェクト構造を持っています。これらの構造を理解し、適切なオブジェクトと、P.27、32で解説するメソッド、プロパティを使用することで、Officeの自動化やカスタマイズを効率的に行うことができます。

1-3 ▷プロシージャを理解しよう

VBAプログラムの中心となるのが「プロシージャ」です。これは、VBAで実行される一連の命令（コードの固まり）を指し、特定の動作やタスクを実行します。

プロシージャの基本

プロシージャを分かりやすく言うと、VBAで書く「やりたいこと」をまとめたものです。プログラムを書く場所である「コードウィンドウ」に、どんなことをVBAにさせるかを書いていきます。プロシージャには2つの種類があり、どちらもVBAのコードウィンドウ内で目的に応じて定義します。

Subプロシージャ

これは、何か特定のことをさせたいときに使います。たとえば、以下のように「ExcelのA列のデータを全部赤くする」という動作をさせたいときなどに使います。

● Sub プロシージャのコード例

```
Sub MakeColumnARed()
    Range("A:A").Font.Color = RGB(255, 0, 0)
End Sub
```

Functionプロシージャ（関数）

何かの計算をして、その結果を返してもらうときに使います。たとえば、ワークシート関数では計算できないような複雑な計算をプログラムで処理し、その結果を返す時などです。返す結果のことを「戻り値」や「返り値」と呼びます。以下はExcelで選択されているシートのセルA1とセルA2の合計を2倍にして返す関数の例です。

● Function プロシージャのコード例

```
Function DoubleSum() As Double
    DoubleSum = (Range("A1").Value + Range("A2").Value) * 2
End Function
```

プロシージャの呼び出し方

VBAのプロシージャは、Officeアプリから呼び出すことができます。マクロが記述されたファイルが開いているときに呼び出す方法が一般的ですが、アプリケーションから共通して呼び出す方法もあります。

マクロが含まれるファイルからの呼び出し

特定のOfficeファイルが開いているときに、そのファイル内のモジュールのプロシージャを実行する方法です。一般的なマクロの動作方法であり、3章から5章で解説する「生成AIの基本」ワークブックも、この呼び出し方を使用しています。7章以降のレシピでは、クイックアクセスツールバーのボタンを使用してプロシージャを実行します。Outlookだけは特殊で、モジュールがアプリケーション自体に存在しているため、Outlookが起動している間、常にプロシージャ（マクロ）が有効となります。

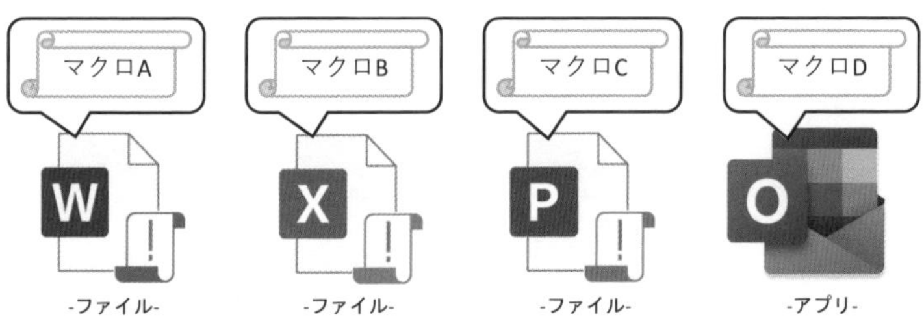

アプリケーション全体から呼び出す方法

アプリケーション全体でマクロを使用したい場合は、マクロを記述したファイルを特別な形式で保存する必要があります。PowerPointとExcelでは「アドイン」として、Wordでは「テンプレート」として保存します。これをアプリケーションにアドインとして登録することで、マクロが常時利用可能となります。さらに、Officeのリボンに専用のタブやボタンを追加することで、通常のOfficeを操作するようにマクロを活用できます。その詳細は7章P.193で解説しています。

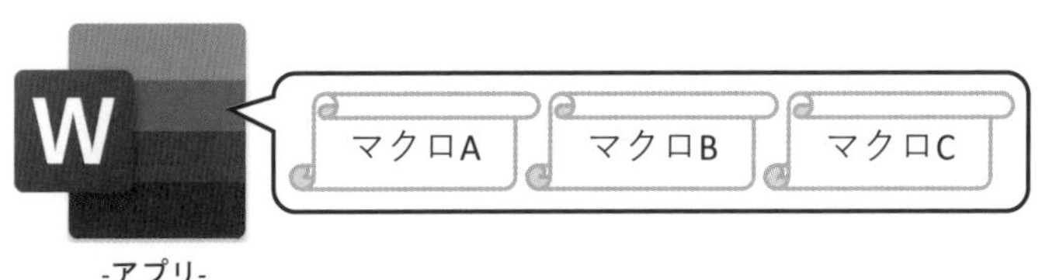

1-4 VBAの変数とデータ構造を理解しよう

プログラミングには「変数」というデータを保存する容器があります。VBAでは、多様な変数が存在し、各特性を理解することで効率的なプログラミングができます。ここでは、VBAの主要な変数やデータ形式を解説します。基本データ型、オブジェクト型、配列、コレクションを中心に、変数とデータ構造の基本を学びましょう。

基本データ型

VBAにおける「基本データ型」とは、プログラム内で扱うさまざまなデータの「型（形）」で、変数を宣言する際にその変数がどのようなデータを格納するのかを明示的に示すものです。データ型を理解し、適切なデータ型を使うことで、プログラムの効率や正確性が向上し、エラーを減少させることができます。

● **データ型と格納されるデータ**

データ型	説明、格納する値	例
Integer	整数（-32,768 から 32,767の範囲）	1, 20, -5
Long	整数（-2,147,483,648 から 2,147,483,647 の範囲）	
Single	小数点を含む数値（約7桁の精度）	1.23, -4.56
Double	小数点を含む数値（15桁の精度）	
String	テキストや文字列	"Hello", "VBA"
Boolean	真（True）か偽（False）の2つの値のみを持つ論理型	True, False
Date	日付や時刻を格納（1900年1月1日から9999年12月31日までの範囲）	
Variant	任意のデータ型を格納できる特殊なデータ型。VBAは格納データに合わせて型を自動的に変更しますが、他のデータ型と比べて効率や処理速度が劣ることがあります	

変数の宣言

変数を宣言する際には、Dimキーワードの後に変数名を書き、その後にAsキーワードとデータ型を指定します。たとえば、整数を格納する変数は次のように宣言します。

● **変数の宣言例**

```
Dim myNumber As Integer
```

Variant型を用いたセル読み書きの高速化

Excelで多くのセルにデータを読み書きする際、通常、セルを一つずつループ処理する方法がとられますが、実はセルへの書き込み処理に多くの時間がかかっています。そこで、Variant型が登場します。Variant型を使用すれば、Excelの範囲を一度に配列として取り込み、配列内で処理を行うことにより、セルへのアクセス回数が減少し、プログラムの実行時間が大幅に短縮するのです。次のコードは、セル範囲の値の読み書きを行う単純な例ですが、筆者の環境ではループによる処理に比べ約30倍速く処理が完了しました。大量データ操作にVariant型を活用することは、VBAプログラミングの必須テクニックと言ってよいでしょう。

● Variant 型を使った高速化の例

```
Dim data As Variant
data = Range("A1:CV1000").Value
```

配列dataに対して何かの処理を行う

```
Range("A1:CV1000").Value = data
```

オブジェクト型変数

VBAプログラミングでは、数字や文字だけではなく、「オブジェクト」を扱うケースが多くあります。特に、ExcelやWordなどOfficeアプリを操作する際にこのオブジェクトが重要となります。オブジェクトを格納する変数を「オブジェクト型変数」と呼び、格納するオブジェクトには以下のような特徴があります。

階層構造

オブジェクトは階層的に構造化されており、たとえばExcelでは「Application（アプリケーション）」の下に「Workbook(ワークブック)」、さらにその下に「Worksheet(ワークシート)」という階層となっています。詳しくはP.22、23で解説しています。

メソッドとプロパティ

オブジェクトは2つの主要な要素を持っています。

- **メソッド**

オブジェクトができる「動作」。たとえば、WorkbookオブジェクトのOpenメソッドを使ってファイルを開いたり、Saveメソッドで保存することができます。

- **プロパティ**

　オブジェクトの「情報」や「特性」。たとえば、Workbookオブジェクトのnameプロパティを使えば、ファイルの名前を知ることができます。

　P.32で、メソッドとプロパティに関するサンプルコードを掲載し、詳しく解説しています。オブジェクト型変数の利点は、Officeアプリの多くの機能を直接手に取るように扱えることです。オブジェクト型変数を活用することで、Officeの操作自動化やカスタマイズがより容易となります。

変数をオブジェクト型として宣言する際には、他の基本型変数と同様、Dimキーワードの後に変数名を指定し、その後にAsキーワードと特定のオブジェクトの型を指定します。

　たとえば、ExcelのWorksheetオブジェクトの参照する場合は次のように記述します。

● プロパティの記述例

```
Dim ws As Worksheet
```

配列

　配列はVBAや他の多くのプログラミング言語で用いられる、非常に有用で特殊な変数です。通常の変数が単一のデータを格納するのに対し、配列は複数のデータを一箇所にまとめて格納できる容器として機能します。

配列の特徴

配列には次のような特徴があります。

- **複数データの一箇所への格納**

　配列を使うことで、リストやテーブルなどの複雑なデータ構造を効率的に扱うことが可能です。

- **インデックスによるアクセス**

　配列内のデータはインデックス（または添字）と呼ばれる番号で参照されます。最初のデータは通常インデックス0または1から始まり、以降のデータは順番に増加するインデックス番号で管理されます。

- **データの追加、削除、検索の容易性**

　インデックスを用いてデータの追加、削除、検索が簡単かつ迅速に行えます。たとえば、100人の生徒のテストの点数を配列に格納する場合、100の個別変数を扱う代わりに、一つの配列で容易に操作できます。

- **プログラムの複雑さの低減**

　配列を利用することで、多数の個別変数を使用するよりもプログラムの複雑さを減少させることができます。

配列の宣言と使用

配列を使用するためには、まず変数として宣言する必要があります。VBAでは、Dimキーワードを使って配列を宣言します。配列は、データの集合を効率的に取り扱うための強力な変数です。リストやテーブルのようなデータ構造をプログラムで表現する場面で頻繁に利用します。

次の例では配列を利用することで、ループによって点数を表示するコードが短く、そして、分かりやすくなっています。

● 変数宣言と使用のコード例

```
Sub SimpleArrayExample()

    Dim scores(1 To 5) As Integer
    Dim i As Integer
    scores(1) = 85
    scores(2) = 90
    scores(3) = 78
    scores(4) = 88
    scores(5) = 92
    For i = 1 To 5
        MsgBox "生徒" & i & "の点数は: " & scores(i) & "点です。"
    Next i
End Sub
```

❶…5人の生徒のテストの点数を格納する配列を宣言

❷…各配列に値を格納

❸…For ～ Nextのループで各配列の値を表示

コレクション

VBAには、配列変数以外にも、複数のアイテムを一元管理するためのデータ構造として「コレクション」が提供されています。コレクションは、オブジェクトやデータを順序付けて格納するための柔軟なコンテナとして機能します。

コレクションの特徴

コレクションには次のような特徴があります。

- **動的サイズ**

　コレクションは動的にサイズを変更することができ、実行時にアイテムを追加したり削除したりすることが容易です。

- **キーを使用したアクセス**

　コレクション内の各アイテムは、一意のキーによって参照することができます。これにより、特定のアイテムに迅速にアクセスすることが可能です。

- **さまざまなデータ型を格納**

　コレクションは、異なるデータ型やオブジェクトを一つのコレクション内に格納することができます。

コレクションの宣言と使用

VBAでコレクションを使用するには、まず新しいコレクションオブジェクトを作成します。

この例ではキー青森で格納されたアイテム、すなわち"りんご"を取得します。

● コレクションのコード例

```
Dim fruits As Collection
Set fruits = New Collection
fruits.Add Item:="りんご", Key:="青森"
fruits.Add Item:="バナナ", Key:="沖縄"
Dim fruit As String
fruit = fruits("a1")
```

❶…コレクションの作成
❷…アイテムの追加
❸…アイテムの取得

コレクションは、VBAプログラミングにおける強力なデータ管理手法の一つです。特に、アイテムの数が実行時に変わるか、特定のキーでデータにアクセスしたい場合に非常に便利です。

1-5 ▷ VBAの基本文法を理解しよう

VBAを使う上で知っておくべきコードの基本的な書き方やルールについて解説します。まず、「ステートメント」というものがどんな役割を持っているのかを見ていきます。そして、メソッドとプロパティという二つの重要な要素について、それぞれ何なのか、どう使うのかを学びます。最後に処理の基本となる構文を解説します。

ステートメントとは

ステートメントという言葉を初めて聞くと、少し難しそうに感じるかもしれませんが、実は非常にシンプルな概念です。ステートメントとは、VBAのプログラム内での「命令」や「指示」を表す言葉です。分かりやすく言うと、コンピュータに何をして欲しいかを伝える文のことです。

たとえば、Excelのセルに何か文字を入れたいとき、VBAでは「Range("A1").Value = "こんにちは"」というステートメントを使って指示を出します。このステートメントは「A1のセルに"こんにちは"という文字を入れて」という命令をコンピュータに伝えるものです。

VBAのプログラムは、これらのステートメントの集まりで成り立っています。P.33で解説する基本構文もステートメントの一形態であり、特定の動作を指示する各ステートメントが組み合わさることで、複雑な処理を行うことができるようになります。ステートメントはVBAのプログラミングの中心となる要素であり、どんな動作をさせたいのかを具体的に指示する方法や手段と理解しましょう。

● **ステートメントのコード例**

```
   Sub StatementExample()
❶      Dim greeting As String
❷      greeting = "こんにちは"
❸      MsgBox greeting
❹      Range("A1").Value = greeting
   End Sub
```

❶…ステートメントで変数を宣言

❷…ステートメントで変数に値を代入

❸…ステートメントでメッセージボックスを表示
❹…ステートメントでExcelのセルA1に値を代入

メソッドとプロパティ

「メソッド」と「プロパティ」はオブジェクトの主要な要素です。基本的な概念とその違いについて解説します。VBAを使ってOfficeアプリを操作する際は、この2つの概念を正しく理解して使い分けることが重要となります。

メソッド

オブジェクトが行うことができる動作を指します。簡単に言えば、オブジェクトが「できること」を表すものです。人間でいうと「寝る」とか「食べる」とか、動詞にあたるものです。たとえば Workbookオブジェクトの「Save」や「Close」はメソッドです。これはワークブックを保存したり、閉じたりする動作を示しています。

●**メソッドの例**

Workbook.Save
|| ||
オブジェクト.メソッド

プロパティ

オブジェクトの「特性」や「属性」を指します。オブジェクトの「状態」や「情報」を表すもので、それらの取得や設定ができます。プロパティによっては取得のみ可能で設定ができないものも存在します。たとえば Workbookオブジェクトの「Name」や「Path」はプロパティです。これはワークブックの名前や保存されている場所を示す情報です。

●**プロパティの例**

Workbook.Name
|| ||
オブジェクト.プロパティ

● **メソッドとプロパティを利用したコード例**

```
❶ Dim App As Application
❷ Dim Wb As Workbook
❸ Dim Ws As Worksheet
❹ Dim Rng As Range
❺ Set App = Excel.Application
❻ Set Wb = App.Workbooks.Add
❼ Wb.SaveAs "C:\temp\" & Wb.Name & ".xlsx"
❽ Set Ws = Wb.Worksheets(1)
❾ MsgBox Wb.Name
❿ Set Rng = Range("A1")
⓫ Rng.Value = "こんにちは"
```

❶…Application オブジェクトを参照する変数

❷…Workbook オブジェクトを参照する変数

❸…Worksheet オブジェクトを参照する変数

❹…Rangeオブジェクトを参照する変数

❺…変数AppにExcel アプリケーションのインスタンスを格納します。

❻…AppのAddメソッドを使用し、ワークブックを追加し、変数Wbに格納します。

❼…WbのSaveメソッドを使用し、ワークブックWbを保存します。

❽…変数Wsにワークシートを格納します。

❾…WsのNameプロパティを使用し、ワークシートWsの名前をメッセージで表示します。

❿…変数Rngに「セルA1」を格納します。

⓫…Rngの値を入力します。

VBAの基本構文とは

VBAの基本構文を理解することで、Officeの各アプリケーションをより効果的に制御することができます。以下が、基本的な構文と簡単なサンプルコードです。

変数の宣言と代入

VBAでは、変数を使用する前にその変数を宣言することが推奨されます。Dimキーワードを使用して変数を宣言します。

● **変数宣言のコード例**

```
Dim myVariable As Integer
myVariable = 10
```

条件分岐（If文）

条件に基づいて処理を分岐させることができます。例ではageが18以上か、それ以外かによってメッセージを変更します。

● If 文を使った条件分岐のコード例

```
Dim age As Integer
age = 20
If age >= 18 Then
    MsgBox "You are an adult."
Else
    MsgBox "You are a minor."
End If
```

ループ（For ～ Next文）

指定した回数分、繰り返し処理を実行する構文です。例では1 ～ 5までの数字を順に表示します。

● For 文を使ったループのコード例

```
Dim i As Integer
For i = 1 To 5
    MsgBox i
Next i
```

ループ（Do ～ Loop文）

回数を指定せずに繰り返し処理を実行します。繰り返しの終了条件はDoの後にWhile（～の間）、Until（～まで）で指定します。例ではjが5以下の場合に繰り返しを実行します。

● Do While 文を使ったループのコード例

```
Dim j As Integer
j = 1
Do While j <= 5
    MsgBox j
    j = j + 1
Loop
```

配列

複数の値を一つの変数で管理するためのデータ構造です。例では、配列arr(1)に格納した"Banana"を表示します。

● 配列利用のコード例

```
Dim arr(2) As String
arr(0) = "Apple"
arr(1) = "Banana"
arr(2) = "Cherry"
MsgBox arr(1)
```

サブルーチン

再利用可能なコードブロックを作成するための構文です。"Hello, User !"とメッセージを表示したいときは、GetUserを呼び出します。

● サブルーチンのコード例

```
Sub GetUser()
    MsgBox "Hello, User!"
End Sub
```

関数(Functionプロシージャ)

引数として何かを受け取り、戻り値として何かを返します。この例では受け取った2つの数値を加算して返します。

● Function プロシージャのコード例

```
Function AddNumbers(a As Integer, b As Integer) As Integer
    AddNumbers = a + b
End Function
```

基本構文の理解と習得、そして実践を行うことで、VBAをより使いこなせるようになります。どんなに複雑なプログラムでも、基本的にはこれらの基本構文の組み合わせで構成されていると言ってもよいでしょう。本書で紹介するOpenAI活用レシピも、上記の基本構文を使って実現しています。

1-6 Win32 APIによるVBAの機能拡張

VBAには多くの機能が備わっていますが、場合によってはその範囲を超えてシステムレベルの操作や拡張機能が必要になることもあるでしょう。このような高度な操作を可能にするための1つの方法が、Win32 APIの利用です。APIは"Application Programming Interface"の略で、アプリケーションとシステムが直接通信するための接点を提供します。

Win32 APIの基本

Win32 APIは、Microsoft Windowsの機能を利用するための関数群を提供するものです。VBAからこれらの関数を呼び出すことで、Windowsの機能を直接利用したり、VBAにはない機能を実現することができます。

- **APIの構成**

  Win32 APIは、多数の関数、データ構造、定数などから成り立っています。これらは、具体的なタスクや操作を実行するためのもので、たとえばウィンドウの操作、ファイルの読み書き、システム情報の取得などの機能が含まれています。

- **DLL (Dynamic Link Library)**

  Win32 APIの関数は、主にDLLという拡張子を持つファイルに格納されています。これらのDLLファイルは、実際の関数の実装やリソースを持っており、VBAや他のアプリケーションから呼び出すことができます。代表的なDLLには、user32.dll (ユーザーインターフェース関連の関数) やkernel32.dll (システム関連の関数) などがあります。

APIの呼び出し方

VBAからWin32 APIを呼び出す際は、モジュールの冒頭で、Declareステートメントを使用しAPI関数を宣言する必要があります。この宣言には、DLLの名前や関数のプロトタイプ、引数の情報などが必要となります。宣言後は、通常の関数と同じように使用することができます。

● Win32 APIを呼び出す流れ

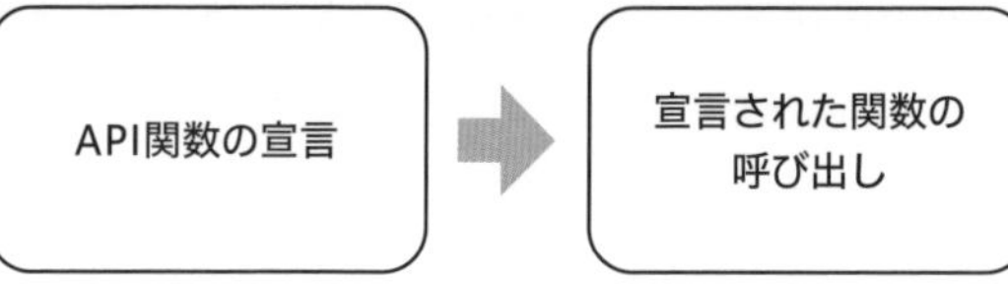

API関数の宣言

4章で作成する画像生成AIの「Dalle」関数内の処理で、画像をダウンロードする際に、Win32 APIのURLDownloadToFileを使用します。ここでは、URLDownloadToFileを題材に、呼び出し方法を解説します。URLDownloadToFileは、指定されたURLからファイルをダウンロードしてローカルに保存する関数です。

この宣言を使用して、VBAからURLDownloadToFile関数を呼び出すことで、指定したURLからファイルをダウンロードし、指定したローカルのパスに保存することができます。

● API関数宣言のコード例

❶

```
Private Declare PtrSafe Function URLDownloadToFile Lib "urlmon" Alias "URLDownloadToFileA" _
    ByVal pCaller As Long, _
    ByVal szURL As String, _
    ByVal szFileName As String, _
    ByVal dwReserved As Long, _
    ByVal lpfnCB As Long) As Long
```

❶…Declareステートメントを使用したAPI関数の宣言です。

● URLDownloadToFile関数の引数

引数	説明
pCaller	この関数の呼び出し元を指定するためのポインタですが、VBAからの呼び出しの場合は通常0（またはNull）を使用します
szURL	ダウンロードしたいファイルのURLを指定します
szFileName	ダウンロードしたファイルを保存するローカルのパスを指定します
dwReserved	予約されたパラメータで、0を指定するのが一般的です
lpfnCB	コールバック関数へのポインタを指定しますが、VBAからの使用の場合は通常0（またはNull）を使用します

API関数の呼び出し

以下は、URLDownloadToFile関数の使用サンプルです。sourceURLで指定されたURLから画像をダウンロードし、destinationPathで指定されたローカルのパスに保存します。ダウンロードが成功したかどうかを確認して、メッセージボックスで結果を表示します。

注意 サンプルのURLや保存先のパスは適切に書き換えて使用してください。

● **API 関数呼び出しのコード例**

```
Sub DownloadFile()

    Dim strURL As String
    Dim strLocalFile As String
    Dim lngResult As Long
  strURL = "https://example.com/sample.txt"
  strLocalFile = "C:\temp\sample.txt"
  lngResult = URLDownloadToFile(0, strURL, strLocalFile, 0, 0)
  If lngResult = 0 Then
        MsgBox "ファイルのダウンロードが成功しました。"
    Else
        MsgBox "ファイルのダウンロードに失敗しました。"
    End If
End Sub
```

❶…API関数URLDownloadToFileをVBAから利用できるようにするための宣言部分です。

❷…ダウンロードしたいファイルのURLを指定します。

❸…ダウンロードしたファイルのローカル保存先を指定します。

❹…URLDownloadToFile関数を呼び出し、指定されたURLからファイルをダウンロードして指定されたローカルパスに保存します。

❺…URLDownloadToFile関数は、成功すると0を返し、失敗すると0以外の値を返します。この部分でダウンロードの成功・失敗を確認し、それぞれメッセージを表示します。

第 2 章

Chapter

2

▽

知っておきたい生成 AI の基本

近年の高速コンピューターとディープラーニング技術の進歩により、生成 AI の能力が大幅に向上し、ビジネス、エンターテインメント、教育など多様な分野での活用が進んでいます。特に、OpenAI の会話型 AI モデル「ChatGPT」、画像生成モデル「DALL-E」、自然言語処理で用いられるベクトル変換モデル「Embeddings」は、その API を通じて Office VBA からも利用可能であり、日常の業務に組み込むことができます。この章では、これらの OpenAI モデルの開発背景、特徴、進化の過程を紹介し、API の使用方法、料金体系、注意事項について詳しく解説、OfficeVBA で最大限に活用する方法を探っていきます。

2-1 ▷ OpenAI の基礎知識

生成AIの分野で注目を集めるOpenAIが開発したさまざまなAIモデルの特徴とその進化の歴史を探ります。これらのモデルがどのようにして高度な機能を実現し、現代のAI技術の発展に寄与しているのかを見ていきましょう。

OpenAI の設立背景と目的

OpenAIは、2015年に、人工知能(AI)の研究と開発を行い、その結果を広く公開することを目的として設立されました。設立メンバーには、技術業界の著名人や研究者が名を連ねており、イーロン・マスクやサム・アルトマン(後のCEO)、LinkedIn共同創業者のリード・ギャレット・ホフマンなどが含まれています。OpenAIは、AIの可能性を最大化して人類の利益とすることを目指し、短期間で多くの先進的なAI技術を発表、2023年に米マイクロソフトから100億ドルの巨額投資を受け入れる等、その成長と影響力を急速に拡大しています。

OpenAI が公開している主な生成 AI モデル

OpenAIは、これまでに数多くの革新的なAIモデルを公開してきました。特に、ユーザーとの対話や質問応答を行うChatGPTや、テキストから画像を生成するDALL-E、そしてテキスト情報の類似性や関連性を解析するためのベクトル変換を行うEmbeddingsが大きな注目を集めています。これらの技術は進化を続け、商業、学術、エンターテインメントなど多岐にわたる分野において、生成AIのリーダー的役割を果たしています。順に、それぞれのモデルの特長と進化を見ていきましょう。

GPT (Generative Pre-trained Transformer)

GPTは、自然言語処理に特化したモデルで、ChatGPTのような対話型アプリケーションやサービスで幅広く利用されています。「Transformer」という名前の部分は、2017年に発表された革新的な深層学習のアーキテクチャを指します。このTransformer技術の採用により、文脈や意味を深く理解しつつ、次の単語を予測することで、連続したテキストの生成が可能となっています。

GPTの特長

インターネット上のさまざまな情報源、たとえばウェブサイトの記事、ブログ投稿、ニュース、論文、Wikipediaなどの大量のテキストを学習データとして取り込み開発されています。特長として、流暢な会話能力、幅広い知識の範囲、文脈を理解する能力、柔軟な応答、クリエイティブな生成能力、多言語対応などが挙げられます。会話生成型AIのChatGPTは、これらの性能を活かしてさまざまな分野での利用が進展しており、カスタマーサポートから教育、エンターテインメント、研究領域まで広がっています。

ChatGPTは無料で利用できる会話生成AIとして大きな話題となった。ここではChatGPT APIを学ぶためのプログラミング言語について質問している。単純な回答にとどまらず、コード例を含んだ回答結果まで生成されている

GPTの進化とその影響

2018年6月、OpenAIによって発表されたGPTの最初のモデルから始まり、その後のGPT-2、GPT-3、GPT-3.5、そして最新のGPT-4まで、このシリーズは性能とパラメータ数の面で着実に進化を遂げてきました。特に、2022年11月にリリースされたGPT-3.5は、前モデルの2倍にあたる推定3550億のパラメータを持ち、より自然な会話能力で注目を集めました。さらに、2023年3月に登場したGPT-4は、米国司法試験で人間を上回る成績を収めるなど、AI技術の可能性を大きく広げました。2023年10月には、画像を理解するGPT-4Vのβ版が、11月には長文処理を可能としたGPT-4 Turboが登場し、GPTの進化はとどまることを知りません。これらの進歩はメディアで頻繁に取り上げられ、ChatGPTは現代の生成AI技術の象徴として広く認知されています。本書では、3章でVBAを使用して最新のGPT-4 Turboモデルも利用できるChatGPT関数を作成し、6章以降ではその関数をOfficeアプリに組み込む方法を解説します。

●主な GPT モデルの変遷

モデル	リリース年	パラメータ数
GPT-1	2018年	1億1,700万
GPT-2	2019年	15億
GPT-3	2020年	1,750億
GPT-3.5	2022年	推定3,550億
GPT-4	2023年3月	非公表
GPT-4 Turbo	2023年11月	非公表

● GPTのサービス展開と機能の多様化

OpenAIは、ブラウザー上で使用できる最新モデル「GPT-4 Turbo」を月額20ドルのサブスクリプションサービス「ChatGPT Plus」を通じて提供しています。このサービスに加入しているユーザーだけがGPT-4 Turboを使用でき、無償ユーザーはGPT-3.5モデルのみの利用となっています。OpenAIは、このように有償と無償のユーザー間で機能を区別する戦略を取っています。

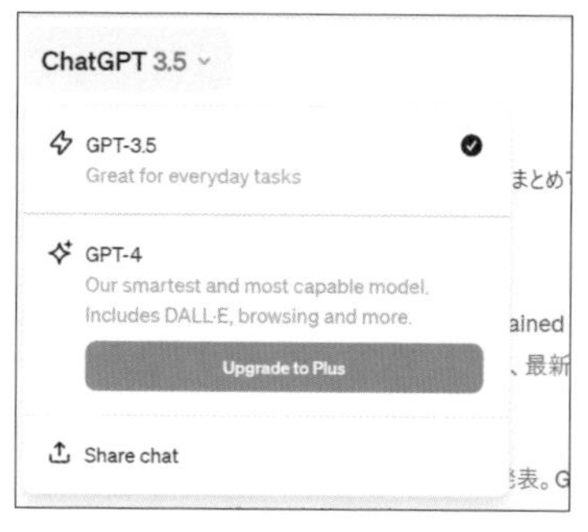

2023年12月現在、ChatGPT Plusを契約するとChatGPT上でGPT-4を利用できる。無償の利用はGPT-3.5の利用にとどまる。利用するモデルはChatGPTの会話ウィンドウ上で簡単に切り替えられるようになっている

● ユーザーによるカスタムChatGPTの登場

2023年11月、OpenAIは有償ユーザー向けに「MyGPTs」という革新的な仕組みをリリースしました。これは、ユーザーが自分だけのChatGPTを、アップロードした文書ファイルを基にしてノーコードでカスタマイズできるものです。さらに、これらのカスタマイズされたChatGPTはStoreを通じて他のユーザーと共有することも可能です。一方で、プログラミングに精通しているユーザー向けに「Assistants API」も公開されました。これにより、文書参照機能(Retrieval)やPythonコードの生成・実行(CodeInterpreter)などの高度な機能を使用して、MyGPTsと同様のカスタマイズされたChatGPTを作成できます。無償ユーザーでもAPIの使用料のみで、MyGPTsに匹敵する機能を享受できるのです。本書の

10章では、Assistants APIを使って特定ファイルの情報に基づいたカスタムChatGPTの作成方法について、具体的に解説しています。

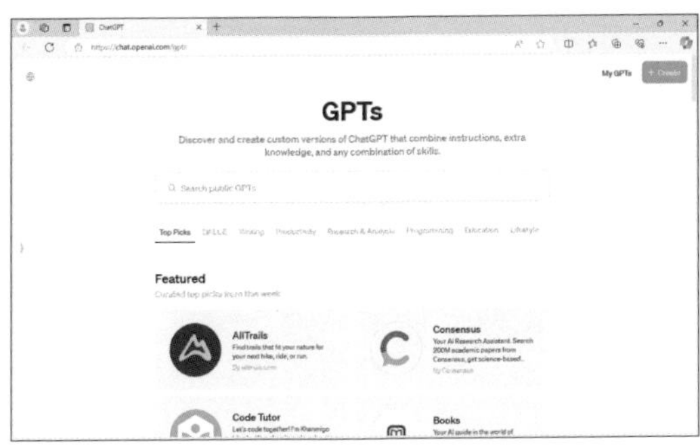

ユーザーが作成したカスタムChatGPTは「GPT Store」で公開することも可能。多く利用されたGPTsの作者に報酬が入る仕組みが導入される予定

DALL-E

DALL-Eは、2021年初頭に発表された、テキストの説明を基に関連する画像を生成するAIモデルです。このモデルは、インターネット上に存在する大量の画像データを使用して学習し、その結果、ユーザーが入力するテキストの指示に基づく画像を鮮明に生成することができます。

DALL-Eの特長

DALL-Eの一番の特長はその柔軟性にあります。具体的な指示から抽象的な内容まで、さまざまなテキスト情報を基にして現実感のある画像を生成することができます。たとえば、「青い猫」や「浮遊する2つの頭を持つリンゴ」といった、現実には存在しない状況を表す指示でも、それに関連するユニークな画像をAIが生成します。この能力は、多くの人々を驚かせ、新たなAI技術の可能性を広く知らしめました。

DALL-Eの進化

DALL-Eの成功を受けて、2022年9月にはそのアップグレード版であるDALL-E 2が公開されました。この新バージョンは、テキストと画像の関連性を高めるための「CLIP」技術や、画像の品質を向上させる「拡散モデル」といった先進技術を取り入れ、前モデルに比べて生成画像の品質をさらに向上させました。そして、2022年11月にはDALL-E 2のAPIが公開され、開発者たちは、さまざまなアプリケーションにこのモデルを組み込むことができるようになりました。2023年10月には、さらに進化したDALL-E3が公開され、テキスト解釈能力の強化やChatGPTとの連携も実現し、さらなる進化を遂げています。本書の4章で、このDALL-E 2とDALL-E3のAPIを VBAから利用し、Officeアプリ上に直接、画像を生成するFunctionプロシージャを作成、6章以降でそれを活用したさまざまなレシピを紹介します。

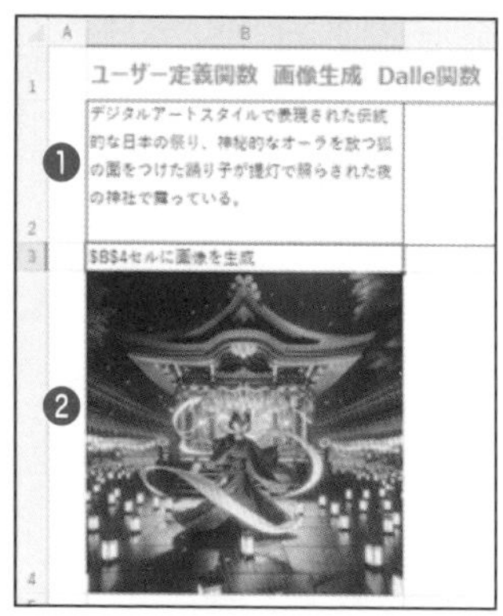

本書ではDALL-EのAPIを使い、各Officeアプリ上から画像を生成するコードを解説している。ここではExcel上のセルに入力されたテキスト❶から所定のセル内に画像を生成❷している。VBAプログラミングを通じて、DALL-Eのもつ柔軟な画像生成能力を十二分に発揮できる

DALL-Eという名前の由来

DALL-Eという名前には、どこかで聞いたような不思議な響きがあります。それもそのはず、この名前は、シュールな画風で知られる巨匠「サルバドール・ダリ」と、ピクサー・アニメーション・スタジオのヒットアニメ映画に登場する愛らしいゴミ集めロボット「WALL-E」を組み合わせているからです。DALL-Eという名前には、先進的な技術であるAIを、一般の人々に親しみやすくするという思いが込められているのでしょう。

Embeddings

「Embeddings」は、テキスト情報をコンピューターが効率的に処理できる形式へと変換する技術です。具体的には、豊かな情報を持った高次元のテキストデータを、低次元のベクトル情報へと変換し、単語や文章の意味的な類似性を、ベクトル空間上での距離として表現します。これにより、自然言語処理においてコンピューターが言葉や文章間の関係や文脈を理解できるようになるのです。

● テキストのベクトル変換

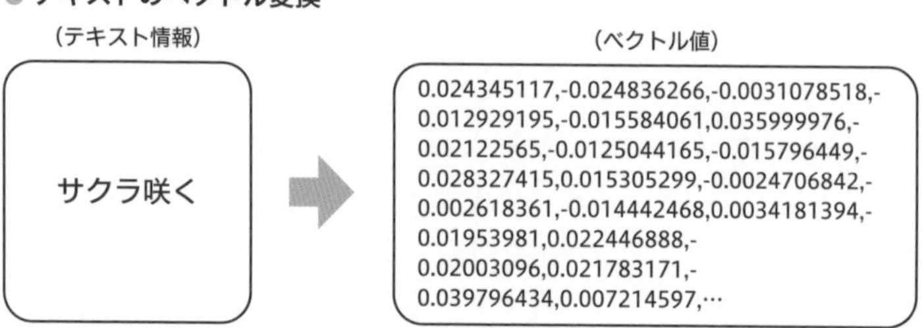

● Embeddingsの特徴

大量のテキストデータを基に学習を行うことで、単なる文字列の組み合わせ以上の情報を埋め込むことが可能となり、テキストの意味だけでなく、そのテキストの持つ「深い意味」やニュアンスも捉えることができます。同義語を理解したり、感情を捉えたり、比喩や慣用句も理解したり、そして、それらを適切にベクトル空間上で位置づけることができます。Embeddingsで一度変換したベクトル値は、異なる目的で再利用できるため、自然言語処理の実行速度や効率を飛躍的に向上させることも可能です。これらの特長を持つEmbeddingsは、自然言語処理の領域だけにとどまらず、多岐にわたる分野で、データの変換や取り扱いにおいて応用されています。

● Embeddingsの進化

OpenAIは、Embeddings技術をベースにしたモデルを提供しています。特に注目すべきは、その最新版である「text-embeddings-ada-002」モデルです。この進化したモデルは、より高度なベクトル変換処理を可能とし、多くのユーザーによって活用されています。本書の5章では、この「ada v2」を活用して、VBAを用いた文章や文脈の理解方法について解説します。そして、7章以降のレシピとして、Officeアプリ上での自然言語処理に活用していきます。

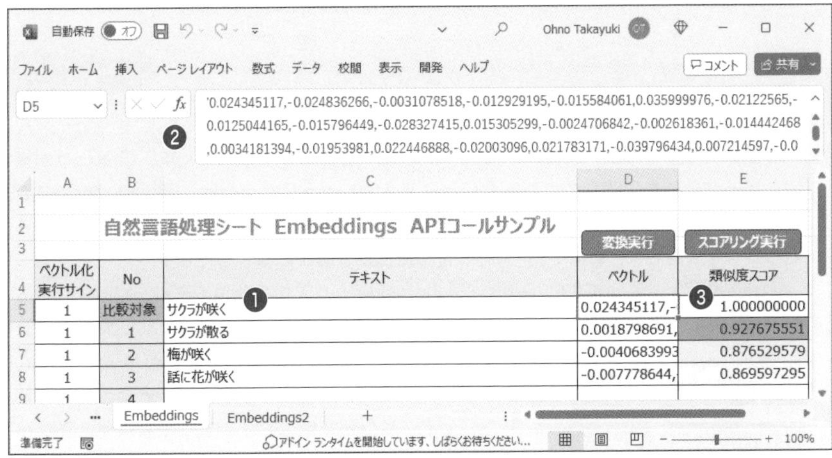

本書ではExcel上でテキストをベクトル値に変換し、単語の類似性を比較する機能を実現している。ここではセルに入力されたテキスト❶をベクトル値に変換❷し、各テキストのベクトル値の類似度をスコアリング❸している

OpenAIのその他の主要モデル

OpenAIはさまざまなモデルを提供しており、これらは技術者や研究者が積極的に活用し、多くのアプリケーションから使用されています。

- **CLIP**

  インターネット上のテキストと画像のペアから学び、言語と画像間の意味的な関連性を理解するモデルです。さまざまな分類タスクに適用可能で、特にトレーニングデータに含まれない新しい画像分類タスクでも高い成果を上げることが特長です。

- **Jukebox**

  120万曲以上の楽曲や歌詞を学習し、ジャンルやアーティストの特徴に基づいてオリジナルの音楽を生成するモデルです。ユーザーが指定したジャンルやアーティストのスタイルを模倣して音楽を生成することができ、さらにユーザーが提供する歌詞に合わせた曲作りも可能です。

- **Whisper**

  Webから集めた680,000時間分の多言語音声データを学習する音声認識モデルです。多言語の音声をテキストに変換する能力を持ち、特にアクセントやバックグラウンドノイズに強く、エラーレートが低いことが特長となっています。

魔法のようなOffice VBAと生成AIの組み合わせ

想像してみてください。Excelのワークシートで作業しているあなたに、ChatGPTが複雑なデータ分析を説明してくれるとしたらどうでしょう？　または、PowerPointのプレゼンテーションにDALL-Eで生成した魅力的なオリジナルイラストをすぐに追加できるとしたら？　さらに、Wordで自動的に望んだ文章が書かれるとしたら？

Office VBAと、ChatGPT、DALL-E、Embeddingsなどの生成AIモデルを組み合わせることで、私たちの仕事は創造的で楽しくワクワクするものになるはずです。本書で紹介するレシピは、私たちの仕事を単なる日常のルーチンから、新しいアイデアや解決策を生み出す冒険へと変えてくれることでしょう。レシピを活用して、まるで魔法使いになったような新しい体験を、ぜひ楽しんでみてください。

本章ではDALL-EのAPIをVBAからコールすることで、画像を生成する方法を解説している。この画像は「魔法のようなOffice VBAと生成AIの組み合わせ」で生成した例

2-2 ▷ OpenAIのAPIを利用するには

OpenAIのモデルは、専用のWebサイトにアクセスしたブラウザー上で利用する他に、公開されているAPIを活用して、個人や企業が独自のシステムにOpenAIのモデルを組み込み、さらに広範な用途で活用することができます。本書では、OfficeアプリであるWord、Excel、PowerPointおよびOutlookに組み込まれているプログラミング言語、VBAを利用してOpenAIのAPI（ChatGPT、DALL-E、Embeddings）をコールし、活用する方法を詳しく解説します。具体的には、3章以降で、ChatGPTを使ってシームレスに会話を行ったり、DALL-Eで目的に合わせた画像を生成してスライドや文書に組み込む方法など、Officeの使い方を一新する手法を紹介していきます。まずは、その前に必要な準備として、APIの利用手順、方法、および機能や料金に関する基本情報を解説します。

アカウントを作成する

APIを使えるようにする前に、OpenAIのアカウントを作成する必要があります。OpenAIのWebサイトにアクセスし、必要な情報を登録してアカウントを作成しましょう。

ChatGPT

URL https://chat.openai.com/auth/login

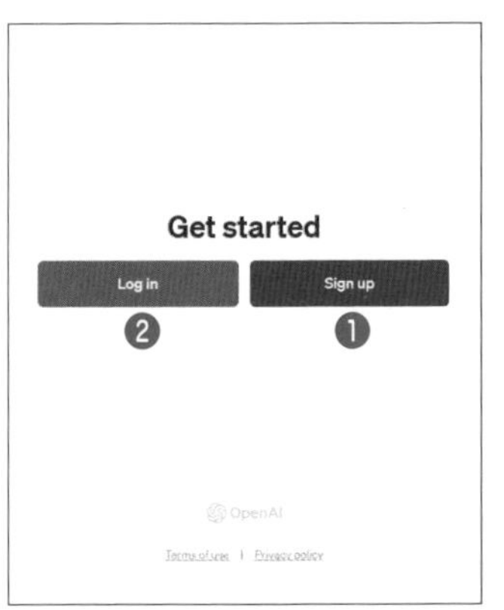

上記のURLを参考にブラウザーでChatGPTのページを表示しておく。ここでは新しいアカウントを登録するので、[Sign up] をクリック❶する。すでにアカウントを登録済みのときは、[Log in] ❷をクリックする

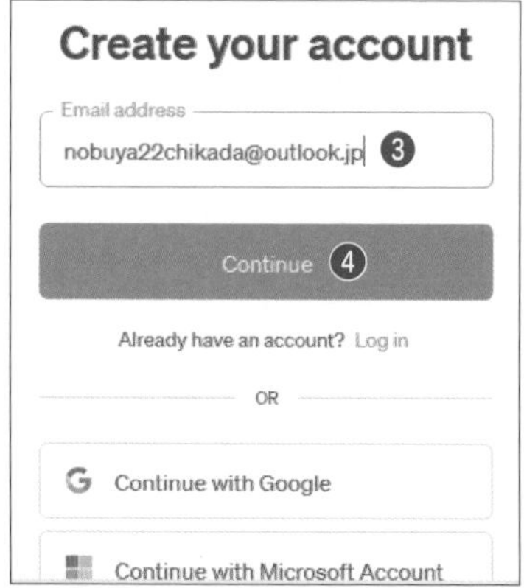

ログインに使うメールアドレスを入力❸し、[Continue] をクリック❹する

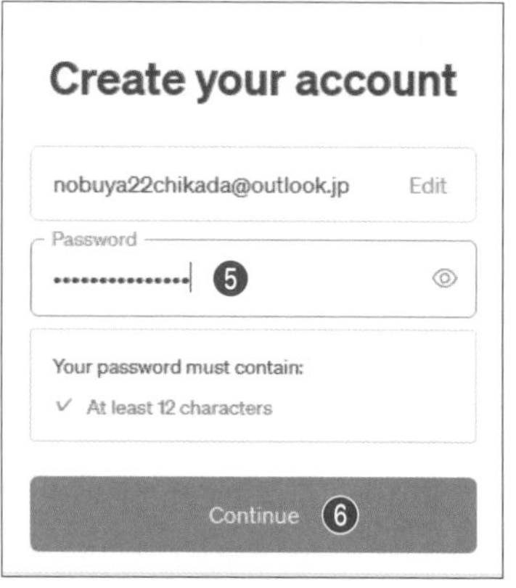

パスワードを入力❺する。パスワードは12文字以上にする必要があるので注意。[Continue] をクリック❻する

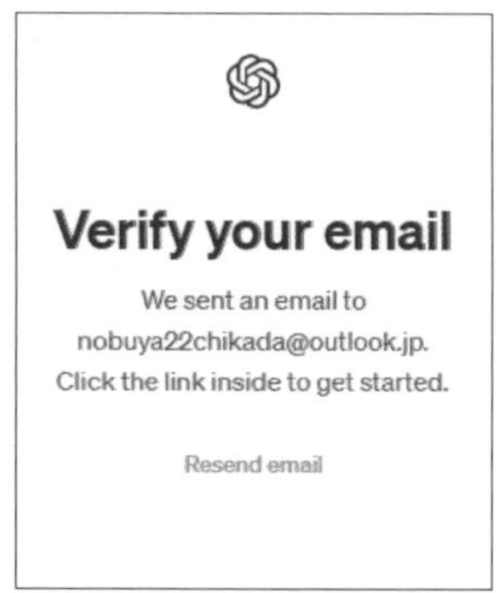

入力したメールアドレスに確認のメールが送信される

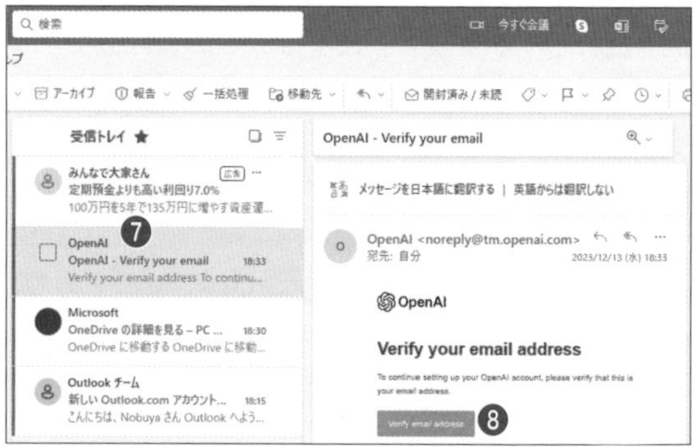

メールアドレス宛に届いた確認メールを表示❼し、[Verify email address] をクリック❽する

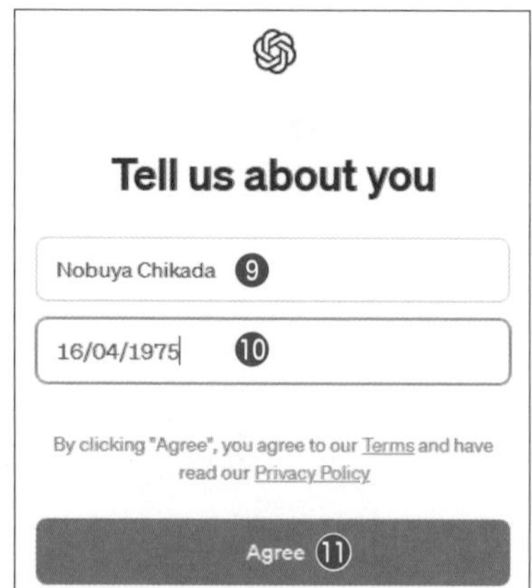

氏名と生年月日を入力する画面が表示される。名前を入力❾し、生年月日を入力❿する。入力した内容を確認し、[Agree] をクリック⓫する

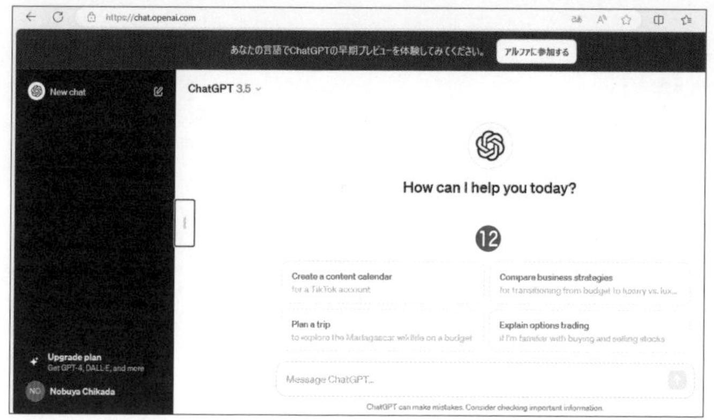

アカウントの登録が完了すると、ChatGPTの会話画面が表示⓬される

API キーを取得する

アカウントを作成できた後は、Webサイトにログインし、APIキーを発行することができるようになります。手順に沿ってAPIキーを発行しましょう。

API keys – OpenAI API

URL https://platform.openai.com/account/api-keys

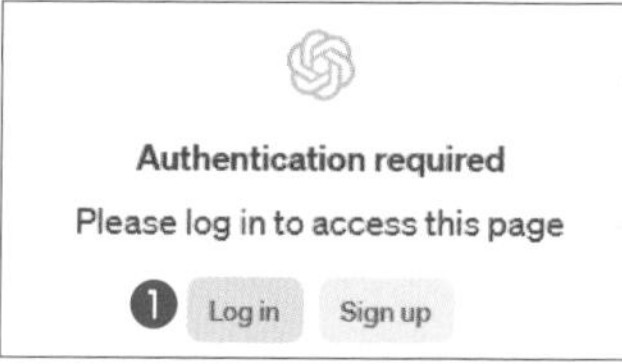

上記のURLを参考にブラウザーで[API keys – OpenAI API]のページを表示しておく。ここではこれまでの手順で作成したアカウントでログインする。[Log in]をクリック❶する

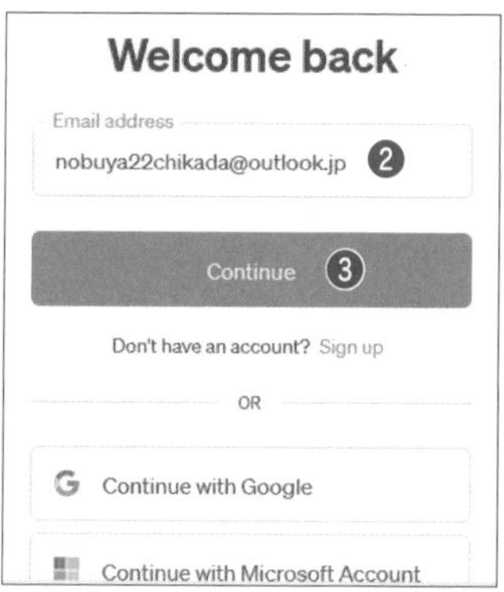

メールアドレスを入力❷し、[Continue]をクリック❸する

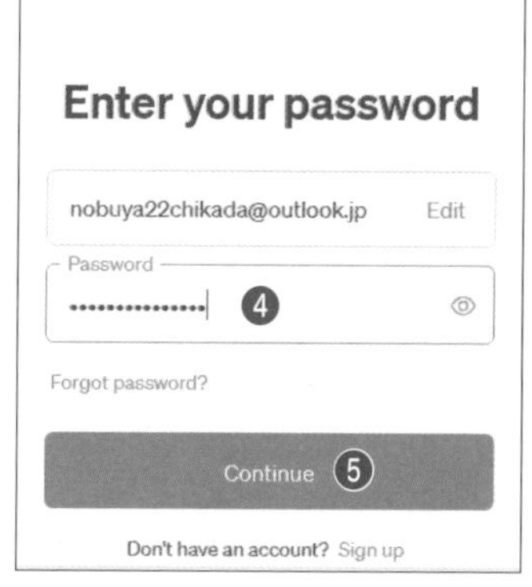

パスワードを入力❹して、[Continue]をクリック❺する

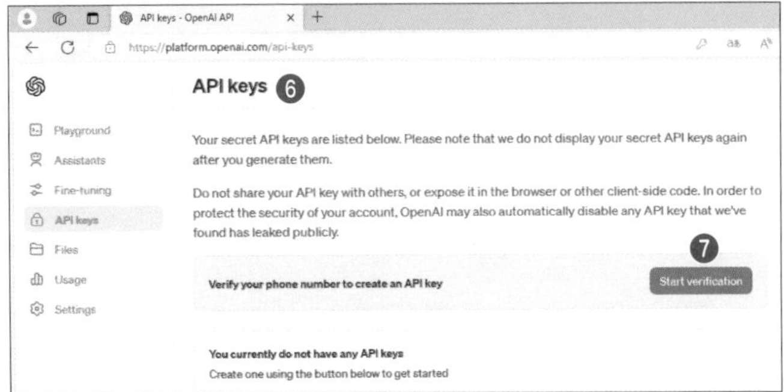

[API keys] 画面が表示❻される。[Start verification]をクリック❼する

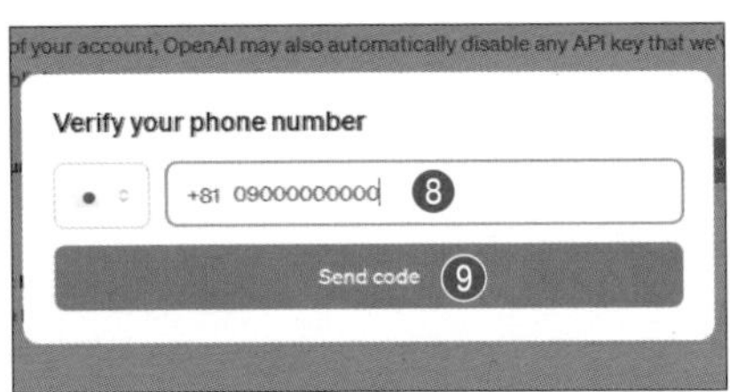

電話番号の認証画面が表示される。認証に使う電話番号を入力❽し、[Send code] をクリック❾する

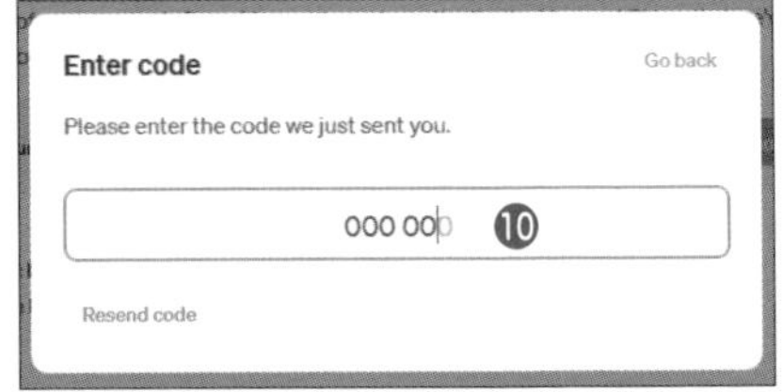

入力した電話番号に認証のSMSが届く。SMSに記載されたコードを入力❿する

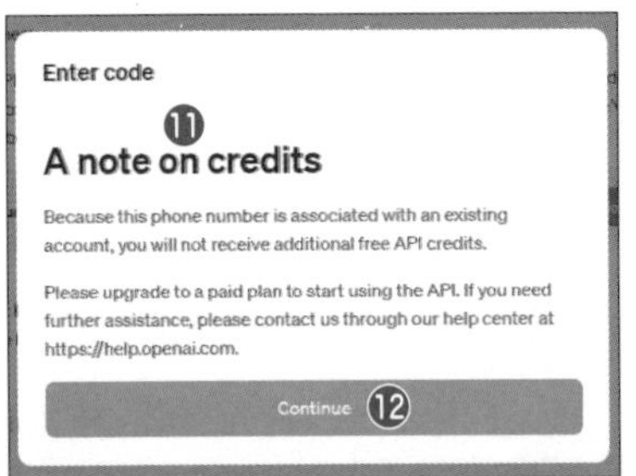

電話番号の登録を確認する画面が表示⓫される。[Continue] をクリック⓬する

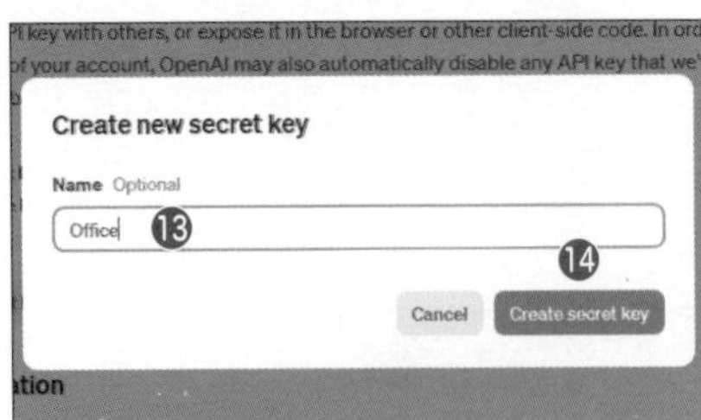

API keyの名前を入力する画面が表示される。ここでは「Office」と入力⓭し、[Create secret key] をクリック⓮する

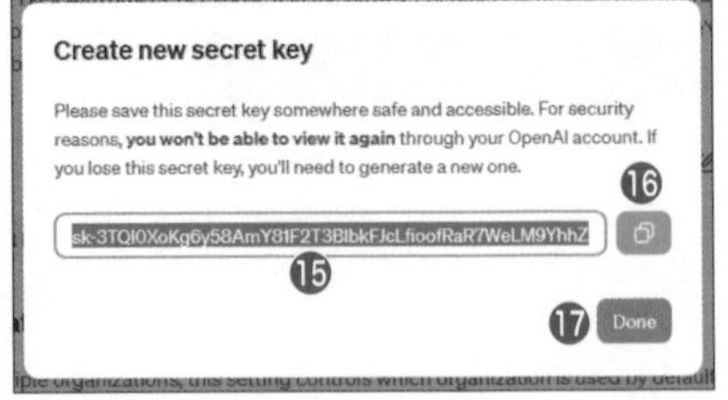

作成されたAPI keyが表示⓯される。[コピー] をクリック⓰して、API keyをコピーしてテキストファイルなどに貼り付けておく。[Done] をクリック⓱する

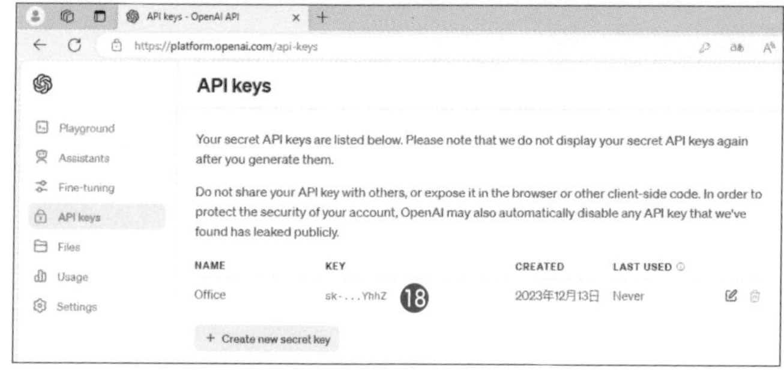

[API keys] 画面に戻る。この画面には作成されたAPI keyが表示⑱される

注意 「Create secret key」をクリックすると、発行されたAPI keyが表示されます。API keyが表示されている画面を閉じると、再度API keyを表示させることはできません。3章で、モジュールの先頭にこのAPIキーを記述する必要があるので、このタイミングで必ず、テキストファイルなどにコピー貼り付けしてAPI keyを保存しておきましょう。API keyはOpenAIのAPIを呼び出すための鍵そのものです。第三者に渡ることのないよう厳重に管理しましょう。

便利なAPIキーの使い分け

新しいAPIキーは、[+Create new secret key] をクリックすることで簡単に発行することができます。また、キーに名前を付けることで、プロジェクトや用途ごとに識別し、効率的に管理することが可能です。名前付けは管理を容易にするだけでなく、万が一APIキーが第三者に漏れてしまいキーの削除が必要となった場合でも、被害を最小限に抑えるのに役立ちます。名前を付けたAPIキーの使い分けを積極的に活用しましょう。

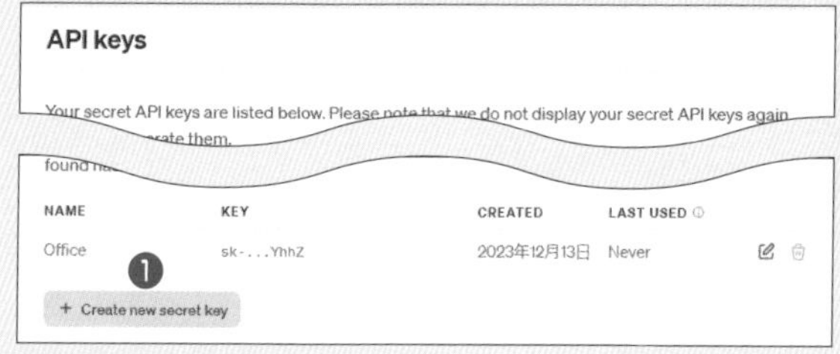

[API keys] 画面を表示しておく。[Create new secret key] をクリック❶する

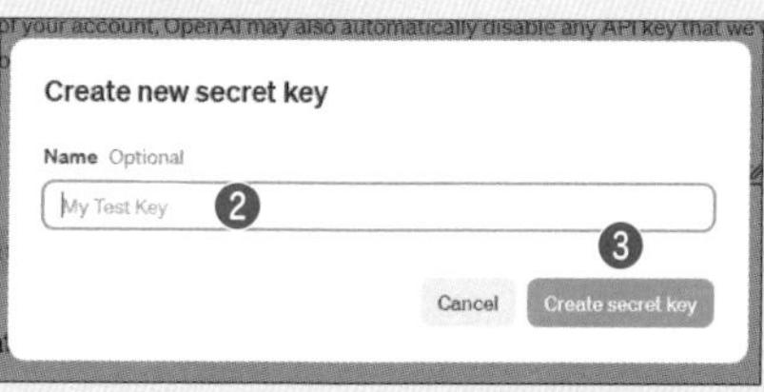

[Create new secret key] 画面が表示され、新しいAPI keyを作成できるようになる。[Name] に名前を入力❷し、[Create secret key] をクリック❸すると新しいAPI keyが表示される

APIの利用料と課金方式

OpenAIのAPIの利用料は、固定の月額料金ではなく、実際に使った量に応じて料金が計算される従量課金制となっています。これは、月額性のWeb版ChatGPT（ChatGPT Plus）とは別物で、Web版で月額課金していたとしても、それとは別にOpenAI APIの利用料として課金する必要があります。

トライアル（無料）期間に注意する

OpenAIのAPIを始めて利用する方には、5ドル分の無料クレジットがトライアル特典として付与されます。これにより、初期の利用は課金されることなくスムーズに始められますが、このトライアル期間は約2～3カ月を目安となっているようで、期間が終了するか、提供された5ドル分のクレジットをすべて使用すると、トライアルは自動的に終了します。トライアル終了後の継続利用する場合は、クレジットカードなど支払い方法の登録が求められ、従量課金制に移行することになります。

本書で紹介するコードの動作をトライアル期間中に試すことは可能です。しかしながら、トライアル期間中は、一定時間あたりのAPI利用回数に大幅な制限があるため、連続してAPIを利用することができません。業務として本格的に利用する際には、従量課金制に移行する必要があります。

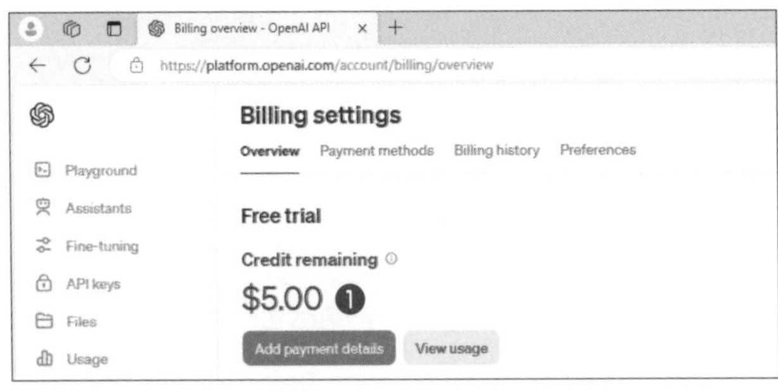

アカウント登録直後はFree trialとして5ドル分のクレジット❶が利用できるようになっている

各モデルの利用料

具体的な料金については、OpenAIの公式サイトで詳しい情報が提供されています。利用料金は頻繁に見直されるため、OpenAIの公式サイトで確認するとよいでしょう。

Pricing

URL https://openai.com/pricing

ChatGPTとEmbeddingsはトークンと呼ばれる文字数単位に価格が設定されており、入出力する文字が多いほど料金が高くなります。日本語の場合は文字数からトークン数を算出する規則性を見出すことは難しく、大体、ひらがなは1文字１トークン、漢字は1文字２～３トークンと考えられています。通常の文章であれば、トークン数≒文字数×1.5を目途に考えてよさそうです。本書で呼び出すモデルの利用料は2024年1月現在、次の通りです。

● GPT の利用料　※ GPT-4 Turbo のプレビューバージョン　（1 ドル／ 150 円として計算）

モデル名	トークン	トレーニングデータ	コスト（1Kトークンあたり）		1回あたり目安
			入力	出力	
gpt-4-1106-preview※	128K	2023/4	$0.01	$0.03	6～210円
gpt-3.5-turbo-1106	16K	2021/9	$0.001	$0.002	0.5円～4円

● Embeddings および DALL-E の利用料　（1 ドル／ 150 円として計算）

モデル	サイズ	コスト	1回あたりの目安
Embeddings	$0.0001 / 1K tokens		0.02～0.12円
DALL-E 3（HD）	1024×1024	$0.080 / image	12円
	1792×1024	$0.120 / image	18円
DALL-E（Standard）	1024×1024	$0.040 / image	6円
	1792×1024	$0.080 / image	12円
DALL-E2	1024×1024	$0.020 / image	3円
	512×512	$0.018 / image	2.7円
	256×256	$0.016 / image	2.4円

トークン数を事前に確認できる

ChatGPTとEmbeddingsはトークンと呼ばれる文字数単位に価格が設定されており、入出力する文字が多いほど料金が高くなります。トークン数に関してはTokenizerというWebページで確認することができます。

Tokenizer – OpenAI Platform

URL https://platform.openai.com/tokenizer

TokenizerのWebページではテキストを入力❶してトークン数を算出❷できる

支払方法を登録する

支払い方法を登録するにはクレジットカードが必要です。また、初めて登録するときには一定額のクレジットを購入する必要があります。自動でクレジットが購入されるように設定（automatic recharge）することも可能です。

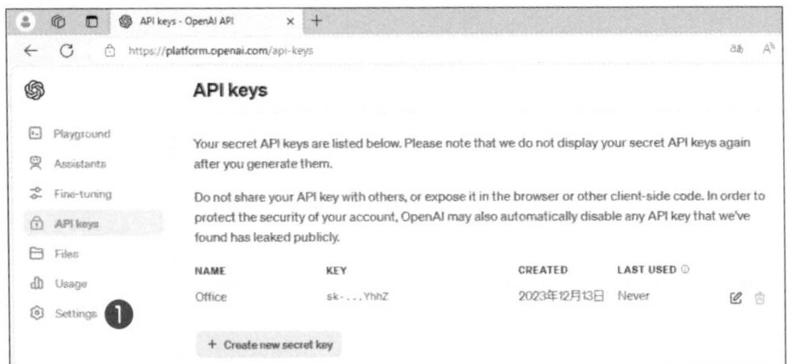

P.49を参考に［API keys］画面を表示しておく。［Settings］をクリック❶する

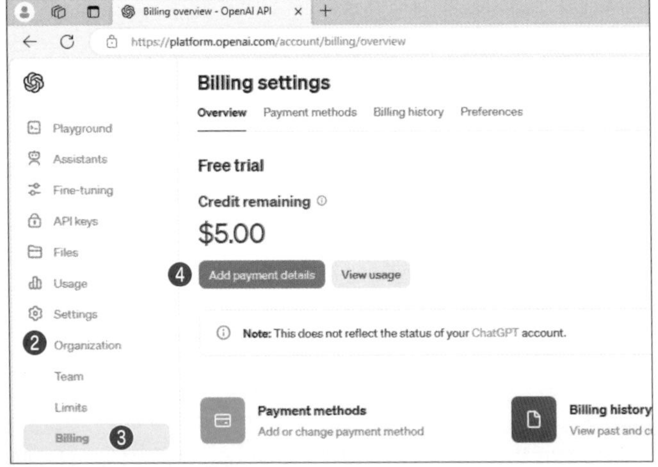

［Settings］メニューが展開❷されるので［Billing］をクリック❸する。表示された［Billing settings］画面［Add payment details］をクリック❹する

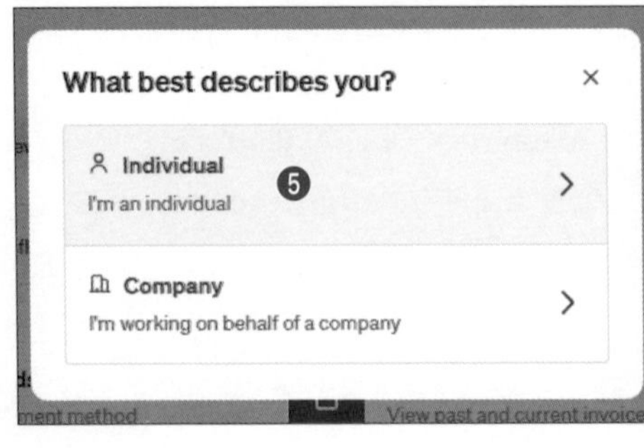

個人としての利用か、法人としての利用かを選択する画面が表示される。ここでは個人となる［Individual］をクリック❺する

クレジットカードの情報を入力❻し、[Continue] をクリック❼する

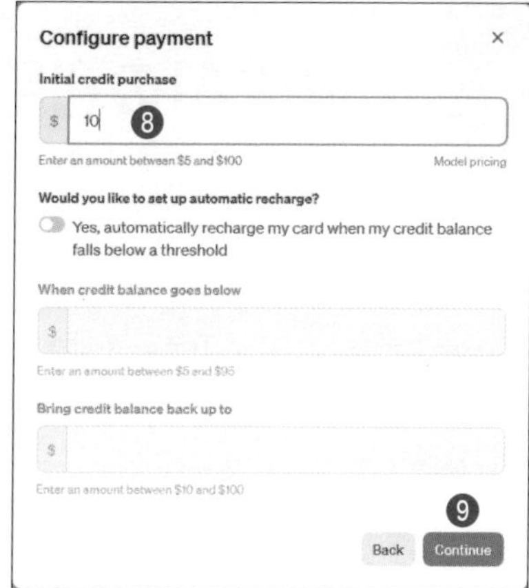

クレジットを購入する画面が表示される。クレジットを入力❽し、[Continue] をクリック❾する

利用料の確認方法

P.49を参考に [API keys] 画面を表示し、左メニューのUsageをクリックすれば、現在までの利用料金を確認することができます。[Settings] をクリックし、[Limits] をクリックした画面にある [Usage limit] から、次の利用限度を設定することも可能です。

Usage – OpenAI API

URL https://platform.openai.com/account/usage

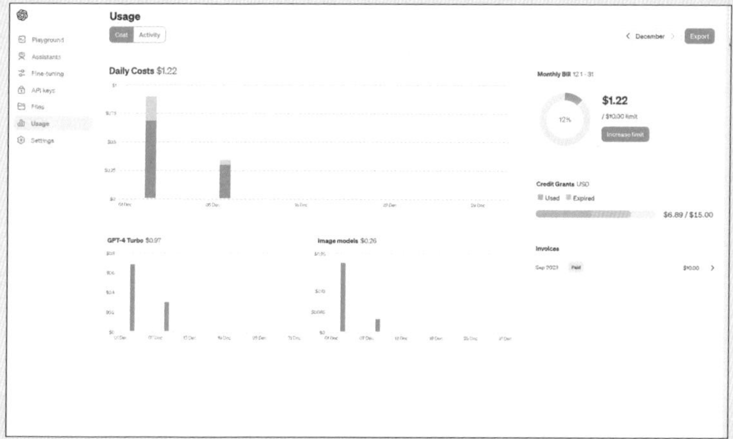

[Usage] の画面ではクレジットの消費推移を確認できる

2-3 ▷ 生成AIの利用にあたっての注意点

これまで解説してきたOpenAIのモデルに限らず、現代のAI技術は驚異的なスピードで進化しており、その中でも生成AIの能力は特に目覚ましい進歩を遂げています。一方で、生成AIの大きな利点を最大限に享受するには、その利用方法に関しての十分な配慮と慎重さが不可欠です。このセクションでは、OpenAIの技術を活用するために注意すべき点を具体的に解説します。

学習データの正確性

昨今のAI技術が高度になった背景には、膨大な学習データが存在します。この学習データは数百万から数十億の公開テキストや情報から収集されますが、その内容は必ずしも正確とは限りません。誤情報が混在していたり、特定の地域やトピックに偏るリスクも存在します。また、ChatGPTモデル（2023年11月時点の公開版）は、GPT-3.5は2021年9月、GPT-4は2023年4月までの情報しか学習していません。そのため、それ以降の新情報は反映されず、また、企業内情報など非公開の専門知識やデータを基にした回答は、一般的な使用方法では生成されません。さらに、学習データの中には偏見が混在する可能性があります。特定の集団や文化、ジェンダーに対する偏見を持ったデータが含まれていると、AIはそれらを助長する恐れがあり、社会的や人権的な問題が生じるリスクが高まります。生成型AIを利用する際には、これらの点を理解し十分な注意が必要です。

ここではドル円の為替レートを質問している。トレーニングデータに関する注意事項が表示され、為替レートは表示できない旨の回答が生成される

ハルシネーション(幻覚)

ChatGPTのような生成AIモデルは、時折「ハルシネーション(幻覚)」と称される現象によって、誤った情報やユーザーの意図しない内容を生成することがあります。この現象は、生成された回答が真実らしさと説得力を持って提示されるため、特に注意が必要です。

ビジネスシーンでの利用においては、生成された情報の正確性や妥当性の検証が極めて重要となります。利用者は、AIからの情報をそのまま信じ込まず、その内容を批判的に評価し、必要に応じて追加の調査や確認を進める必要があります。

ここでは「日本で二番目に高い山」を質問している。正しくは北岳だが、誤った回答が生成されてしまっている。ただし、質問の内容によっては、正しい回答が表示されることもある

生成物の著作権

近年、生成AI技術の進展とともに、著作権に関する問題が複雑化しています。現行法の多くでは、AI自体を著作権者として認めていないため、AIが生成したコンテンツの著作権の所在や、商業的利用の取り扱いについての議論や法的枠組みの見直しが各国で行われています。OpenAIのポリシーによれば、ChatGPTによるテキストやDALL-Eの生成画像は、利用規約とコンテンツポリシーに基づき、ユーザーが所有し、再印刷や商品化などの商業利用が可能です。ただし、生成内容が他の著作物を含む場合、その部分の著作権は元の著作者に帰属します。また、生成物を人間の作品として偽る行為は禁じられており、AIによる生成であることの表示が推奨されています。これらは頻繁に変更される可能性があるため、詳細な情報や使用例については、OpenAIの公式ドキュメントの最新版を確認する必要があります。

Terms & policies

URL https://openai.com/policies

RAGによるハルシネーション軽減と学習外データ応答

RAGは、Retrieval-Augmented Generationの略で、AIモデルに対して、リアルタイムの情報や特定の分野の知識を提供することで、より正確で信頼性の高い応答を可能にする技術です。モデルが生成する不正確または関連性のない情報（ハルシネーション）を減らし、最新かつ正確な情報に基づいて応答を生成することが可能となります。具体的には、外部データベースやテキストから、最新あるいは固有のデータを取得し、LLMが応答を生成する際にこれを利用する仕組みです。これにより、モデルが過去のトレーニングデータだけに頼るのではなく、現在の事実や特定のドメインのデータに基づいて回答できるようになるのです。特に、企業内のデータや非公開の情報に関する質問に対して、より正確で実用的な応答をさせたいシーンで有効です。本書では10章の最終セクションで、RAG技術を用いて、指定したドキュメントを参照しながら応答するカスタムChatGPTを作成します。

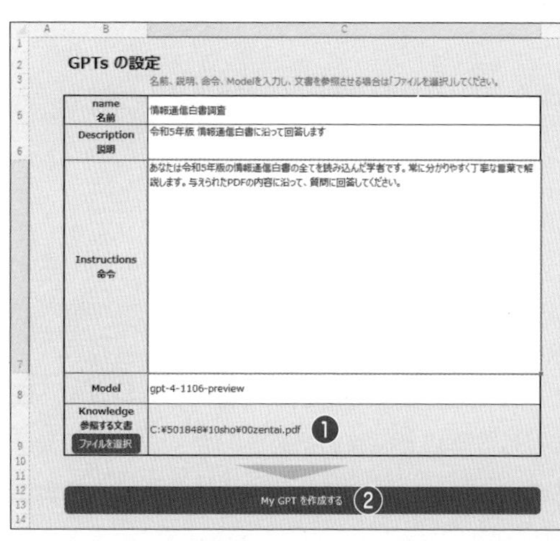

本書の10章ではPDFなどのファイルを指定❶し、Excelのワークシート上で動作するカスタムChatGPTを作成❷できる

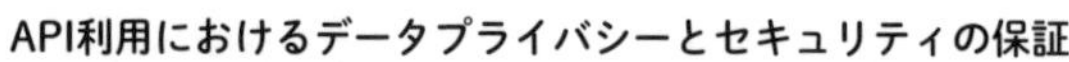

API利用におけるデータプライバシーとセキュリティの保証

OpenAIのAPIを使用してユーザーが送信する質問やコマンドは、ChatGPTモデルのトレーニングやアップデートには使用されません。送信するデータは安全に保たれ、ChatGPTの学習プロセスから完全に独立しているため、ユーザーは安心してAPIを利用することができます。

GPTs Data Privacy FAQs | OpenAI Help Center

URL https://help.openai.com/en/articles/8554402-gpts-data-privacy-faqs

第 3 章

Chapter

3

▽

VBA で会話する (ChatGPT)

本章では、OpenAI の代表的モデルである「ChatGPT」の API を、Excel VBA を用いてどのように呼び出し、操作するかを解説します。具体的には、Excel や Word、PowerPoint、Outlook といった Office アプリから呼び出すことができる汎用的な「ChatGPT」関数として設計、開発していきます。さらに、ChatGPT の API を呼び出すサンプルとして、シンプルなマクロ付きブックを作成します。そして本章で作成する「ChatGPT」関数は、6 章以降で詳しく探求し、さまざまな用途で活用していきます

3-1 API を使った「ChatGPT」関数の作成

Excel VBAを使用して、ChatGPTのAPIを呼び出す関数を作成します。始めに、ChatGPTへの質問とその回答を管理するワークシートの設計を行い、続いてプログラム処理の流れを整理します。この処理の流れを基に、具体的な作成方法を詳しく解説していきます。

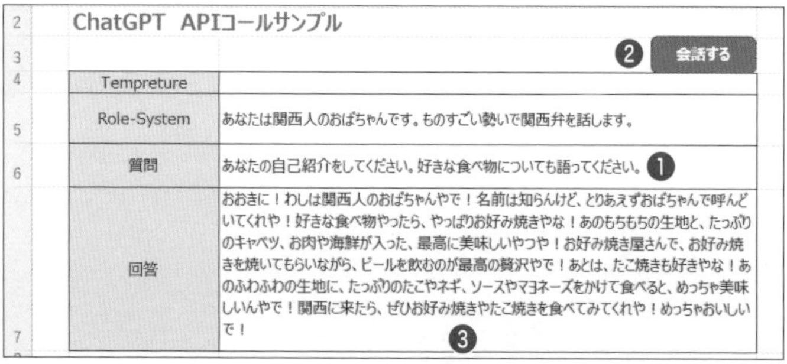

ChatGPT APIコールサンプル

❷ 会話する

Tempreture	
Role-System	あなたは関西人のおばちゃんです。ものすごい勢いで関西弁を話します。
質問	あなたの自己紹介をしてください。好きな食べ物についても語ってください。❶
回答	おおきに！わしは関西人のおばちゃんやで！名前は知らんけど、とりあえずおばちゃんで呼んどいてくれや！好きな食べ物やったら、やっぱりお好み焼きやな！あのもちもちの生地と、たっぷりのキャベツ、お肉や海鮮が入った、最高に美味しいやつや！お好み焼き屋さんで、お好み焼きを焼いてもらいながら、ビールを飲むのが最高の贅沢やで！あとは、たこ焼きも好きやな！あのふわふわの生地に、たっぷりのたこやネギ、ソースやマヨネーズをかけて食べると、めっちゃ美味しいんやで！関西に来たら、ぜひお好み焼きやたこ焼きを食べてみてくれや！めっちゃおいしいで！ ❸

「質問」に質問内容を入力❶し、右上にある[会話する]❷をクリックすると、ChatGPTからの回答が「回答」に表示❸される

ChatGPT シートの設計と処理の流れ

以下のサンプルファイルを使用します。シート上でChatGPTに与えるプロンプト（会話内容）、Role-SystemなどAPIに引き渡すパラメータを入力できるようにします。ChatGPTからの応答内容も同じシート上の「回答」に表示させます。プロンプトに会話内容を入力し、「会話する」ボタンをクリックするとChatGPTからの回答が表示されるというシンプルな仕組みです

サンプル 03.xlsm

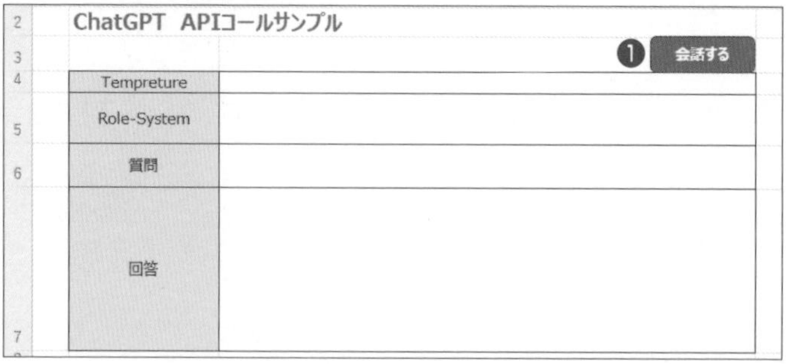

ChatGPT APIコールサンプル

❶ 会話する

Tempreture	
Role-System	
質問	
回答	

サンプルファイルにはあらかじめ書式やボタン❶が用意されている

● 処理の流れ

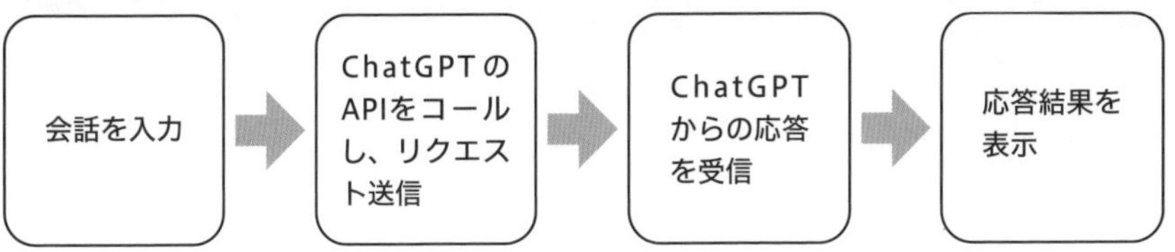

Function プロシージャ「ChatGPT」の作成

OpenAIのChatGPTをVBAから活用する核心部分であり、他のOfficeアプリからも呼び出すことができる汎用的な関数となります。大きく分けて次のような処理構成となっています。ここでは順に作成、解説していきます。

1. APIキーの設定
2. 関数と引数の設定
3. モデルの設定
4. JSON文字のエスケープ
5. JSON文字のアンエスケープ
6. リクエストボディの構築
7. リクエスト実行とレスポンスの取得
8. JSONのパースと再リクエスト

モジュールの作成

まず、これからコードを記述していくモジュールを作成します。Visual Basic Editor画面で、標準モジュールを挿入し、オブジェクトブラウザーで名前を「GPT」に変更しましょう。

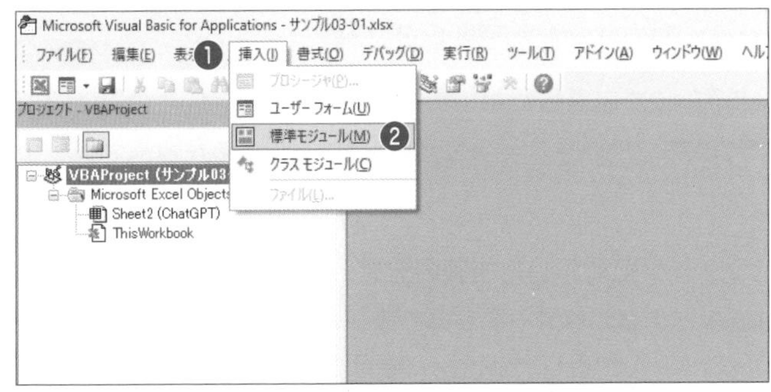

VBEを起動して［挿入］❶をクリックし、［標準モジュール］❷をクリックする

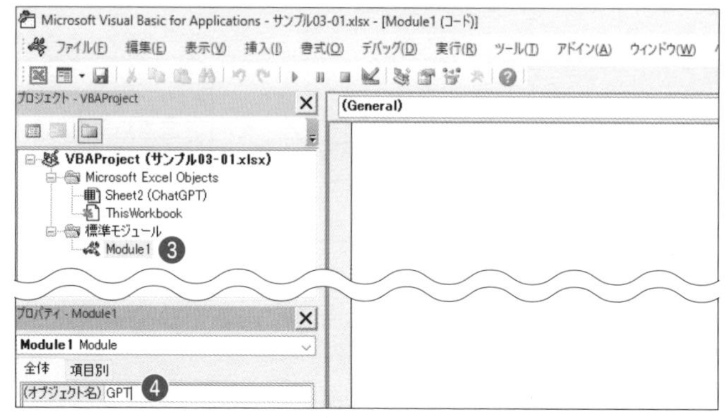

標準モジュールが挿入❸されたこと確認して、オブジェクトブラウザーにある[(オブジェクト名)]に「GPT」❹と入力する

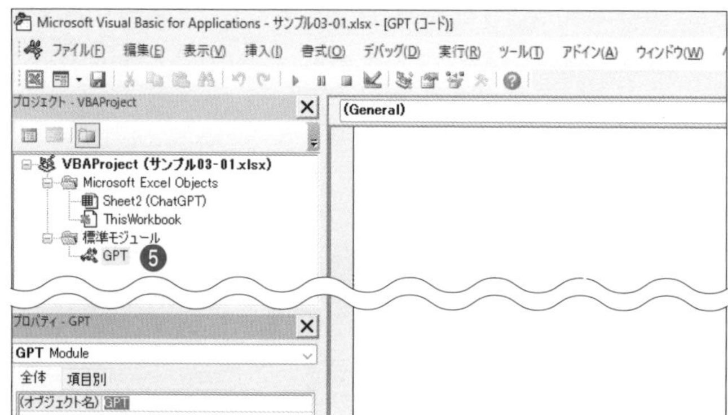

プロジェクトエクスプローラーのモジュール名が「GPT」❺に変更された

APIキーの設定

ChatGPT APIを利用するにはAPIキーが必要です。まず、GPTモジュールの先頭に、変数宣言を必要とするOption Explicitを記述し、変数にまつわるコーディングミスを減らせるようにします。記述したら、APIキーを設定する以下を入力します。

サンプル 03-01.txt

```
Option Explicit

Public Const APIkey As String = "Your APIkey"
```

「Your APIkey」には2章P.49で取得したAPIキーを設定します。広域のPublicで定数を宣言することで、以降、どのモジュールからもAPIkeyの値が参照できるようになります。

ChatGPT APIのパラメータに対応した引数の設定

ChatGPTのAPIにはさまざまなパラメータがあります。リクエストのたびに可変となるパラメータは、目的や状況に応じて呼び出し時に指定できるよう、ChatGPT

関数の引数として受け取れるようにします。テキストメッセージは必須の引数、その他は省略可能(Optional)として、使い勝手の向上を図ります。使用するChatGPTのモデルはChatGPT関数呼び出し時に指定できるようにしますが、指定されなかったときに参照するPublic変数「GPTmodel」も宣言します。P.75で解説する別のプロシージャ「SetGPTmodel」によりGPTmodelにモデル名を格納します。

サンプル 03-02.txt

```
Public GPTmodel As String
Function ChatGPT(Text As String, _
                    Optional RoleSystem As String, _
                    Optional Temperature As Double = 0.4, _
                    Optional MaxTokens As Long = 2000, _
                    Optional Wait As Long = 60, _
                    Optional Model As String, _
                    Optional prevU As String, _
                    Optional prevA As String) As String
```

● パラメータと引数

引数	説明	省略
Text	モデルに対する主要な入力テキスト	不可
RoleSystem	ChatGPTに対する全体的な役割を指定します	可能
Temperature	モデルが出力する一貫性やランダム性を指定します。引数で指定がない場合は、デフォルト値を0.4としています	可能
MaxTokens	APIの応答として受け取ることができるトークンの最大数でトークンは、テキストを分割する単位で、英語の場合、1トークン=1単語となっていますが、日本語の場合の詳細は明らかになっておらず、およそ1000トークンで6～700文字程度と考えられています。引数で指定がない場合は2000トークンをデフォルト値としています	可能
Wait	ChatGPTのレスポンスを待つ最大時間(秒)です。指定がない場合のデフォルト値は60秒としています。この時間を超えると、再度リクエストします	可能
Model	使用するGPTモデル(P.75)を指定します	可能
PrevU	連続的な会話を行う際、会話履歴をChatGPTに提供するための引数です。過去のユーザーメッセージを「;;;」で区切って、新しい順に文字列として指定します。この「;;;」は、引数PrevUとPrevAでのみ使用する特別な区切り文字です。単発の会話を行う場合は、この引数は不要です	可能
PrevA	PrevUと対をなす過去のアシスタントのメッセージを示す引数です。PrevUと同じく、新しい順に「;;;」で区切って指定します。通常、過去の会話はユーザーとアシスタントが交互に行うため、PrevUとPrevAの会話履歴の数は等しくなります。同数としなくても、ChatGPTは受け取りますが、過去の会話の流れが乱れ、おかしな解釈となる可能性があるため、注意が必要です	可能

2つの重要なパラメータを理解する

APIへ送信するメッセージには「role」と「content」の二つのフィールドがあります。「role」はメッセージの役割を示し、「content」はその内容を表します。「role」に「system」を設定すると、ChatGPTの振る舞いに関する指示やガイダンスを「content」に記述でき、「あなたは小学校の先生です」といった特定のキャラクターやトーンで応答させることができるようになります。また「role」に「user」を設定した場合は質問やその履歴に、「assistant」は回答の履歴に使われます。「role:system」はChatGPTとの会話をより楽しむための有用なパラメータといえるでしょう。

創造性をコントロールできる「Temperature」パラメータ

「Temperature」は、生成されるテキストの一貫性と多様性のバランスを調整します。この設定は0.0 ～ 2.0で行い、低い値（たとえば0.1、0.2）は一貫した確実な回答に、高い値（たとえば0.8、1.0）は多様性と意外性を増加させます。最大値の2.0近くでは非理論的な回答となる場合もあります。標準的な回答を求める場合は低めに、創造的なアイデアが欲しい場合は少し高め（1.0まで）に設定すると良いでしょう。

ChatGPT モデルの設定

プロシージャ開始時に、使用するChatGPTモデルの設定を行います。ChatGPTモデルにはいくつかのバージョンが存在し、性能や料金が異なります。モデルは、ChatGPT関数呼び出し時に指定可能としますが、指定されなかったときは、モジュールの冒頭で宣言したPublic変数「GPTmodel」を適用します。このGPTmodelは、別のプロシージャ「SetGPTmodel」（P.75）でモデルを指定します。いずれの指定もない場合は、性能のよい「gpt-4-1106-preview」モデルを適用します。

サンプル 03-03.txt

```
If Model = "" Then
    If GPTmodel <> "" Then
        Model = GPTmodel
    Else
        Model = "gpt-4-1106-preview"
    End If
End If
```

```

❷ Const url = https://api.openai.com/v1/chat/completions
```

❶…引数で指定されたモデルを優先します。引数によるモデル指定がない場合は、「SetGPTmodel」プロシージャで指定されたGPTmodelを適用します。いずれの指定もない場合は「gpt-4-1106-preview」モデルを適用します。

❷…OpenAIのAPIエンドポイントURLを定数として宣言します。このURLは、APIのリクエストを送信する際のアドレスとなります。

ChatGPT のモデルとコスト

ChatGPTのモデルには、大きく分けてGPT-3.5と、さらに改良を加えたGPT-4があり、それぞれ、トークン数やコストが異なるさまざまなバージョンが存在しています。2023年11月に開催されたOpenAI DevDayというイベントで発表され、使用できるようになった新しい2種類のモデル、GPT-4 Turbo（gpt-4-1106-preview）、GPT-3.5 Turbo（gpt-3.5-turbo-1106）は大きく進化し、既存バージョンのモデルすべてを置き換えることができるほどの性能とコストパフォーマンスを兼ね備えています。性能よりコストを重視する場合は、デフォルトを「gpt-3.5-turbo-1106」に変更するとよいでしょう。

● 2023 年 11 月より利用開始となったモデル

モデル名	トークン	トレーニングデータ	コスト（1Kトークンあたり）		1回あたり目安
			入力	出力	
gpt-4-1106-preview	128K	2023/4	$0.01	$0.03	6～210円
gpt-3.5-turbo-1106	16K	2021/9	$0.001	$0.002	0.5円～4円

「gpt-4-1106-preview」に関しては、発表から数週間程度でプレビュー（評価）版から正式版への移行がアナウンスされています。それに伴い、モデル名が「gpt-4-turbo」に変更されることが見込まれていますので、最新のモデルや価格に関して、OpenAIの公式サイトで確認し、それに合わせて、モデル名を指定するコードを変更しましょう。

OpenAI | Continuous model upgrades

URL https://platform.openai.com/docs/models/continuous-model-upgrades

OpenAI | Pricing

URL https://openai.com/pricing

JSON文字のエスケープ処理

ChatGPT APIとのデータ授受は、軽量なテキストベースのフォーマット「JSON形式」で行われます。しかし、VBAから入力された文字は、そのままではJSONとして処理できません。JSONではたとえばダブルクォート（"）が文字列の開始と終了を示す役割を持っており、文字列中にダブルクォートが存在すると、JSONはそれを誤解釈してしまいます。これを解消するための手法がエスケープで、この場合、ダブルクォート（"）を連続して（""）のように記述することで誤解釈を回避します。同様に、バックスラッシュや改行などの特定の制御文字もエスケープする必要があります。これらのエスケープ処理を簡単に行えるよう、Functionプロシージャ「EscapeJSON」として関数化します。この関数を呼び出すことで、ChatGPTのAPIがVBAからの入力を正確に解釈できるようになります。

サンプル 03-04.txt

```
Function EscapeJSON(S As String) As String
    Dim i As Integer
    S = Replace(S, "¥", "¥¥") ' バックスラッシュ
    S = Replace(S, "/", "¥/") ' スラッシュ
    S = Replace(S, Chr(8), "¥b") ' vbBack: バックスペース
    S = Replace(S, Chr(9), "¥t") ' vbTab: タブ
    S = Replace(S, Chr(10), "¥n") ' vbLf: ラインフィード
    S = Replace(S, Chr(11), "¥t") ' vbVerticalTab: 垂直タブはタブに置換
    S = Replace(S, Chr(12), "¥f") ' vbFormFeed: フォームフィード
    S = Replace(S, Chr(13), "¥r") ' vbCr: キャリッジリターン
    S = Replace(S, Chr(34), "¥" & Chr(34)) ' ダブルクォート
    S = Replace(S, vbNewLine, "¥n") ' vbNewLine: 環境に応じた改行記号
    For i = 0 To 31
        If i < 8 Or i > 13 Then
            S = Replace(S, Chr(i), "")
        End If
    Next i
    EscapeJSON = S
End Function
```

❶（03〜12行）／❷（13〜17行）

❶…特殊文字が正しく解釈されるようにReplace関数で文字を置き換えます。ポイントはバックスラッシュ（¥）を最初に処理することです。バックスラッシュ文字自体がエスケープのための文字として使用されるので、他の特殊文字をエスケープする前にバックスラッシュを処理する必要があります。

❷…いわゆる制御文字（文字コードで規定された文字のうち、外部との通信の制御や周辺機器の制御などに用いる特殊な文字）は、JSONでは正しく解釈されずにエラーとなる恐れがあるため、Replace関数を使用しすべて削除します（JSONの仕様にない垂直タブはタブ置換）。

● 置き換える特殊文字

特殊文字	置換前	置換後
バックスラッシュ	¥	¥¥
スラッシュ	/'	¥/
バックスペース（vbBack）	Chr(8)	¥b
タブ（vbTab）	Chr(9)	¥t
ラインフィード（vbLf）	Chr(10)	¥n
垂直タブ（vbVerticalTab）	Chr(11)	¥t
フォームフィード（vbFormFeed）	Chr(12)	¥f
キャリッジリターン（vbCr）	Chr(13)	¥r
ダブルクォート	Chr(34)	"¥" & Chr(34)
環境に応じた改行記号（vbNewLine）	vbNewLine	¥n

JSON文字のアンエスケープ処理

ChatGPT APIから受け取るレスポンスもJSON形式の文字列です。VBAでこの文字列を正しく扱えるよう、JSONの特殊文字やエスケープされた文字を通常の文字列に変換する処理が必要となります。Functionプロシージャ「UnescapeJSON」として関数化することで、これらの変換処理を簡単に行えるようにします。

サンプル 03-05.txt

```
Function UnescapeJSON(S As String) As String
    S = Replace(S, "¥¥", "¥") ' バックスラッシュ
    S = Replace(S, "¥/", "/") ' スラッシュ
    S = Replace(S, "¥b", Chr(8)) ' vbBack: バックスペース
    S = Replace(S, "¥t", Chr(9)) ' vbTab: 水平タブ
    S = Replace(S, "¥n", Chr(10)) ' vbLf: ラインフィード
    S = Replace(S, "¥f", Chr(12)) ' vbFormFeed: フォームフィード
    S = Replace(S, "¥r", Chr(13)) ' vbCr: キャリッジリターン
    S = Replace(S, "¥" & Chr(34), Chr(34)) ' ダブルクォート
    S = Replace(S, "\u0026", "&")  ' アンバサンド
    S = Replace(S, "\u003c", "<")  ' レスザン
    S = Replace(S, "\u003e", ">")  ' グレーターザン
    UnescapeJSON = S
End Function
```

❶…改行などJSONで使用されている特殊文字を、VBA上で正しい文字列として表示できるよう置換します。

JSONのパースを理解するメリットとは

JSON（JavaScript Object Notation）は、もともとJavaScriptで使うためのデータ表現方法として生まれました。その明瞭でシンプルな構造は、多くの技術者から高く評価され今ではさまざまなプログラミング言語やシステムでデータ交換のために採用されています。JSONは、基本的にキーと値のペアでデータを表現し、配列やネストされたオブジェクトといった複雑なデータ構造もシンプルに表すことができます。そのため、近年、APIの通信、設定ファイルの保存、そしてデータの格納など、さまざまな場面でJSONが使われるケースが増えています。Pythonなどの言語ではJSONをパース（解析）できるライブラリーを利用することで、簡単にJSONから必要な値を取り出すことができますが、本書で解説しているように自力でJSONをパースすることで、そのフォーマットを知り、解釈する力を身に付けることも価値あることではないでしょうか。

エスケープの実行

ChatGPT関数のコードに戻り、作成したEscapeJSON関数をChatGPT関数から呼び出しましょう。これにより、ChatGPT APIに引き渡す文字列をJSON形式で正しく解釈されるよう変換できるようになります。変換処理を関数化したので、簡潔なコードで実行できます。

サンプル 03-06.txt

❶
```
    Text = EscapeJSON(Text)
    RoleSystem = EscapeJSON(RoleSystem)
    prevU = EscapeJSON(prevU)
    prevA = EscapeJSON(prevA)
```

❶…ChatGPTへの質問文、全体的な役割指示、過去の会話履歴を、EscapeJSON関数を呼び出して変換します。

リクエストボディの構築

ChatGPTのAPIにリクエストする際の中身であるリクエストボディを構築していきます。

まず、会話部分をmsgPartとして構築します。過去のユーザーとアシスタントのメッセージ（会話履歴）、RoleSystem（役割）、RoleUser（直近の会話、質問）の順に処理します。過去の会話履歴を適切に取り扱うことで、ChatGPTは以前のコンテキストを持って会話を継続できるようになります。

サンプル 03-07.txt

```
    Dim msgPart As String, i As Long
    Dim maxLen As Long
❶   Dim arrPrevU() As String, arrPrevA() As String
    maxLen = -1
    If prevU <> "" Then
        arrPrevU = Split(prevU, ";;;")
        maxLen = UBound(arrPrevU)
❷   End If
    If prevA <> "" Then
        arrPrevA = Split(prevA, ";;;")
        If maxLen < UBound(arrPrevA) Then maxLen = UBound(arrPrevA)
    End If
    If maxLen >= 0 Then
        For i = maxLen To 0 Step -1
            If i <= UBound(arrPrevU) Then
                msgPart = msgPart & "{""role"":""user"",""content"":""" & arrPrevU(i) & """},"
❸           End If
            If i <= UBound(arrPrevA) Then
                msgPart = msgPart & "{""role"":""assistant"",""content"":""" & arrPrevA(i) & """},"
            End If
        Next i
    End If
❹   If RoleSystem <> "" Then msgPart = "{""role"":""system"",""content"":""" & RoleSystem & """}," & msgPart
❺   msgPart = msgPart & "{""role"":""user"",""content"":""" & text & """}"
```

❶…maxLenは、過去のメッセージ（ユーザーとアシスタント）の最大長を保持する変数です。arrPrevUとarrPrevAは、引数prevUとprevAを「;;;」で分割して配列に格納するための文字列型の配列です。MaxLenに-1を格納します。この状態は引数がない状態を意味します。

❷…prevUとprevAを「;;;」で区切って配列として取得し、過去のメッセージの最大長を計算します。どちらの配列が長いかに基づいて、maxLenを設定します。

❸…初めにMaxLenには-1が設定されています。もしMaxLenの値が0以上であれば、これはprevUやprevA、あるいは両方が引数として与えられていることを示します。この場合、Forループを使用して、過去のユーザーとアシスタントのメッセージを古いものから順番にmsgPartに追加します。

❹…RoleSystemが空でない場合、それをmsgPartの先頭に追加します。

❺…msgPartの最後に、直近のユーザーメッセージTextを追加します。

リクエストボディのパラメータ処理

次に、各種パラメータの設定値をリクエストボディとして構築します。先に構築した会話部分のmsgPartを使用してリクエストボディの構築過程を見やすくしています。

サンプル 03-08.txt

```
❶ Dim body As String, Rspns As String
❷   body = "{" & _
❸          """model"":""" & Model & """," & _
❹          """messages"":[" & msgPart & "]," & _
❺          """max_tokens"":" & MaxTokens & "," & _
❻          """temperature"":" & Temperature & "," & _
❼          """top_p"":1" & _
           "}"
❽  Debug.Print body
```

❶…bodyはAPIへのリクエストボディを格納、RspnsはChatGPT APIからのレスポンス（応答）を格納します。

❷…JSON形式のデータは、中括弧 {} の中に記述します。

❸…APIパラメータ"model"に、Model変数をセットします。三重クォートは、VBA内の文字列でダブルクォートを表現するためのものです。

❹…APIパラメータ"messages"に、msgPartとして構築した会話部分のプロンプトをセットします

❺…APIパラメータ"max_tokens"に、最大トークン数MaxTokensをセットします。

❻…APIパラメータ"tempreture"に、引数Tempretureに格納された値をセットします。

❼…APIパラメータ"top_p"は、APIの出力の確率的な多様性（P.64）を制御するためのパラメータで、再現性が高くなる1をセットします

❽…リクエストボディの内容をVBAのデバッグウィンドウ（イミディエイトウィンドウ）に出力します。リクエストが正しく構築されているか確認できます。

ChatGPT APIへのリクエストとレスポンス取得

構築したリクエストボディを使用してChatGPT APIをコール、リクエストを送信します。この処理には、MSXML2.XMLHTTPを使用します。MSXML2.XMLHTTPはMicrosoft XML Core Services（MSXML）の一部として提供されるオブジェクトで、HTTPを経由してデータを送受信することができます。XMLデータの取得やWebサービス、APIへのリクエストにおいて用いられることが多く、今回のようにVBAを用いてWebAPIを呼び出すシーンで重宝します。

XMLHTTPオブジェクトは、非同期または同期モードで動作することができます。非同期モードでは、リクエストがバックグラウンドで送信され、VBAの実行が待機することなく進行します。一方、同期モードでは、リクエストのレスポンスが返ってくるまでVBAの実行が一時停止します。これらは引数（非同期：True、同期：False）で指定しますが、引数を省略すると、非同期（True）として実行されます。

サンプル 03-09.txt

```
❶ リクエスト開始:
❷     Dim Xmlhttp As Object
      Set Xmlhttp = CreateObject("MSXML2.XMLHTTP")
      With Xmlhttp
❸         .Open "POST", Url
❹         .setRequestHeader "Content-Type", "application/json"
❺         .setRequestHeader "Authorization", "Bearer " & APIKey
❻         .send body
          Dim StartTime
❼         StartTime = Timer
❽ ┌       Do
  │           DoEvents
  │           If Xmlhttp.readyState = 4 Then Exit Do
  │           If Timer - StartTime >Wait Then
  │               Debug.Print "◆" & Wait & "秒レスポンスがないため再リクエストします"
  │               Set Xmlhttp = Nothing
  │               GoTo リクエスト開始
  └           End If
```

```
    Loop
❾      Rspns = .responsetext
❿      Debug.Print Rspns
End With
```

❶…指定された秒数以内にレスポンスがない場合に、再リクエストを行うためのラベルで、後でGoTo文から参照されます。

❷…MSXML2.XMLHTTPオブジェクトをインスタンス化し、それをオブジェクト変数Xmlhttpに格納します。

❸…POSTメソッドを使用して指定されたUrlに対してHTTPリクエストを行うための設定をします。同期に関しては、引数を省略してデフォルトの非同期で行います。

❹…Content-Typeをapplication/jsonとしてリクエストボディがJSON形式であることを指定し、ヘッダーに設定します。

❺…AuthorizationをBearerトークンとしてAPIへの認証を行うための設定をします。

❻…リクエストボディとしてbody変数の内容を送信します。

❼…現在の時刻をStartTimeに格納します。

❽…readyStateプロパティが4（操作が完了）になるまで、またはWaitで指定された秒数以上経過するまで待機します。秒数以上経過しても応答がない場合、デバッグウィンドウにメッセージを出力して、再度リクエストを実行します。

❾…取得したレスポンステキストをRspns変数に格納します。

❿…Rspns変数の内容（レスポンステキスト）の一部をデバッグウィンドウに出力します。

ChatGPT APIの応答処理に注意

ChatGPTの応答が時折、数分～数十分遅れることがあります。その際、同期でPOSTしていた場合は、Excelは操作不能となり、フリーズしたかのような画面となります。この問題を解決するため、非同期でPOSTを実行し、レスポンス待ちの間にDo Loopで待機するようにしています。指定された秒数以上レスポンスが遅れた場合には、リクエストを自動的に再送する仕組みを実装することで無駄な待ち時間の解消を図っています。さらに、待機ループ中にDo Eventsを使って一時的にOSに制御を渡すことで、Escキーを押してマクロを簡単に停止させることも可能にしています。

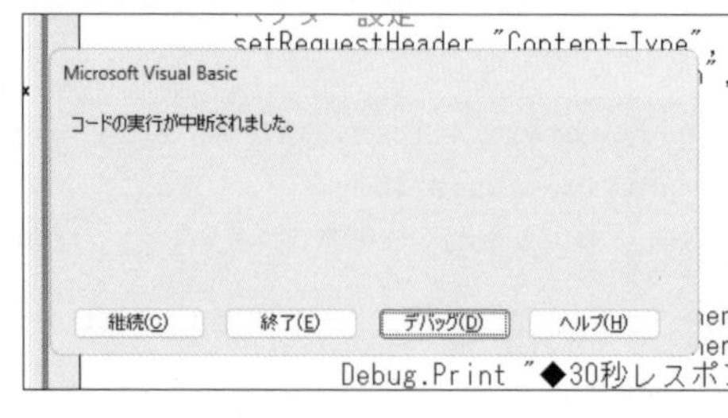

待機中にEscキーを押すことで、マクロの実行を停止することができる

JSON形式データから回答を抽出する

- **リクエスト（質問）：こんにちは**
- **レスポンス（回答）：こんにちは！　何かご用件はありますか？**

このようなやり取りを行った際、ChatGPTのAPIからの返答は`Response.Text`という形で、JSON形式の文字列として返されます。取得したい情報は回答部分ですが、この回答部分は、**content": "**と**"改行　　},**に挟まれています。この2つの目印を使用して、回答テキストをJSONから抽出することができます。

● **Response.Textの例**

```
{"model":"gpt-4-1106-preview","messages":[{"role":"user","content":"
こんにちは"}],"max_tokens":2000,"temperature":0.2,"top_p":1}
{
  "id": "chatcmpl-8JW1IfTozKgVTHjYymSoY6qjUgUiD",
  "object": "chat.completion",
  "created": 1699662008,
  "model": "gpt-4-1106-preview",
  "choices": [
    {
      "index": 0,
      "message": {
        "role": "assistant",
        "content": "こんにちは！　何かご用件はありますか"
      },
      "finish_reason": "stop"
    }
  ]
```

また、エラーが返ってきた場合も想定する必要があります。エラーの場合は次のようなレスポンステキストが返ってきます。まず、**"error": {**の有無を確認し、エラーの場合は、**"message": "**と**",**の間にあるメッセージを抽出するようにします。

● エラーで帰ってきた Response.Text の例

```
{
    "error": {
        "message": "The model `gpt-1` does not exist or you do not have access to it. Learn more: https://help.openai.com/en/articles/7102672-how-can-i-access-gpt-4.",
        "type": "invalid_request_error",
        "param": null,
        "code": "model_not_found"
    }
}
```

JSON形式のレスポンスデータを解析します。回答（またはエラー）内容を取得するため、目印となる文字列を探し出し、それ基点としたテキストを抽出します。

サンプル 03-10.txt

```
❶     Dim p1 As Long, p2 As Long
❷     Dim str1 As String, str2 As String
❸     Dim Temp As String

      If InStr(Rspns, Chr(34) & "error" & Chr(34) & ": {") > 0 Then
❹         str1 = "message" & Chr(34) & ": " & Chr(34)
          str2 = Chr(34) & "," & vbLf
      Else
❺         str1 = "content" & Chr(34) & ": " & Chr(34)
          str2 = Chr(34) & vbLf & "      },"
      End If

❻     p1 = InStr(Rspns, str1) + Len(str1)
❼     p2 = InStr(p1 + 1, Rspns, str2) - p1
❽     Temp = Mid(Rspns, p1, p2)
❾     Temp = UnescapeJSON(Temp)
      ChatGPT = temp
  End Function
```

❶…p1 と p2 は文字列の位置を格納する変数です。

❷…str1 と str2 は検索する文字列（目印）を格納する変数です。

❸…Temp は一時的に抽出したテキストを格納する変数です。

❹…Rspns の中に「"error": {」の文字列が存在すれば、これはエラーメッセージの応答です。

この場合、str1 はエラーメッセージの開始を、str2 はエラーメッセージの終了を示す文字列を格納します。

❺…エラーメッセージではない場合、正常な応答と判断し、str1 はコンテンツの開始を、str2 はコンテンツの終了を示す文字列を格納します。

❻…str1の開始位置を取得して、p1に格納します。

❼…str2の開始位置を、str1の位置以降の文字列から取得し、p2に格納します。

❽…p1からp2の長さだけの文字列を Rspns から取得して、Temp に格納します。

❾…UnescapeJSON関数を使って、JSONのエスケープ文字を元に戻します。

SetGPTmodel プロシージャの作成

ChatGPTモデルの設定に使用するプロシージャです。このプロシージャで設定されたモデルは、ChatGPT関数呼び出し時にモデルが指定されていない場合のデフォルト値として機能します。モデル名を格納する変数「GPTmodel」は、GPTモジュールの最初にPublic変数として宣言されているため、プロシージャの実行後もその値は保持されます。これにより、ChatGPT関数の各呼び出しで毎回モデルを指定する必要がなくなり、7章以降で作成するレシピにおいて効率的にコードを記述することができます。

サンプル 03-11.txt

```
Sub SetGPTmodel()
    Dim MyRtn, n
❶   MyRtn = InputBox("ChatGPTのモデルを設定してください" & vbCrLf & _
                "  1：gpt-4-1106-preview" & vbCrLf & "  2：gpt-3.5-turbo-1106", "OpenAI")
❷   n = Val(StrConv(MyRtn, vbNarrow))
  If IsNumeric(n) Then
      If n = 1 Then
          GPTmodel = "gpt-4-1106-preview"
      ElseIf n = 2 Then
          GPTmodel = " gpt-3.5-turbo-1106"
      End If
  End If

❸   If GPTmodel = "" Then
        MsgBox "ChatGPTのモデルが指定されていません", , "OpenAI"
    Else
        MsgBox "ChatGPTのモデルが「" & GPTmodel & "」に指定されました", , "OpenAI"
```

```
    End If
End Sub
```

❶…モデルを指定するInputBoxを表示します

カスタマイズポイント

> OpenAIより新しいモデルが公開された場合は、この文字列を変更することで、新しいモデルを包括的に指定することができます。

❷…入力された番号を数値に置き換え、モデル名を設定します

❸…指定されたモデル名を表示、キャンセルや入力がなかった際はその旨を表示します。

OpenMemo サブプロシージャの作成

ChatGPTのレスポンスをメモ帳で開くプロシージャを作成しましょう。指定されたテキスト（Text引数）とファイル名（Name引数）を用いて一時的にテキストファイルを作成し、Windowsのメモ帳で開きます。表示完了後にテキストファイルを削除します。長文のテキストを臨機応変に表示でき、様々な局面で重宝するサブプロシージャで、本章では使用しませんが、7章で作成するレシピで頻繁に使用します。

サンプル 06-12.txt

```
Sub OpenMemo(Text As String, Name As String)

    Dim Path As String, ts As Object
  Path = Environ("TEMP") & "\" & Name & ".txt"            ❶
  Set ts = CreateObject("Scripting.FileSystemObject").
CreateTextFile(Path, True)                                ❷
    ts.WriteLine Text
    ts.Close
  Shell "notepad.exe " & Path, vbNormalFocus              ❸
    Kill Path

End Sub
```

❶…Environ("TEMP")を用いてWindowsの一時フォルダーのパスを取得し、それに引数ファイル名と拡張子.txtを結合して、フルパスを構築します。

❷…Scripting.FileSystemObjectオブジェクトを用いて、指定されたパスにテキストファイルを作成します。Trueの指定で、既存のファイルの上書きを許可します。オブジェクトのWriteLineメソッドを用いて、引数で与えられたテキスト（Text）をファイルに書き込み、その後、テキストファイルを閉じます。

❸…Shell関数を用いて、メモ帳（notepad.exe）を開き、作成したテキストファイルを表示します。最後に、Killステートメントを用いて、作成したテキストファイルを削除します。

3-3 ▷ ChatGPT関数の呼び出し

これでワークシートのデザインとChatGPT関数の作成が完了しました。最後にワークシート上でChatGPTを呼び出すコードの記述に進みましょう。作成した関数を使うことで、わずか1行のコードでChatGPTを操作できるようになりました。[会話する] ボタンにCallGPTをマクロ登録して実行しましょう。

サンプル 03-13.txt

```
Sub CallGPT()
    [C7] = "ChatGPTにリクエスト中・・・"
    [C7] = ChatGPT([C6], [C5], [C4])
End Sub
```

❶…セルC7に「ChatGPTにリクエスト中…」と表示します

❷…セルC4に入力されたTemperature、セルC5に入力されたRole-System、セルC6に入力された質問を基に、ChatGPT関数を用いて質問やパラメータをリクエストし、結果をC7セルに反映します

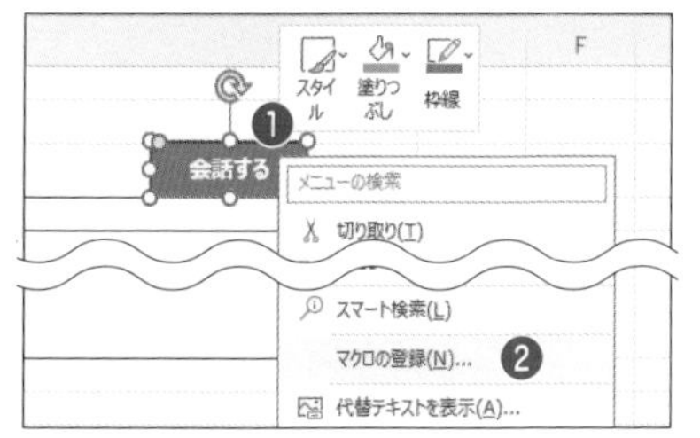

マクロを登録するボタンを右クリック❶し、[マクロの登録] をクリック❷する

[マクロの登録] ダイアログボックスが表示される。ここでは [CallGPT] を選択❸し、[OK] をクリック❹する

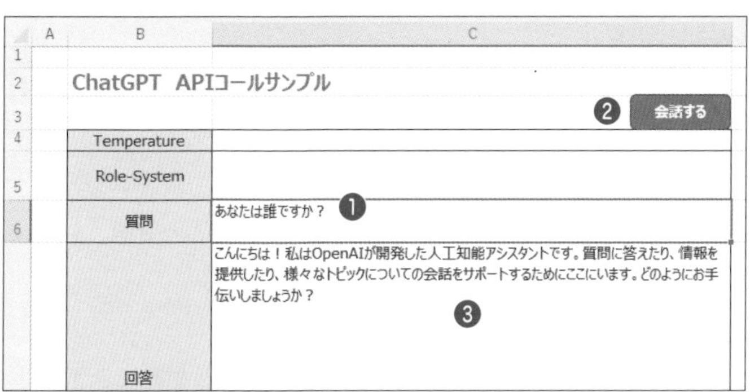

セルC6に質問を入力❶し、[会話する] をクリック❷する。セルC7に [ChatGPTにリクエスト中] と表示された後に、回答が表示❸される

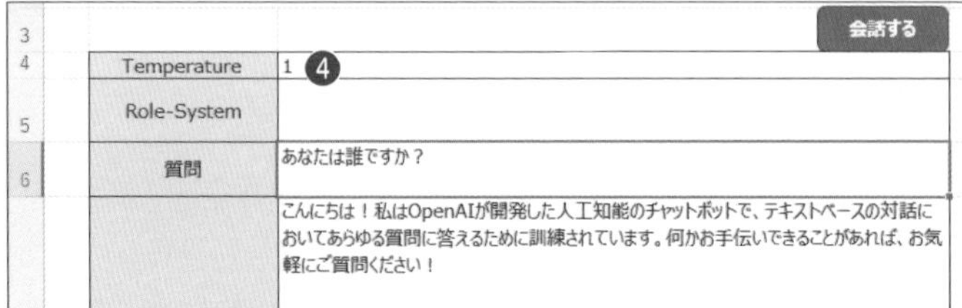

セルC4にTemperatureの数値を入力❹して回答を生成することもできる

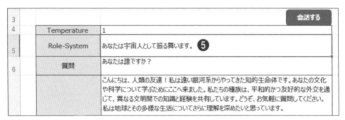

Temperature	1
Role-System	あなたは宇宙人として振る舞います。❺
質問	あなたは誰ですか？
	こんにちは、人類の友達！私は遠い銀河系からやってきた知的生命体です。あなたの文化や科学について学ぶためにここへ来ました。私たちの種族は、平和的かつ友好的な外交を通じて、異なる文明間での知識と経験を共有しています。どうぞ、お気軽に質問してください。私は地球とその多様な生活についてさらに理解を深めたいと思っています。

同様にセルC5に役割を入力❺して回答を生成することもできる

ChatGPTのモデル設定を最適化しよう

ChatGPT関数を呼び出す際、特定のモデル（たとえば、コストパフォーマンスに優れたgpt-3.5-turbo-1106）を一括で指定するには、SetGPTmodelプロシージャを実行します。一度設定すれば、それ以降の各リクエストでモデル名を個別に指定する手間を省くことができます。

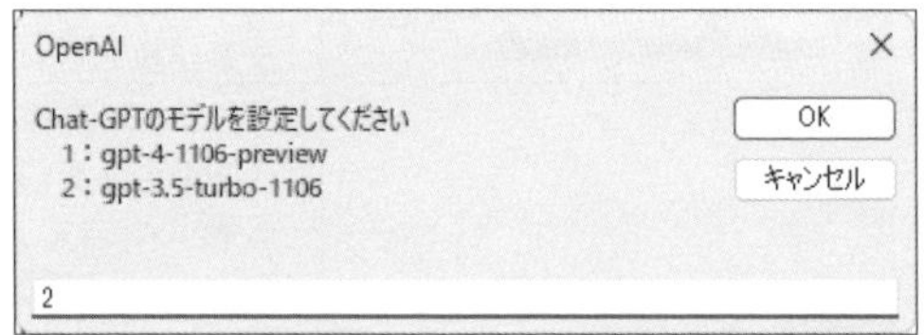

SetGPTmodelプロシージャを実行すると、インプットボックスで使用するモデルを設定できる

ただし、次のような場合、Public変数がクリアーされ、その際はChatGPT関数内の処理により、「gpt-4-1106-preview」がセットされるため、注意してください。

- **アプリケーションを閉じたとき**
  ExcelやWordなどのアプリケーションを閉じると、Public変数の値は消去されます。
- **VBAプロジェクトをリセットしたとき**
  エラーで停止したり、VBAエディターでリセットボタンを押したとき、Public変数はリセットされます。
- **コードがコンパイルされたとき**
  コードをコンパイルすると、Public変数もリセットされることがあります。

第 4 章

Chapter

4

▽

VBA で画像を生成する (DALL-E)

本章では、Excel VBA から OpenAI の画像生成モデル「DALL-E2」「DALL-E3」の API を呼び出す手法を詳しく解説します。セルに画像の説明をテキストで入力し、ボタンをクリックするだけで、新しい画像が次々とワークシート上に表示される仕組みを実現する Dalle 関数を作成します。この関数は、Excel だけでなく他の Office アプリからも呼び出すことができ、6 章以降で作成する実践的なレシピからも呼び出す汎用的な関数となりますので、その機能と利用方法についてしっかりと学んでいきましょう。

APIを使った「Dalle」関数の作成

Excel VBAを使用して、画像生成AIのDALL-E（モデルはDALL-E2、またはDALL-E3）の APIを呼び出す関数を作成します。始めに、DALL-Eへの画像生成プロンプトや、引き渡すパラメータを設定するワークシートの設計を行い、続いてプログラム処理の流れを整理します。この処理の流れを基に、具体的な作成方法を詳しく解説していきます。

画像生成 DALL-E APIコール サンプル

生成数	4
画像サイズ	1024x1024
データ形式	b64_json
モデル	dall-e-3
プロンプト	Create a watercolor-style illustration of people enjoying cherry blossom viewing by a wide river, with sakura petals dancing in the air and a single university rowing team boat floating on the water. ❷

［画像を生成する］

※ChatGPTを画像生成プロンプトを作成させる

［プロンプトを作成する］

プロンプト前文	画像生成AIに与える英語のPromptを作成します。 説明文をAIが理解できるよう、端的に区切った表現にしてください。 画像は水彩画のようなイラストにしてください。画像に文字は入れないで、イラストで表現してください。日本語ではなく英語でPromptを回答してください。 ###説明文###
説明文	桜が舞う季節、川のほとりで多くの人々が花見を楽しんでいる様子を描いてください。川の幅は広く、大学のボート部のボートが1艇浮かんでいます。 ❶

「説明文」に入力された日本語❶を基に英語のプロンプトをChatGPTで生成する。生成された英語のプロンプト❷から画像を生成❸できる

Dalle シートの設計と処理の流れ

以下のサンプルファイルを使用します。「Dalle」シート上に、画像を生成するための設定項目を準備します。具体的には、生成画像数、画像サイズ、データ形式、そして生成のためのプロンプトを入力できるようにします。選択可能な値があるセルには、入力規則を適用し、不正な入力を防ぐように設定します。

サンプル 04.xlsm

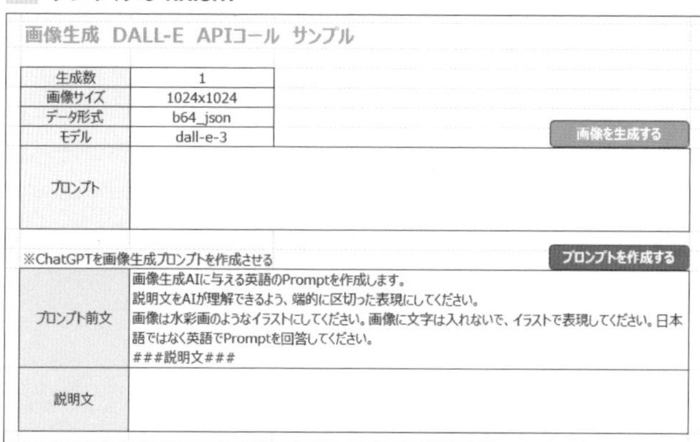

DALL-Eは、端的な英語のプロンプトに最も効果的に応答して画像を生成する。そこでChatGPTを活用して、日本語文章を効果的な英文プロンプトに変換できる機能を実装する。サンプルファイルにはあらかじめ書式が設定されている

● **処理の流れ**

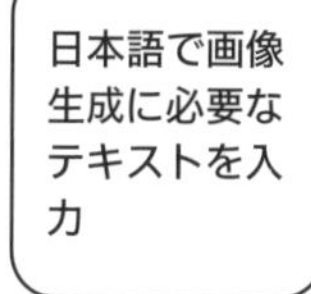

日本語で画像生成に必要なテキストを入力

プロンプトを基にDALL-EのAPIをコールし、画像を生成

生成された画像を表示用シートに挿入し表示

DALL-Eプロンプトの日本語対応

DALL-Eは主に英語のデータセットで訓練されているので、英語のプロンプトに対する応答の精度と関連性が特に高くなっています。一方、多言語データも使用されているため、日本語のプロンプトにも反応しますが、英語に比べると応答の質はやや劣ります。明確でイメージしやすい英語のキーワードを使用してプロンプトを作成すると、期待する結果が得られやすくなる傾向があります。

4-2 Function プロシージャ「Dalle」の作成

VBAを用いてDALL-EのAPIを呼び出し、テキストから画像を生成してローカルに保存し、保存した画像のパスを返す「Dalle」関数を作成します。この関数は、指定可能なAPIパラメータを引数として取り、DALL-E2の場合には、最大10枚の画像を同時に生成できるようにします。また、生成された画像はURLやBase64文字列のどちらの形式でも取得できるよう設計します。この関数の開発プロセスは以下の主要なステップに分かれています。中でも7.の処理は「Dalle」関数から簡単に呼び出せるよう別のFunctionプロシージャとして作成、最後にDALL-Eのモデルを指定するSetDALLmodelプロシージャを作成し、モデルを包括的に切り替えられるようにします。それでは、次のステップに沿って順に見ていきましょう。

1．モジュールの作成とAPIキーの設定
2．APIのパラメータに対応した引数の設定
3．初期設定と変数の宣言
4．リクエストボディの構築
5．リクエストの実行
6．JSONから画像データを取得
　①画像保存するフォルダー名とパスを構築
　②画像をダウンロード（URL形式の場合）
　③文字列から画像ファイルに変換（Base64形式の場合）
　④Dalle関数の戻り値をセット
7．Base64文字列をファイルに変換するための独自関数
8．SetDALLmodelプロシージャ

モジュールの作成とAPIキーの設定

まず、これからコードを記述していくモジュールを作成します。Visual Basic Editor画面で、標準モジュールを挿入し、オブジェクトブラウザーで名前を「DALL」に変更しましょう。

APIを利用するにはAPI keyが必要ですが、3章で作成したGPTモジュールの先頭で、次のように、どのモジュールからも参照できるPublic型の広域定数(P.62)として宣言しているので、DALLモジュールには記述する必要はありません。

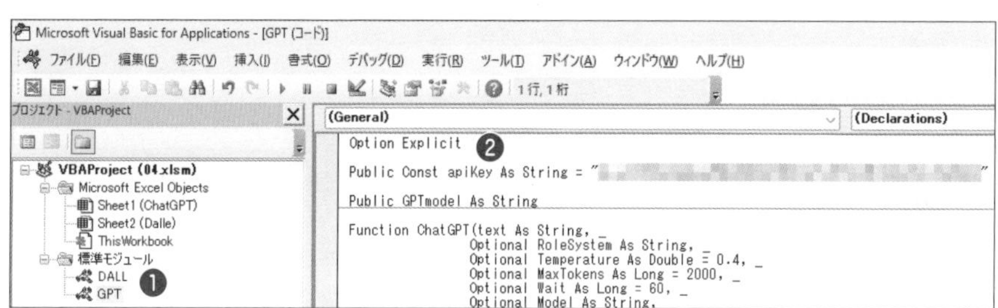

3章P.61を参考に標準モジュールを挿入し、名前を「DALL」に変更❶しておく。APIKeyは以下のように[GPT]モジュールに広域定数として宣言❷されているので、新たに記述しなくてもよい

● GPTモジュールで宣言した広域定数APIkey

```
Public Const APIkey As String = "Your APIkey"
```

注意 APIキーを書き換えるときは「Your APIkey」の文字列を書き換えてください。ダブルクォーテーション(")まで書き換えてしまうと、エラーになるので注意が必要です。

DALL-E APIのパラメータに対応した引数の設定

DALL-EのAPIにはさまざまなパラメータがあり、それらを関数の引数として受け取れるようにします。これにより、目的や状況に応じて、コールするDALL-EのAPIパラメータを動的に指定することができるようになります。Modelは、Dalle関数呼び出し時に指定できるようにしますが、指定されなかったときに参照するPublic変数「DALLmodel」も宣言します。P.97で解説する別のプロシージャ「SetDALLmodel」によりDALLmodelにモデル名を格納します。

サンプル 04-01.txt

```
Public DALLmodel As String
Function Dalle(Text As String, _
                Optional N As Long = 1, _
                Optional Size As String = "256x256", _
                Optional Frmt As String = "b64_json", _
                Optional Path As String, _
                Optional Model As String = "dall-e-2", _
                Optional Quality As String = "standard") As String
```

❶…より手軽に呼び出せるよう、引数はTextのみ必須として、他はOptionalを設定し任意とします。

● 引数とパラメータ

引数		APIパラメータ	
引数名	型	項目名(デフォルト値)	説明
Text	String	prompt	画像を生成する基となるテキスト
N	Long	n (1)	生成する画像枚数（1 ～ 10）
Size	String	size (1024x1024)	画像サイズ dall-e-2（256x256,512x512,1024x1024） dall-e-3（1024x1024,1024x1792,1792x1024）
Frmt	String	response_format(b64_json)	取得する画像データ形式(url,b64_json)
Path	String	–	画像を保存するパス（文字列）
Model	String	–	生成AIのモデル（dall-e-2,dall-e-3）
Quality	String	standard	画像の質（standard,hd）hdはdall-e-3のみ指定可能）

生成AI画像に正方形が多い理由

AIが生成する画像は、多くが正方形の形状をしています。この理由は、AIモデルの学習の効率性や制約に関連しています。正方形の形状、特に2の累乗の次元（例: 64x64、128x128）は、畳み込みニューラルネットワーク（CNN）の計算を効率化し、リソースの節約に寄与するのです。また、一定のサイズや比率の画像で学習すると、学習の安定性が向上し、出力結果の一貫性も保たれる効果もあります。DALL-E3のような最新のモデルにおいては、実用的な16:9の比率の画像も生成できるように進化しましたが、正方形のほうがより高速に生成されることも同時にアナウンスされています。

画像データの受け取り方式

画像データは、「URL形式」と「Base64文字列形式」の2つの方法で取得できます。以下の表で、それぞれの方式の特徴を比較しています。適切な方式を状況に応じて選択する際の参考としてください。

● 各受け取り方法の特徴

	URL	Base64文字列
埋め込み性	×: 画像データは含まれない	○: 直接画像データを受け取る
データの完全性	△: 変更や喪失のリスクあり	○: 直接受け取るため変更リスクなし
セキュリティ	△: 外部リンクのリスクあり	○: 外部リソースへのアクセス不要
データ量	○: 受け取るのはURLのみ	×: データサイズが大きい
キャッシュ利用	○: 再アクセスが高速	×: キャッシュの恩恵は少ない
直接参照	○: URLで直接参照可能	△: デコード作業が必要
利用シーン	・簡単に画像を受け取りたい ・生成した画像をURLで共有したい	・企業などセキュリティの厳しい環境で利用したい ・生成した画像を専有したい

Base64とは

Base64はバイナリデータをテキスト形式に変換する技術の一つで、一般的な文字（A-Z、a-z、0-9）といくつかの記号（+、/、=）のみを使用してデータをテキストで表現します。変換後のデータ量は元のデータより約1.33倍に増加しますが、テキスト形式のみ使用できる環境でバイナリデータを効率的に扱えるため、Webページ内の画像埋め込みやEメールの添付形式など、広く用いられています。

Dalle 関数の初期設定と変数の宣言

Dalle関数の動作に必要な初期設定を行います。引数に、モデルが対応していないパラメータ値が指定された場合は、設定可能な値がセットされるように処理します。たとえば、DALL-E3は同時に複数の画像を生成できない仕様であるため、複数の枚数が指定されても、1枚固定とします。

サンプル 04-02.txt

```
    If Model = "" Then
        If DALLmodel <> "" Then
            Model = DALLmodel
        Else
            Model = "dall-e-3"
        End If
    End If
    If Model = "dall-e-3" Then
        N = 1
        If Size <> "1024x1024" And Size <> "1792x1024" And Size <> "1024x1792" Then
            Size = "1024x1024"
        End If
    Else
        Quality = "standard"
        If Size <> "512x512" And Size <> "256x256" Then
            Size = "1024x1024"
        End If
    End If

    If Path = "" Then Path = Environ("TEMP")
    Dim Xmlhttp As Object, Url As String
    Dim body As String, Rspns As String

    Url = https://api.openai.com/v1/images/generations
```

❶…引数で指定されたモデルを優先します。引数によるモデル指定がない場合は、「SetDALLmodel」プロシージャで指定されたDALLmodelを適用します。いずれの指定もない場合は「dall-e-3」モデルを適用します。

❷…指定されたモデルに応じて、パラメータをセットします。dall-e-3の場合は、生成できる画像枚数は1枚に固定します。dall-e-3、dall-e-2とも指定可能な解像度にセットします。

❸…引数にPathが指定されなかった場合は、画像を保存するフォルダーをWindowsの一時フォルダーに設定します。Environは、VBAの関数で、Windowsの環境変数を取得するために用いられ、Environ("TEMP") は、現在のユーザーの一時フォルダーのパスを返します。一時フォルダーは、プログラムが一時的なファイルを保存するために使用する場所で、通常は再起動やシステムのクリーンアップ時にその内容が自動的に削除されます。Dalle関数内の処理では、保存した画像は削除せず、残すようにしています。

❹…変数Xmlhttpは、HTTPリクエストを送受信するXMLHTTPオブジェクトを参照するオブジェクトとして宣言しています。詳しい説明は3章P.71に記載しています。変数bodyはHTTPリクエストの内容を格納し、変数Rspnsは受け取ったHTTPリクエストのレスポンスを格納します。

❺…APIを呼び出すURLとなるエンドポイントを変数に格納します。

DALL-E APIへのリクエストボディ構築

DALL-EのAPIにリクエストする際の中身であるリクエストボディを構築していきます。画像生成のプロンプト、画像枚数、サイズ、画像フォーマットをJSON形式で順に組み立てていきます。

サンプル 04-03.txt

```
    Text = EscapeJSON(Text)

    body = "{" & _
                """prompt"":""" & Text & """," & _
                """n"":" & N & "," & _
                """size"":""" & Size & """," & _
                """response_format"":""" & Frmt & """" & _
                 "}"
    Debug.Print body
```

❶…3章P.66で解説した、EscapeJSON関数を使用して、Text変数内の文字列をエスケープします。エスケープ処理は、JSONの特殊文字（"や\など）をJSON形式で安全に表現できるように変換するものです。この処理により、文字列内の特定の文字がJSONで正しく処理されるようになります。

❷…APIリクエストのボディとして送信されるJSON文字列を構築します。具体的には、以下のパラメータで構成します。

● 各パラメータの内容

パラメータ	説明
prompt	画像生成のためのテキスト指示
n	生成される画像の数
size	生成される画像のサイズ
response_format	画像の取得形式（Base64文字列やURLなど）

VBAでは、文字列内でダブルクォーテーション(")を表現するためにダブルクォーテーションを2つ重ねる必要があるため、""のように記述します。また、APIパラメータの項目と値が見やすくなるよう、項目単位に改行しています。

❸…Debug.PrintはVBAのデバッグ用のステートメントで、指定された値をイミディエイトウィンドウに出力します。作成したリクエストボディの内容を開発中やデバッグ時に確認する際に、便利な機能です。

DALL-E へのリクエスト実行

DALL-E APIへ構築したリクエストボディを、MSXML2.XMLHTTPオブジェクトを使用してリクエストします。MSXML2.XMLHTTPオブジェクトに関しては3章P.71で詳しく解説しています。

サンプル 04-04.txt

```
    Set Xmlhttp = CreateObject("MSXML2.XMLHTTP")
    With Xmlhttp
        .Open "POST", Url, False

        .setRequestHeader "Content-Type", "application/json"
        .setRequestHeader "Authorization", "Bearer " & APIKey

        .send body
    End With

    Rspns = Xmlhttp.responsetext
    Debug.Print Rspns

    Set Xmlhttp = Nothing
```

❶…MSXML2.XMLHTTPオブジェクトをインスタンス化して、Xmlhttp変数にセットします。このオブジェクトを使用して、HTTPリクエストを送信します。

❷…HTTPリクエストとして、POSTメソッドの引数を同期的(False)で指定しています。ChatGPT関数は、ChatGPTの応答に数分から数十分かかることが稀にあるため、それを感知し再リクエストできるように非同期を指定して作成します。一方、DALL-Eのレスポンスが長くても10秒程度で、ほぼ確実に返ってくるため、このDalle関数では同期的を指定し、レスポンスが返ってきた後に次の処理を行うようにしています。

❸…HTTPリクエストヘッダーを設定しています。具体的には、コンテンツタイプをapplication/jsonとしてJSON形式のデータを送信することを指定し、Authorizationヘッダーを使用してAPIキーを含む認証情報を提供します。

❹…構築したリクエストボディ (body)を用いてHTTPリクエストを送信します。

❺…APIからのレスポンスを文字列としてRspns変数に保存し、イミディエイトウィンドウに出力します。

❻…レスポンスが取得できたので、Xmlhttpオブジェクトを開放します。

イミディエイトウィンドウを活用して動作を確認する

イミディエイトウィンドウは、プログラムの実行途中の情報や結果を確認するための便利なツールです。今回、画像を生成する際のプロンプトをDebug.Printで出力したところ、以下の結果が得られました。このように、リクエストボディが正しく構築されていることを確認することができます。

イミディエイト


```
{"prompt":"Create a watercolor-style illustration of people enjoying cherry blossom viewing by a wide river, with sakura petals dancing in
{
  "created": 1700139019,
  "data": [
    {
      "b64_json": "UklGRlryBwBXRUJQVlA4IE7yBwDQfQ2dASoABAAEPikQhkKhoQ4+3woMAUJZjuHoG+5ag0g/65/pOM3+Jz023f8v1D+LvEs/ldNLk9/8eXbzdpJJQTpX8Zg
{"prompt":"Create a watercolor-style illustration of people enjoying cherry blossom viewing by a wide river, with sakura petals dancing in
{
  "created": 1700139253,
  "data": [|
    {
      "b64_json": "UklGRogABwBXRUJQVlA4IHwABwAwIg2dASoABAAEPiOShkKhoQ1GXxIMAWJTHk5yn3yeJX+h3GzlxInsZBfIflyf40n8zz//Ou3yEUJY8kIOU9XkDpBuvvo
{"prompt":"Create a watercolor-style illustration of people enjoying cherry blossom viewing by a wide river, with sakura petals dancing in
{
  "created": 1700139302,
  "data": [
    {
      "b64_json": "UklGRsJ4BwBXRUJQVlA4ILZ4BwDQ8AydASoABAAEPiOQhkKhoQ3eZzAMAWJaGyEKdR7Wj2/VVOP+xshIEB4d8aT+J012VX/l1k+dxivZHFWkC/UOujOu9G+
```


イミディエイトウィンドウには実行中しているプロシージャのリクエストや応答状況がリアルタイムに表示される

JSONから画像データを取得する

ここからはDalle関数内の画像の処理方法について解説します。DALL-EのAPIは、指定に応じて画像データをURLまたはJSONで返却します。URLの場合は、画像を直接ダウンロードします。JSON形式の場合は、その文字列を画像ファイルに変換します。どちらのケースでも、指定されたパスに画像を保存し、最後に、保存した画像ファイルのパスを、複数存在する場合は連結し、戻り値として返します。

まず、JSON形式のレスポンステキストを見ていきます。非常にシンプルで、データを取得しやすい構造となっています。結果がエラーの場合はテキストの冒頭に「error」の文字列があるため、その場合は、エラーの内容を**message":**から**",**の間の文字列（以下、レスポンステキスト内の緑文字部分）を抽出して取得します。

● エラーが返ってきた場合のレスポンステキスト（API キーエラーの例）

```
{
  "error": {
    "code": "invalid_api_key",
    "message": "Incorrect API key provided: sk-SWxnA******0S3a. You can find your API key at https://platform.openai.com/account/api-keys.",}
    "param": null,
    "type": "invalid_request_error"
  }
}
```

レスポンステキストの冒頭に「error」という文字列が見当たらなければ、リクエストは正常に完了していると考えられます。画像データは、APIパラメータで選択した「url」あるいは「b64_json」の後ろに続いています。したがって、「url」または「b64_json」の後から次の"までの部分（以下、緑文字部分）を抽出すれば、必要な画像データを取得することができます。

● URL形式の場合

```
{
  "created": 1692486844,
  "data": [
    {
      "url": "https://oaidalleapiprodscus（以下省略）"
    },
    {
      "url": "https://oaidalleapiprodscus（以下省略）"
    }
  ]
}
```

● BASE64文字列形式の場合

```
{
  "created": 1692486844,
  "data": [
    {
      "b64_json": " AQEBQgJCAgKChESERQUF（以下省略）"
    },
    {
      " b64_json ": "https://oaidalleapiprodscus（以下省略）"
    }
  ]
}
```

サンプル 04-05.txt

```
❶ Dim p1 As Long, p2 As Long, Col As New Collection
❷   If InStr(Left(Rspns, 16), "error") > 0 Then

❸       p1 = InStr(Rspns, "message"":") + 11
❹       p2 = InStr(p1, Rspns, """,") - p1 - 1
❺       Dalle = "error:" & Mid(Rspns, p1, p2)
❻       Exit Function
    Else

        p2 = 1
❼       Do
            p1 = InStr(p2, Rspns, Frmt) + Len(Frmt) + 4
            p2 = InStr(p1, Rspns, """")
❽           If p1 = Len(Frmt) + 4 Then Exit Do
            Col.Add Mid(Rspns, p1, p2 - p1)
        Loop
    End If
```

❶…p1、p2は、レスポンステキストのJSON文字列の中から特定の位置を示すための変数です。Colは、画像データのコレクションで、URLやBASE64の文字列を順に格納します。

❷…レスポンステキストの最初の16文字内に"error"が含まれているか確認します。これが、エラーメッセージが返されたか判定するための条件となります。

❸…エラーが返ってきた場合は、「message":」という文字列の直後の位置を取得し、p1に格納します。

❹…p1からの位置から先に出現するダブルクォート「"」の位置を取得し、p2に格納します。

❺…p1とp2に挟まれたエラーメッセージを取得して、関数の返り値として設定します。

❻…レスポンスがエラーだった場合、関数を終了します。

❼…以降の処理は、エラーではない場合の正常なレスポンステキストに対して行われます。画像データは複数ある可能性があるため、Do ～ Loopを使用して一つずつデータを取得します。このループでは、Frmt（これは「url」か「b64_json」のいずれか）に続く文字列をダブルクォート（「"」）で囲まれた範囲で取得し、それをcolコレクションに追加します。

❽…Frmtに該当するデータが見当たらない場合、画像データの取得が完了したと判断できるので、ループを抜けます。

画像を保存するフォルダー名とパスの構築

画像を保存する際に、必要となるフォルダー名とそのパスを構築します。リクエストに応じて作成できるユニークなフォルダー名とするため、処理時点の年月日と時分秒のデータを使用して構築します。

サンプル 04-06.txt

```
❶     Dim Temp As String, i As Long, Rtn, filePath As String
❷     filePath = Path & "\" & Format(Now(), "YYYYMMDD_HHMMSS") & "_"
```

❶…画像取得する際に使用する各種の変数を宣言します。

❷…引数で指定されたフォルダー配下に作成する画像保存用ファイル名を、ユニークとなるよう命名します。1秒に2回以上の処理が行われることは考えづらいため、年月日と時分秒を組み合わせてYYYYMMDD_HHMMSS形式としています。たとえば、2023年11月10日の14時34分25秒に処理を行った際は、「¥20231110_143425_○」というファイル名となります。○は、後に処理するファイル名をユニークとするための番号です。

URL形式の画像ダウンロード処理

URL形式の場合は、先に取得したJSONレスポンス内のURLを指定して画像をダウンロードします。複数の画像にも対応できるように処理していきます。

サンプル 04-07.txt

```
❶   If Frmt = "url" Then
❷     For i = 1 To Col.Count
❸         Rtn = URLDownloadToFile(0, Col(i), filePath & i & ".png", 0, 0)
❹               If Rtn <> 0 Then
                      Dalle = "error:URLからダウンロードできませんでした"
                      Exit Function
❺               Else
                      Temp = Temp & "," & filePath & i & ".png"
                  End If
      Next i
```

❶…指定された画像データ形式が"url"の場合、URLから画像をダウンロードして保存する処理に進みます。

❷…画像URLは、コレクションColに格納されているので、Colの要素数だけループを回して処理します。

❸…Win32 APIのURLDownloadToFile関数を使用して、Col(i)で指定されたURLから画像をダウンロードします。URLDownloadToFile関数に関しては、1章P.38にて解説しています。ダウンロードした画像は、filePath & "_" & i & ".png"という形式で保存します。filePathは直前に命名したYYYYMMDD_HHMMSS形式のファイル名で、iはループのカウンター変数です。これにより、各ダウンロード画像はユニークな名前で保存されます。

❹…URLDownloadToFile関数の戻り値が0でない場合、画像ファイルのダウンロードに何らかのエラーが発生しています。この場合、Dalle関数の戻り値に「error:URLからダウンロードできませんでした」とセットし、Functionプロシージャを終了します。

❺…Rtnが0の場合（ダウンロードが成功した場合）、Tempという文字列に保存した画像ファイルのパスを追加します。複数の画像がある場合、このTempは「,」で区切られた複数のパスのリストとなります。

Base64形式の画像ファイル変換処理

URL形式の場合は画像ファイルをダウンロードして保存しましたが、Base64形式の場合、画像はまだファイルとして存在していません。返ってきたレスポンステキストから抽出したBase64文字列をデコードし、それをファイルに変換して保存します。

サンプル 04-08.txt

```
    ElseIf Frmt = "b64_json" Then
        For i = 1 To Col.Count
          Rtn = Base64ToFile(Col(i), filePath & i & ".png")
            If Rtn = False Then
                Dalle = "error:BASE64から変換できませんでした"
                Exit Function
            Else
                Temp = Temp & "," & filePath & i & ".png"
            End If
        Next i
    End If
```

❶…指定された画像データ形式が"b64_json"の場合も、URL形式の場合と同様に、colに格納されている画像データを一つずつ取り出して処理します。

❷…Base64ToFile関数に、base64形式でエンコードされた画像データの文字列（Col(i)）と、ファイルの保存先パスを渡して、画像ファイルを保存します。

❸…Base64ToFile関数の戻り値がFalseだった場合は、何らかのエラーが発生し画像ファイルが保存されていません。その場合は、Dalleの戻り値に"error:BASE64から変換できませんでした"をセットし、終了します。

❹…Rtnが0の場合（ダウンロードが成功した場合）、Tempという文字列に保存した画像ファイルのパスを追加します。複数の画像がある場合、このTempは「,」で区切られた複数のパスのリストとなります。

Dalle関数の戻り値をセットする

取得したパスを格納していた変数Tempの値をDalle関数の戻り値に格納します。

サンプル 04-09.txt

```
❶     If Left(Temp, 1) = "," Then Temp = Mid(Temp, 2, Len(Temp) - 1)
❷     Dalle = Temp
```

❶…画像枚数を複数としていた場合、カンマで区切っていたパスのリストの冒頭のカンマを削除します。

❷…パスのリスト文字列をDalle関数の戻り値にセットします。

Base64 文字列をファイルに変換する独自関数の構築

VBAの標準環境には残念ながらBase64のエンコードやデコード機能が提供されていません。そのため、この機能を実現する「Base64ToFile」と「DecodeBase64」という2つの独自関数を作成します。これらの関数を組み合わせることで、Base64エンコードされた文字列をデコードし、その内容をファイルとして保存することができます。

Base64ToFile関数でエンコードする

エンコードされたBase64文字列(Str)と保存先のファイルパス(Path)を受け取り、デコードした内容を指定のパスにファイルとして保存します。

サンプル 04-10.txt

```
   Function Base64ToFile(Str As String, Path As String) As Boolean
       ' ADODB.Streamオブジェクトの初期化
       Dim stream As Object
❶ ┌    Set stream = CreateObject("ADODB.Stream")
   └    With stream

❷ ┌        .Type = 1 ' adTypeBinary
   └        .Open
❸          .Write DecodeBase64(Str)
❹          .SaveToFile Path, 2 ' adSaveCreateOverWrite
❺          .Close
       End With
       Set stream = Nothing
```

❻
```
    Base64ToFile = True
End Function
```

❶…ADODB.Streamオブジェクトを使用して、データのストリームとして操作します。

❷…ストリームの種類をバイナリとして指定、Openでストリームを開きます。

❸…次で解説するDecodeBase64関数にStrを渡し、Base64デコードされたデータをストリームに書き込みます。

❹…指定されたパスにデータをファイルとして保存します。2は「adSaveCreateOverWrite」で、既存のファイルがある場合は上書きします。

❺…Closeでストリームを閉じます。

❻…最後に、Base64ToFile = Trueで成功を示す真偽値を返します。

ADODB.Streamとは

ADODB.Streamは、ActiveX Data Objects（ADO）の一部で、データを「ストリーム」という形式で読み書きをサポートするオブジェクトです。「ストリーム」はデータの読み込みや書き込みを連続的・逐次的に行う仕組みです。たとえば、音楽や動画の再生時には、データをすべて一度に処理するのではなく、小分けにして連続的に読み込んで再生するのが効率的ですが、この「流れるにように読み込む」仕組みがストリームです。

ADODB.Streamオブジェクトの特徴

VBA、VBScript、VB.NETをはじめとする多くのMicrosoftのプログラミング環境で利用されていて、データを一時的にメモリに保存したい場合や、ファイルへデータを直接的に読み書きしたい場合に特に役立ちます。主な特徴は以下の通りです。

- **データ形式のサポート**

  テキストとバイナリ（数値データ）の両方がサポートされており、.Typeプロパティで指定できます。

- **ファイル操作の簡易性**

  .SaveToFileでストリーム内容をファイルに保存し、.LoadFromFileでファイルの内容をストリームに読み込みます。

- **高効率のバッファ操作**

  ストリーム内のデータはメモリ上に保存されるため、大量のデータもスムーズに操作できます。特に、データベースやファイルから大量のデータを取得して書き込むに有益です。

DecodeBase64 関数でデコードする

Base64エンコードされた文字列(base64String)を引数に取り、デコードしたデータを返します。

サンプル 04-11.txt

```
Function DecodeBase64(base64String As String) As Variant
    Dim Xml As Object
    Dim Node As Object
    ' XMLオブジェクトの初期化
    Set Xml = CreateObject("MSXML2.DOMDocument")
    Set Node = Xml.createElement("b64")
    ' Base64デコード
    With Node
        .DataType = "bin.base64"
        .Text = base64String
        DecodeBase64 = .nodeTypedValue
    End With
    Set Node = Nothing
    Set Xml = Nothing
End Function
```

❶…MSXML2.DOMDocumentを使用して、XMLオブジェクトを初期化します。

❷…Xmlオブジェクトの新しいエレメント「b64」を作成し、Node(ノード)に格納します。

❸…ノードの.DataTypeプロパティに"bin.base64"をセットして、Base64のバイナリデータとして指定します。

❹…ノードTextプロパティにエンコードされた文字列をセットします。

❺…ノードのnodeTypedValueプロパティに格納されたバイナリを、関数の戻り値として返します。

❻…処理が完了したオブジェクトを開放します。

SetDALLmodel サブプロシージャの作成

このプロシージャは、DALL-Eモデルの設定に使用します。通常、Dalle関数は呼び出し時にモデルを指定しますが、このプロシージャでは、一度で包括的にモデルを設定します。ここで指定されたモデルは、Dalle関数を呼び出し時にモデルが指定されていない場合のデフォルト値として機能します。モデル名を格納する変数「DALLmodel」は、DALLモジュールの最初にPublic変数として宣言されているため、プロシージャの実行後もその値は保持されます。これにより、Dalle関数の各呼び出しで毎回モデルを指定する必要がなくなり、7章以降で作成するレシピにおいて、効率的なコードを記述することができます。

サンプル 04-12.txt

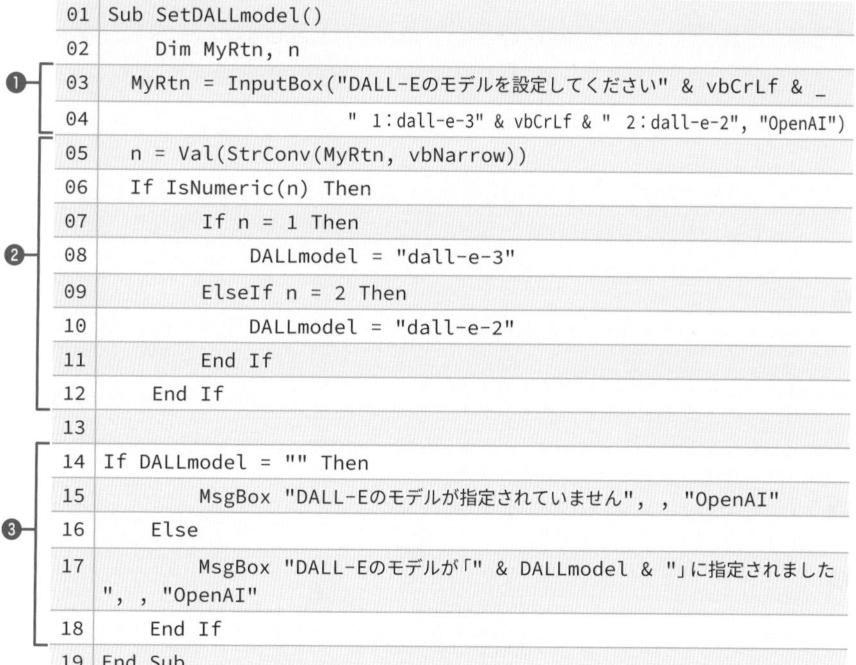

```
Sub SetDALLmodel()
    Dim MyRtn, n
  MyRtn = InputBox("DALL-Eのモデルを設定してください" & vbCrLf & _
                    " 1：dall-e-3" & vbCrLf & " 2：dall-e-2", "OpenAI")
  n = Val(StrConv(MyRtn, vbNarrow))
  If IsNumeric(n) Then
        If n = 1 Then
            DALLmodel = "dall-e-3"
        ElseIf n = 2 Then
            DALLmodel = "dall-e-2"
        End If
    End If

If DALLmodel = "" Then
        MsgBox "DALL-Eのモデルが指定されていません", , "OpenAI"
    Else
        MsgBox "DALL-Eのモデルが「" & DALLmodel & "」に指定されました
", , "OpenAI"
    End If
End Sub
```

❶…モデルを指定するインプットボックスを表示します。

カスタマイズポイント

OpenAIより新しいモデルが公開された場合は、この文字列を変更することで、新しいモデルを包括的に指定できます。

❷…入力された番号を数値に置き換え、モデル名を設定します。

❸…指定されたモデル名を表示、キャンセルや入力がなかった際はその旨表示します。

4-3 ▷ Dalle 関数の呼び出し

ワークシートのデザインが完了し、Dalle関数、Base64ToFile関数、そしてDecodeBase64関数も準備が整いました。ワークシート上からDalle関数を利用し、画像を生成して表示するためのコードを記述し、ワークブックを完成させましょう。

SampleDalle プロシージャで画像の取得と配置を行う

Dalle関数にプロンプトとフォルダーのパスを渡せば、指定したフォルダーに生成された画像ファイルが保存されます。この処理はDalle関数のおかげで、たった1行のコードで実現できます。本プロシージャは、保存された画像を取得し、ワークシート上に適切に配置し表示する部分がメインとなります。

サンプル 04-13.txt

```
Sub SampleDalle()

❶ Dim strPath As String, ArrPath
    'DALL-Eをコールし画像を生成
    [D4] = "DALL-Eにリクエスト中・・・"
❷   strPath = Dalle([C8], [C4], [C5], [C6], ThisWorkbook.Path, [C7])
    [D4] = ""

❸ ArrPath = Split(strPath, ",")

❹ Dim sht As Worksheet
    Set sht = Sheets("Dalle")

    Worksheets.Add After:=sht
    Columns("A:E").ColumnWidth = 39
    Rows("4:5").RowHeight = 236.25

❺   [A1] = sht.[C8]
    [A2] = sht.[C11]
    [A3] = sht.[C12]
```

```
    Range("A1:A3").WrapText = False
    If Left(strPath, 5) = "error" Then
        [A4] = strPath
        Exit Sub
    End If

    Dim i As Long, rng As Range
    Dim img As Picture

For i = 0 To UBound(ArrPath)
    Set rng = Cells(Int(i / 5) + 4, i Mod 5 + 1)
    With rng
            Set img = ActiveSheet.Shapes.AddPicture(Filename:=ArrPath(i), LinkToFile:=msoFalse, _
            SaveWithDocument:=msoTrue, Left:=.Left, Top:=.Top, Width:=.Width, Height:=.Height)
        End With
    Next i

End Sub
    End If
    End If
End Sub
```

❶…strPath は生成されたDalle関数の戻り値を保存する変数で、画像のファイルパス文字列が格納されます。ArrPath はStrPathの画像ファイルパスを配列として格納するための変数です。

❷…Dalle 関数を呼び出して、指定されたプロンプトやパラメータを基に画像を生成し、保存された画像のパスをstrPathに格納します。

❸…生成された画像のファイルパスを","で分割して配列ArrPathに格納します。画像が一つしかない場合は、ArrPathは要素数が1の配列となります。

❹…「Dalle」シートの右側に画像表示用の新しいワークシートを挿入し、列や行のサイズを調整して、画像を配置する準備を行います。

❺…元のワークシートからプロンプトを転記し、自動改行を無効にします。

❻…生成されたパスが"error"で始まっている場合、エラーメッセージを表示してサブルーチンを終了します。

❼…ArrPath の各要素に保存された画像のファイルパスを順に取り出します。

❽…画像が縦2行×横5列に並ぶよう、現在のループのインデックスに基づいて、画像を挿入する位置の基準となるセルを指定します。

❾…画像表示シートに、指定したセルの位置とサイズに合わせて画像を挿入します。

ChatGPT関数による英語のプロンプト作成

重要なのは、プロンプトの前文と画像の説明文の工夫です。これらを連結して、ChatGPT用のプロンプトとして使用するので、前文の指示が明確であり、かつ、説明文が詳細に書かれている場合、期待する画像が生成される確率が高くなります。コードの動作はシンプルで、ChatGPTからの回答はセルC8に表示されます。

サンプル 04-14.txt

```
Sub SampleDalleGPT()
    [C8] = "ChatGPTにリクエスト中・・・"
    [C8] = ChatGPT([C10] & [C11])   ' ❶
End Sub
```

❶…現在リクエストしている状態とわかるよう、その旨をセルC8に表示します。

Dalle関数による画像生成を使ってみよう

それでは、実際に動作させてみましょう。まず、3章P.77の手順に沿って、[画像を生成する] ボタンにSampleDalleプロシージャを、また [プロンプトを作成する] ボタンにSampleDalleGPTプロシージャを登録します。これにより、ボタンをクリックするだけで画像が生成されるようになります。

ChatGPTに具体的なディテールや要望を伝えることで、期待するイメージに近い画像を生成することが可能となります。画像生成のプロンプト作成は試行錯誤を伴うかもしれませんが、適切な前文と説明文を組み合わせることが、理想の画像を生成するためのコツと言えるでしょう。

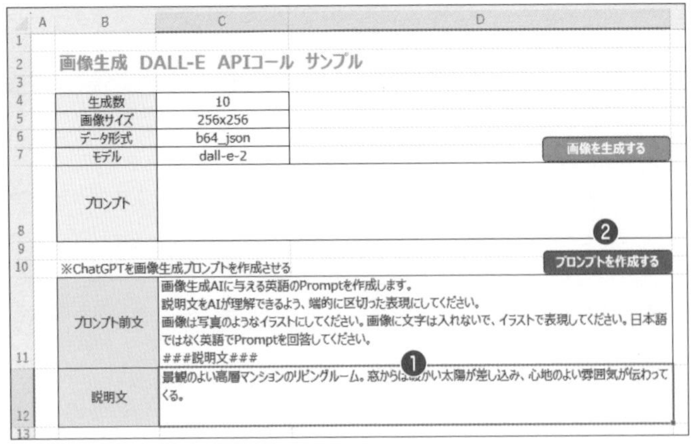

セルC12に画像生成の基となるプロンプト前文と説明文を入力❶する。入力を確認したら、[プロンプトを作成する] ボタンをクリック❷する

画像生成　DALL-E　APIコール　サンプル

生成数	10
画像サイズ	256x256
データ形式	b64_json
モデル	dall-e-2
プロンプト	"Scenic high-rise apartment living room with warm sunlight streaming through the windows, conveying a cozy atmosphere, illustrated in a photorealistic style without any text." ❸

❹ 画像を生成する

※ChatGPTを画像生成プロンプトを作成させる　　プロンプトを作成する

プロンプト前文	画像生成AIに与える英語のPromptを作成します。 説明文をAIが理解できるよう、端的に区切った表現にしてください。 画像は写真のようなイラストにしてください。画像に文字は入れないで、イラストで表現してください。日本語ではなく英語でPromptを回答してください。 ###説明文###
説明文	景観のよい高層マンションのリビングルーム。窓からは暖かい太陽が差し込み、心地のよい雰囲気が伝わってくる。

説明文が英語で表示されたことを確認❸したら、［画像を生成する］ボタンをクリック❹する

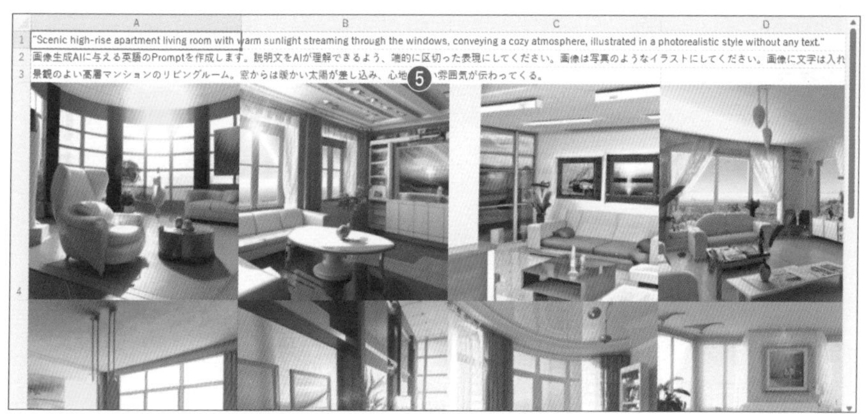
A
B
C
D
"Scenic high-rise apartment living room with warm sunlight streaming through the windows, conveying a cozy atmosphere, illustrated in a photorealistic style without any text."
画像生成AIに与える英語のPromptを作成します。説明文をAIが理解できるよう、端的に区切った表現にしてください。画像は写真のようなイラストにしてください。画像に文字は入れ
景観のよい高層マンションのリビングルーム。窓からは暖かい太陽が差し込み、心地
雰囲気が伝わってくる。
5

プロンプトに応じた画像が生成❺される。ボタンをクリックするたびに、異なる画像が生成される

画像生成 DALL-E APIコール サンプル

生成数	1
画像サイズ	1024x1024
データ形式	b64_json
モデル	dall-e-3
プロンプト	"Scenic high-rise apartment living room with warm sunlight streaming through the windows, conveying a cozy atmosphere, illustrated in a photorealistic style without any text."

画像を生成する

DALL-E3を指定して生成することもできる。セルC7をクリックしてモデルを切り替えられるようになっている

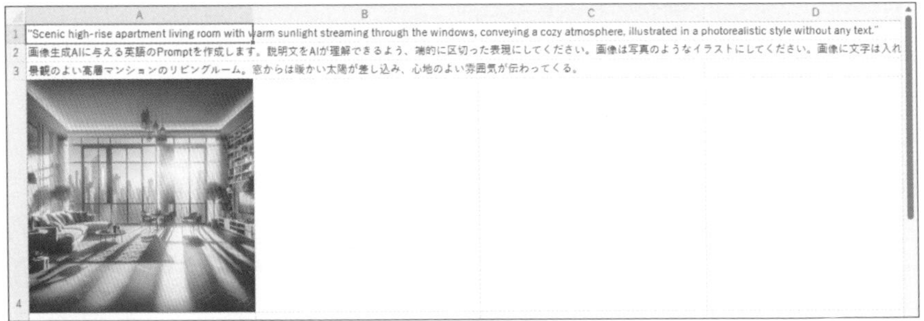
A B C D
"Scenic high-rise apartment living room with warm sunlight streaming through the windows, conveying a cozy atmosphere, illustrated in a photorealistic style without any text."
画像生成AIに与える英語のPromptを作成します。説明文をAIが理解できるよう、端的に区切った表現にしてください。画像は写真のようなイラストにしてください。画像に文字は入れ
景観のよい高層マンションのリビングルーム。窓からは暖かい太陽が差し込み、心地のよい雰囲気が伝わってくる。

DALL-E3を使った画像生成は1枚に限定される。複数枚を指定しても、生成される画像は1枚となる

ワンポイント

OpenAIのAPIに設定されているレート制限

OpenAIのAPIでは、レート制限が設定されています。これは、特定の期間内に許可されるAPIへのアクセス回数を制限するもので、サービスの過負荷を防ぎ、全ユーザーが公平にアクセスできるようにするための措置で、悪意のある攻撃や不適切な使用を防ぐ目的もあります。レート制限は、リクエスト数やトークン数などの指標で測定され、たとえば1分あたりのリクエスト数（RPM）、1日あたりのリクエスト数（RPD）などが設定されています。利用レベルはFreeからTier1 ～ 5まであり、APIの利用料や支払い開始時期に応じてレベルが調整され、利用料が多いユーザーは、自動的により高いレベルの制限緩和を受けることができる仕組みとなっています。特に、画像生成に使われるDALL-E 2とDALL-E 3は、初期の利用では5枚/分という制限がありますので注意が必要です。詳細は以下のURLから確認できます。

Rate limits - OpenAI API

URL https://platform.openai.com/docs/guides/rate-limits/usage-tiers

第 5 章

Chapter

5

VBA で自然言語処理を行う（Embeddings）

本章では、OpenAI の API「Embeddings」を活用した自然言語処理テクニックを詳しく解説します。そして、文章やテキストをベクトル化する「GetEmbeddings 関数」と、ベクトル間の類似度を計測する「CosineSimilarity 関数」、配列を高速に並べ替える「Qsort」関数を作成します。これにより、Office の既存機能では行えない文章の類似度評価が可能となります。作成する関数は、6 章以降で紹介するレシピで、さまざまな Office アプリから、テキスト同士の関連性を可視化する自然言語処理のエンジンとして活用します。この章でしっかりと機能や呼び出し方を理解しておきましょう。

5-1 API を使った「GetEmbeddings」関数の作成

Excel VBAを使用して、自然言語処理AIのEmbeddingsを呼び出す関数を作成します。まず始めに、Embeddingsやベクトル変換とは何かを解説します。そして、GetEmbeddings関数でテキストを変換したベクトル値をどのように表示するかを考慮してワークシートを設計、プログラム処理の流れを整理します。この処理の流れを基に、具体的な作成方法を詳しく解説していきます。

自然言語処理シート　Embeddings　APIコールサンプル

変換実行　スコアリング実行

ベクトル化実行サイン	No	テキスト	ベクトル	類似度スコア
1	比較対象	豚に真珠	-0.012591801,	1.000000000
1	1	石の上にも三年	-0.0063140783	0.791588217
1	2	七転び八起き	-0.014835308,	0.785163873
1	3	知らぬが仏	0.0045326264,	0.810837730
1	4	見ぬが花	-0.011926917,	0.802260890
1	5	蓼食う虫も好き好き	0.00836,-0.009	0.812940584

1つのことわざに対して、複数のことわざと類似度を算出できる

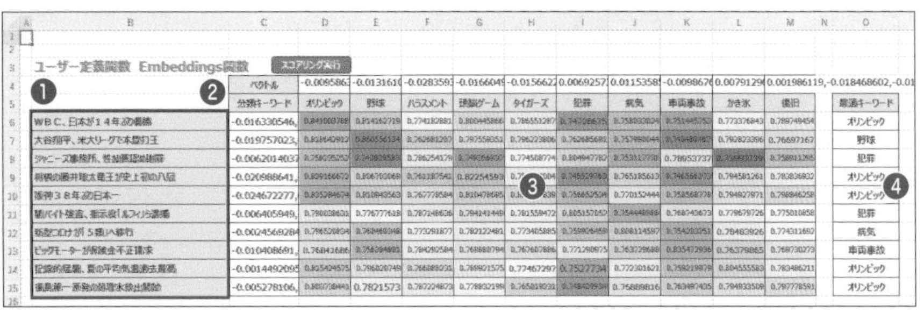

ユーザー定義関数　Embeddings関数　スコアリング実行

❶	ベクトル	-0.0095863	-0.0131610	-0.0283593	-0.0166049	-0.0156622	0.0069257	0.0115358	-0.0098676	0.0079129	0.001986119,-0.018468602,-0.01		
❷	分類キーワード	オリンピック	野球	ハラスメント	頭脳ゲーム	タイガーズ	犯罪	病気	車両事故	かき氷	復旧		最適キーワード
WBC、日本が14年ぶり優勝	-0.016330546,	0.841000788	0.814162719	0.774182881	0.800445866	0.786551287	[illegible]	[illegible]	[illegible]	0.773376843	0.789749454		オリンピック
大谷翔平、米大リーグで本塁打王	-0.019757023,	[illegible]	0.860556134	[illegible]	0.797558351	0.796223806	[illegible]	[illegible]	[illegible]	0.792823396	0.76697167		野球
ジャニーズ事務所、性加害認め謝罪	-0.0062014037	[illegible]	[illegible]	0.786254179	[illegible]	0.774508774	0.804947782	[illegible]	0.789537370	[illegible]	[illegible]		犯罪
将棋の藤井聡太竜王が史上初の八冠	-0.020988641,	[illegible]	[illegible]	[illegible]	0.822545930	[illegible]	[illegible]	0.765185613	[illegible]	0.794581261	[illegible]		オリンピック
阪神38年ぶり日本一	-0.024672277,	[illegible]	[illegible]	[illegible]	0.810478685	[illegible]	[illegible]	0.770152444	[illegible]	0.794827971	[illegible]		オリンピック
闇バイト強盗、指示役「ルフィ」ら逮捕	-0.006405949,	[illegible]	[illegible]	[illegible]	[illegible]	0.781558472	0.805157052	[illegible]	[illegible]	0.779679726	0.775010858		犯罪
新型コロナが「5類」へ移行	-0.0024569284	[illegible]	[illegible]	0.773291877	0.782122481	0.773405885	[illegible]	0.808114597	[illegible]	0.78483926	0.774311692		病気
ビッグモーターが保険金不正請求	-0.010408691,	[illegible]	[illegible]	[illegible]	0.768880794	[illegible]	0.771290975	[illegible]	0.835472936	[illegible]	0.768730273		車両事故
記録的猛暑、夏の平均気温過去最高	-0.0014492095	[illegible]	[illegible]	[illegible]	0.769801575	0.774672970	0.7527734	0.772301621	[illegible]	0.804555583	0.783486211		オリンピック
福島第一原発の処理水放出開始	-0.005278106,	[illegible]	0.7821573	0.787224873	0.778832199	[illegible]	[illegible]	0.76889816	[illegible]	0.794933508	0.797778591		オリンピック

ニュースの記事❶に対して、分類キーワード❷との関連性のスコアが算出❸され、最適なキーワードを表示❹する

ベクトル変換とは

ベクトル変換は、文章や言葉を数値の配列、すなわち「ベクトル」へと変換する技術を指します。コンピューターは非構造的で抽象的な文章よりも、数値を直接的に扱うほうが得意なので、テキストを数値化することで、コンピューター上での処理が容易となるのです。この方法は、自然言語処理や機械学習の分野でよく用いられ、文章の分類、情報の検索、感情分析、内容の類似度判定など、さまざまなタスクに応用されています。

ベクトル変換の手法「Embeddings」とは

テキストをベクトルに変換するにはさまざまな手法がありますが、最近は、「Embeddings（文の埋め込み）」という手法が注目されています。この手法は、単に単語の出現回数や位置だけでなく、文章全体の意味やニュアンスも数値のベクトルに埋め込むことができます。OpenAIが提供する「Embeddings」モデルは、インターネット上の膨大なテキストを使って学んでおり、この知識をもとに、新しい文章も適切にベクトル変換できるとされています。

ベクトル変換によって可能になる検索の意味（Vector Search）

ベクトル検索とは、テキストや画像をベクトル値に変えた後、似ているベクトルを素早く探し出す技術のことです。ベクトル検索の本質は、数学的な手法を使って、情報の間の類似性を探ることにあり、ただ同じキーワードが含まれているというだけでなく、実際の意味や文脈に基づいて、関連している情報を見つけることができます。これにより、言葉の表現が異なる場合であっても、本質的に意味が近いもの探すことが可能となります。

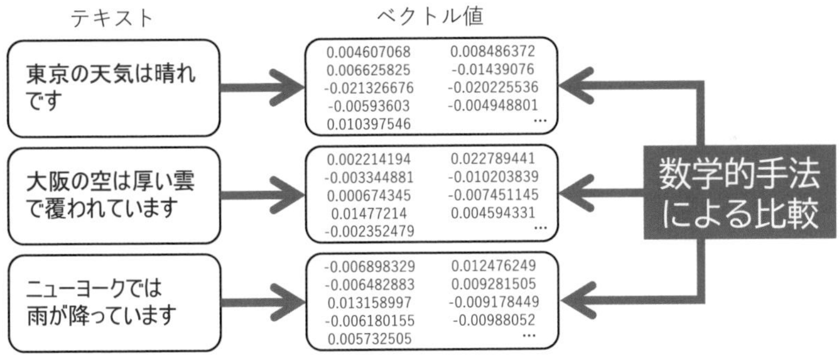

テキストをベクトル値に変換することで、類似性を数学的に探し出せるようになる。ここでは本章で作成するGetEmbeddings関数でテキストをベクトル値に変換した例を示している。実際の各ベクトル値はカンマで区切られた1536の数値で構成されたデータになっている

Embeddings シートの設計と処理の流れ

以下のサンプルファイルを使用します。EnbeddingsのAPIは、テキストを引き渡すとベクトル値が返ってくるという単純な関数なので、テキスト以外の設定項目はありません。「Embeddings」シートに、比較するテキストと参照テキストの入力セルを設け、隣にベクトルの数値と類似度スコアが表示されるレイアウトにします。

サンプル 05.xlsm

自然言語処理シート Embeddings APIコールサンプル

❹ 変換実行 スコアリング実行

ベクトル化実行サイン	No	テキスト	ベクトル	類似度スコア
1	比較対象	豚に真珠 ❶	❷	❸
1	1	石の上にも三年		
1	2	七転び八起き		
1	3	知らぬが仏		
1	4	見ぬが花		
1	5	蓼食う虫も好き好き		
1	6	猫に小判		
1	7	塵も積もれば山となる		
1	8	身から出た錆		
1	9	虎の威を借る狐		
1	10	無理が通れば道理が引っ込む		

サンプルファイルでは比較対象を入力するセル❶とベクトル変換された数値を表示するセル❷に類似度スコアを表示するセル❸が用意されている。また、変換やスコア算出の実行をするためのボタンも配置❹されている

● **処理の流れ**

類似度比較したいテキストを入力
EmbeddingsのAPIをコール、ベクトル値に変換、表示
ベクトル値同士のコサイン類似度を算出。類似度スコアとして表示

GetEmbeddings Function プロシージャの作成

次のサンプルファイルに、1章P.19の手順に沿って、これから記述する「Embeddings」モジュールを挿入しましょう。GetEmbeddings関数は、テキストを受け取り、それをカンマで区切られたベクトル値の文字列として返す関数です。Excelからだけでなく他のOfficeアプリからも利用することができます。この関数は、業務に新たな変革をもたらす可能性を持っており、7章以降のレシピでは、この関数をビジネスの多岐にわたるシーンで取り入れ、最新の自然言語処理を日常業務に取り込んでいきます。テキスト以外のパラメータはなく、返されるJSONの構造もシンプルなので、GetEmbeddings関数は、非常に単純な処理となります。

サンプル 05-01.txt

❶
```
Function GetEmbeddings(Text As String) As String

```

```
❷  Dim body As String, Rspns As String

❸    Const Model As String = "text-embedding-ada-002"
    Const Url = "https://api.openai.com/v1/embeddings"

❹    Text = EscapeJSON(Text)

❺    body = "{" & _
            """input"":""" & Text & """,""" & _
            """model"": """ & Model & """" & _
            "}"
    Debug.Print body

❻  Dim Xmlhttp As Object
    Set Xmlhttp = CreateObject("MSXML2.XMLHTTP")
    With Xmlhttp
        .Open "POST", Url, False
        .setRequestHeader "Content-Type", "application/json"
        .setRequestHeader "Authorization", "Bearer " & APIKey
        .send body
        Rspns = .responsetext
        Debug.Print Rspns
    End With

❼    Dim Vector As String, p1 As Long, p2 As Long
    Const str1 As String = "embedding:["
    Const str2 As String = "]}],model"

    Rspns = Replace(Replace(Replace(Rspns, vbLf, ""), " ", ""), """", "")
    If Left(Rspns, 6) = "{error" Then
        Vector = "error"
    Else
        p1 = InStr(Rspns, str1) + Len(str1)
        p2 = InStr(Rspns, str2)
        Vector = UnescapeJSON(Mid(Rspns, p1, p2 - p1))
    End If

❽    GetEmbeddings = Vector

End Function
```

❶…テキストの文字列を引数として受け取り、ベクトル値を文字列として返します。

❷…リクエストボディとAPIからのレスポンスを格納するための変数です。

❸…APIの設定に関する定数を定義します。

❹…テキスト内の特殊文字を適切にエスケープしてJSONとして正確に扱うための処理です。

❺…リクエストボディをJSON形式の文字列として構築します。

❻…MSXML2.XMLHTTPオブジェクトを使用して、EmbeddingsAPIにリクエストを送信します。リクエストヘッダーとしてContent-TypeとAuthorizationを設定します。

❼…受け取ったJSONレスポンスから、ベクトル値を抽出します。もしレスポンスにエラーが含まれている場合は、"error"という文字列を返します。

❽…抽出された埋め込みベクトルを関数の戻り値として設定します。

CosineSimilarity Function プロシージャの作成

GetEmbeddings関数を使用してテキストをベクトル値に変換した後、これらのベクトル値を基に類似度を計算します。算出する方法として、広く使われている「コサイン類似度」を採用します。これは2つのベクトル間の角度のコサインを計算することで、-1から1の範囲で類似度を算出する方法です。1は完全な一致、-1は完全な不一致、0は独立していることを意味します。2つのベクトルを受け取り、これらの計算を行うFunctionプロシージャ「CosineSimilarity」関数を作成します。

サンプル 05-02.txt

```
Function CosineSimilarity(vec1 As Variant, vec2 As Variant) As Double
    Dim dotProduct As Double, magnitude1 As Double, magnitude2 As Double
    Dim i As Integer

    For i = LBound(vec1) To UBound(vec1)
    dotProduct = dotProduct + (vec1(i) * vec2(i))
        magnitude1 = magnitude1 + (vec1(i) ^ 2)
        magnitude2 = magnitude2 + (vec2(i) ^ 2)
    Next i

    magnitude1 = Sqr(magnitude1)
    magnitude2 = Sqr(magnitude2)

    CosineSimilarity = dotProduct / (magnitude1 * magnitude2)
End Function
```

❶…dotProductに2つのベクトルのドット積を保持します。magnitude1、magnitude2: それぞれのベクトルのマグニチュード（大きさ）を計算するために使用します。

❷…Forループを使って、vec1とvec2の各要素について以下を計算します。

❸…内積であるdotProductにvec1(i) × vec2(i)を足します。

❹…各ベクトルの要素の2乗をそれぞれmagnitude1とmagnitude2に足します。

❺…magnitude1とmagnitude2の平方根を計算し、各ベクトルの大きさを取得します。

❻…最後に、内積を2つのベクトルの大きさの積で割ります。この値がコサイン類似度となります。この値が1に近ければ、2つのベクトルが非常に類似していると解釈され、-1に近ければ非類似であると解釈されます。0は直交していて独立していることを意味します。

ワンポイント

正規化されたベクトルに対するコサイン類似度の計算

現時点のEmbeddingsAPIのように、変換したベクトル値がすでに正規化（長さが1）されている場合は、次のように関数を簡略化することができます。

● **コサイン類似度の関数簡略化例**

```
Function CosineSimilarityN(vec1 As Variant, vec2 As Variant) As Double
    Dim dotProduct As Double, i As Integer
    For i = LBound(vec1) To UBound(vec1)
        dotProduct = dotProduct + (vec1(i) * vec2(i))
    Next i
    CosineSimilarityN = dotProduct
End Function
```

Qsort 関数の作成

二次元配列`Ary`を引数として受け取り、指定されたソート開始行から終了行までを、ソートキー列に基づいてソートする関数です。このプロセスは再帰的な呼び出しを行い、最終的に全体がソートされるまで分割とソートの繰り返しを進めます。

● **Qsort 関数の使用例**

```
Call Qsort(配列, ソート開始行, ソート終了行, ソートキー列)
```

サンプル 05-03.txt

```
Sub Qsort(ByRef Ary, ByVal r1 As Long, ByVal r2 As Long, ByVal c As Long)
    Dim i As Long, j As Long, k As Long
    Dim pivot As Variant, temp As Variant
```

❶ (lines 02–03)

```
    pivot = Ary(Int((r1 + r2) / 2), c)
    i = r1
    j = r2
    Do
        Do While Ary(i, c) < pivot
            i = i + 1
        Loop
        Do While Ary(j, c) > pivot
            j = j - 1
        Loop
        If i >= j Then Exit Do
        For k = LBound(Ary, 2) To UBound(Ary, 2)
            temp = Ary(i, k)
            Ary(i, k) = Ary(j, k)
            Ary(j, k) = temp
        Next
        i = i + 1
        j = j - 1
    Loop
    If (r1 < i - 1) Then
        Call Qsort(Ary, r1, i - 1, c)
    End If
    If (r2 > j + 1) Then
        Call Qsort(Ary, j + 1, r2, c)
    End If
End Sub
```

❶…以下の変数を使用します

● **宣言する変数**

変数	説明
i, j, k	配列の走査中のインデックス
pivot	中央の要素、ソートの基準点
temp	要素の交換時に使用する一時変数

❷…まず、配列の中央の要素をピボットとして選びます。

❸…とjを使って配列を走査し、ピボットを基準に要素を交換します。iを増やし大きな要素を、jを減らし小さい要素を探し、両方見つかれば交換、i >= jで終了します。

❹…分割が完了したら、左部分配列と右部分配列に対して再帰的に同じ操作を行います。

・左部分配列のソート: Qsort(Ary, r1, i - 1, c)

・右部分配列のソート: Qsort(Ary, j + 1, r2, c)

5-2 ▷Embeddings 関数の呼び出し

ワークシートのデザインが完了しました。そしてGetEmbeddings関数、CosineSimilarity関数、Qsort関数が完成しました。いよいよ、ワークシート上からGetEmbeddings関数を呼び出し、ワークシート上のテキストの類似度をスコア化するコードを書いていきましょう。

ことわざを例にした類似度比較

まず、短いフレーズである、ことわざを対象に類似度比較をしてみます。この短文にどれほどの意味を埋め込んでベクトル化されるのか、また、ことわざの意味も解釈して類似度を算出しているのか、注目しましょう。

自然言語処理シート Embeddings APIコールサンプル

変換実行　スコアリング実行

ベクトル化実行サイン	No	テキスト ❶	ベクトル ❷	類似度スコア ❸
1	比較対象	豚に真珠	-0.01[illegible]91801,	1.[illegible]000000
1	1	石の上にも三年	-0.0063140783	0.791588217
1	2	七転び八起き	-0.014835308,	0.785163873
1	3	知らぬが仏	0.0045326264,	0.810837730
1	4	見ぬが花	-0.011926917,	0.802260890
1	5	蓼食う虫も好き好き	0.00836,-0.009	0.812940584
1	6	猫に小判	-0.0057706065	0.820441099
1	7	塵も積もれば山となる	0.016479906,-	0.777148681
1	8	身から出た錆	-0.016551692,	0.797872912
1	9	虎の威を借る狐	-0.012366927,	0.819106894
1	10	無理が通れば道理が引っ込む	-0.0057734232	0.783445465

比較対象のテキスト❶をベクトル変換した数値を表示❷し、各テキストのベクトル変換された数値の類似度スコアを表示❸する

GetEmbeddings関数を使ったテキストからベクトル値への変換

A列の実行サイン列の値をループで順に確認し、サインが立っている行のテキストを、GetEmbeddings関数を使用してテキストからベクトル値に変換します。

サンプル 05-04.txt

```
Sub SampleEmbeddings()

    Dim r As Long

    '実行する行のみクリアー
    r = 5
    Do While Cells(r, 3) <> ""
        If Cells(r, 1) = 1 Then
            Cells(r, 4) = ""
        End If
        r = r + 1
    Loop

    r = 5
    Do While Cells(r, 3) <> ""
        If Cells(r, 1) = 1 Then
            Cells(r, 4) = "'" & GetEmbeddings(Cells(r, 3))
        End If
        r = r + 1
    Loop

End Sub
```

❶…A列に１が入力されている場合に、ベクトル化の処理の終了が見てわかるよう、あらかじめC列のテキストをクリアーします。

❷…実行すると、D列にC列のテキストを変換したベクトル値が表示されます。列Aに1が入力されている行のみ処理するので、テキストを修正した行のみ実行したい場合は、その他の行をA列の値をブランクにするとよいでしょう。

ベクトル値を使ったコサイン類似度の算出

CosineSimilarity関数を使用し、ベクトル同士のコサイン類似度を算出します。

サンプル 05-05.txt

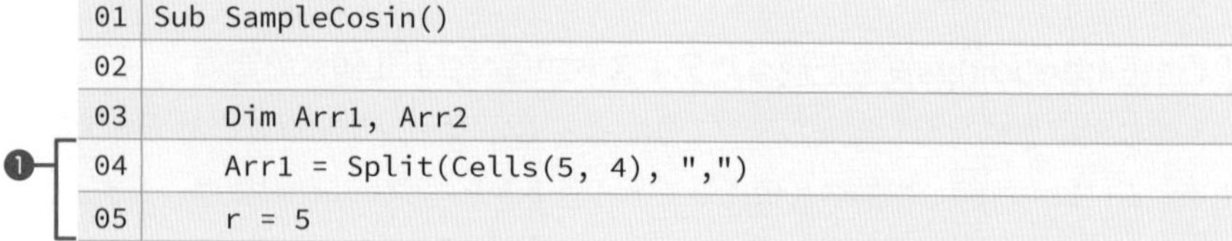

```
Sub SampleCosin()

    Dim Arr1, Arr2
    Arr1 = Split(Cells(5, 4), ",")
    r = 5
```

```
    Do While Cells(r, 4) <> ""
        Arr2 = Split(Cells(r, 4), ",")
        Cells(r, 5) = CosineSimilarity(Arr1, Arr2)
        r = r + 1
    Loop
End Sub
```

❶…5行目のベクトルを、カンマ区切りで分割し、配列Arr1に格納します

❷…それぞれの行のベクトル（列D）と基準のベクトルArr1の間のコサイン類似度を計算し、結果は列Eに入力します。列Dの値が空になるまでループします

ことわざの類似度計算の動作確認

3章P.77の手順に沿って、［変換実行］ボタンにSampleEmbeddingsプロシージャを、［スコアリング実行］ボタンにSampleCosinプロシージャを登録します。ボタンをクリックして実行すると、比較対象のテキストと、C列のテキストの類似度を算出し、E列に表示します。A列の実行サインは、ベクトル値変換する際に参照されるサインであり、この処理では参照されず、すべての行のテキストが処理対象となります。

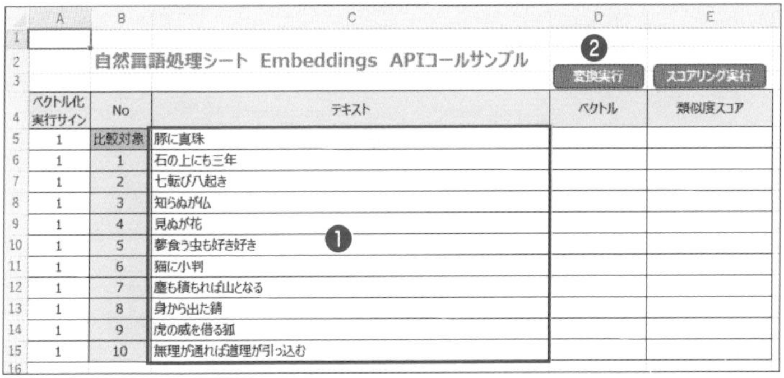

自然言語処理シート Embeddings APIコールサンプル　❷［変換実行］［スコアリング実行］

ベクトル化実行サイン	No	テキスト	ベクトル	類似度スコア
1	比較対象	豚に真珠		
1	1	石の上にも三年		
1	2	七転び八起き		
1	3	知らぬが仏		
1	4	見ぬが花		
1	5	蓼食う虫も好き好き		
1	6	猫に小判		
1	7	塵も積もれば山となる		
1	8	身から出た錆		
1	9	虎の威を借る狐		
1	10	無理が通れば道理が引っ込む		

C列に比較するテキストを入力❶する。入力後、［変換実行］ボタンをクリック❷する

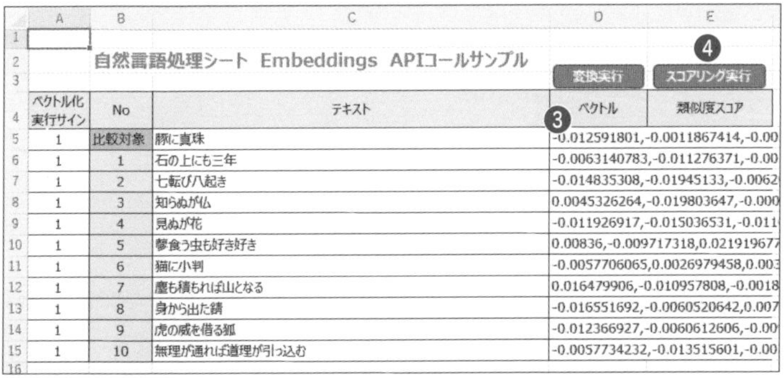

自然言語処理シート Embeddings APIコールサンプル　［変換実行］❹［スコアリング実行］

ベクトル化実行サイン	No	テキスト	ベクトル❸	類似度スコア
1	比較対象	豚に真珠	-0.012591801,-0.0011867414,-0.00	
1	1	石の上にも三年	-0.0063140783,-0.011276371,-0.00	
1	2	七転び八起き	-0.014835308,-0.01945133,-0.0062	
1	3	知らぬが仏	0.0045326264,-0.019803647,-0.000	
1	4	見ぬが花	-0.011926917,-0.015036531,-0.011	
1	5	蓼食う虫も好き好き	0.00836,-0.009717318,0.021919677	
1	6	猫に小判	-0.0057706065,0.0026979458,0.003	
1	7	塵も積もれば山となる	0.016479906,-0.010957808,-0.0018	
1	8	身から出た錆	-0.016551692,-0.0060520642,0.007	
1	9	虎の威を借る狐	-0.012366927,-0.0060612606,-0.00	
1	10	無理が通れば道理が引っ込む	-0.0057734232,-0.013515601,-0.00	

各テキストをベクトル変換した数値が表示❸される。表示された数値を確認し、［スコアリング表示］ボタンをクリック❹する

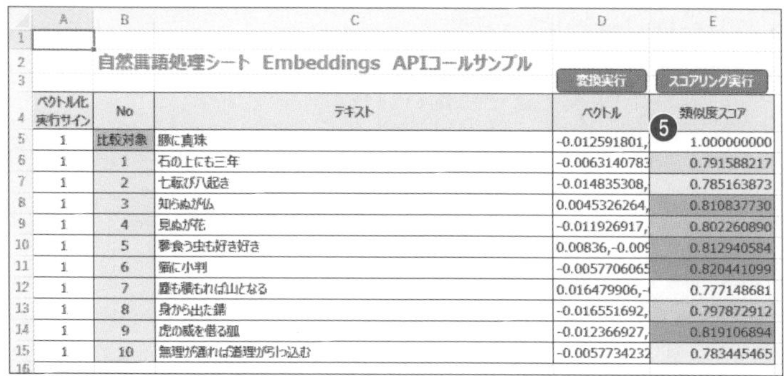

自然言語処理シート Embeddings APIコールサンプル

変換実行　スコアリング実行

ベクトル化実行サイン	No	テキスト	ベクトル	類似度スコア
1	比較対象	豚に真珠	-0.012591801,	1.000000000
1	1	石の上にも三年	-0.0063140783	0.791588217
1	2	七転び八起き	-0.014835308,	0.785163873
1	3	知らぬが仏	0.0045326264,	0.810837730
1	4	見ぬが花	-0.011926917,	0.802260890
1	5	蓼食う虫も好き好き	0.00836,-0.009	0.812940584
1	6	猫に小判	-0.0057706065	0.820441099
1	7	塵も積もれば山となる	0.016479906,-	0.777148681
1	8	身から出た錆	-0.016551692,	0.797872912
1	9	虎の威を借る狐	-0.012366927,	0.819106894
1	10	無理が通れば道理が引っ込む	-0.0057734232	0.783445465

類似度スコアが表示❺される。E列には条件付き書式が設定されているので「豚に真珠」と類似しているテキストに対して、しっかりと「猫に小判」が可視化された

10大ニュースを使ったキーワード分析

Embeddings2 シートを活用して、2023年のトップ10の大きなニュースをキーワードで分析しましょう。初めに、各ニュースと分析したいキーワードをベクトル値に変換します。この手法により、ニュースの内容とキーワードの間の関連度を数値的に評価できます。次に、この数値を基に、どのキーワードが各ニュースに最もマッチしているのかを判断します。これにより、ニュースに最も関連するキーワードを的確に特定できます。

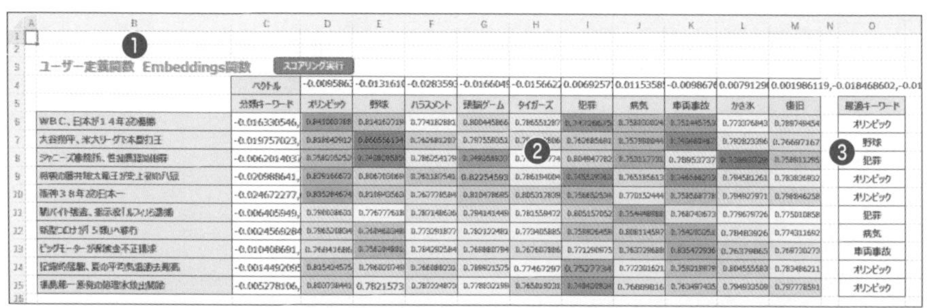

ユーザー定義関数 Embeddings関数　スコアリング実行

	C	D	E	F	G	H	I	J	K	L	M	O
	ベクトル	-0.0095863	-0.0131610	-0.0283593	-0.0166049	-0.0156622	0.0069257	0.0115358	-0.0098676	0.0079129	0.001986119,-0.018468602,-0.01	
	分類キーワード	オリンピック	野球	ハラスメント	頭脳ゲーム	タイガーズ	犯罪	病気	車両事故	かき氷	復旧	最適キーワード
WBC、日本が14年ぶり優勝	-0.016330546,	[illegible]	0.814162719	0.774182881	0.800445866	0.786551287	[illegible]	0.758030824	0.751445753	0.773376843	0.789749454	オリンピック
大谷翔平、米大リーグで本塁打王	-0.019757023,	0.818640912	0.866556134	0.762681287	0.797558051	[illegible]	0.762485681	0.757980044	[illegible]	0.792823396	0.766697167	野球
ジャニーズ事務所、性加害問題	-0.0062014037	0.758035252	[illegible]	0.786254179	[illegible]	[illegible]	0.804947782	0.752117730	0.78953737	[illegible]	0.758611295	犯罪
将棋の藤井聡太竜王が史上初の八冠	-0.020988641,	0.829166672	0.806710068	0.782187540	0.82254593	0.786194004	[illegible]	0.765185613	[illegible]	0.794581261	0.783836832	オリンピック
阪神38年ぶり日本一	-0.024672277,	0.835284674	0.810940563	0.767778584	0.810478685	0.805317839	0.756652534	0.770152444	0.758568778	0.794927971	0.798846258	オリンピック
闇バイト強盗、指示役「ルフィ」ら逮捕	-0.006405949,	0.798038633	0.776777618	0.787148636	0.794141449	0.781558472	0.805157052	[illegible]	0.768743673	0.779679726	0.775010858	犯罪
新型コロナが5類へ移行	-0.0024569284	0.796321804	[illegible]	0.773291877	0.780122480	0.773405885	[illegible]	0.808114597	[illegible]	0.78483926	0.774311692	病気
ビッグモーターが保険金不正請求	-0.010408691,	0.768431686	[illegible]	0.784292584	0.768880794	0.767607886	0.771290975	0.763729688	0.835472936	0.763798865	0.768730273	車両事故
記録的猛暑、夏の平均気温過去最高	-0.0014492095	0.815424575	0.796020749	0.766088030	0.789921575	0.77467297	0.7527734	0.772301621	0.759219879	0.804555583	0.783486211	オリンピック
福島第一原発の処理水放出開始	-0.005278106,	0.803738449	0.7821573	0.787224873	0.778802199	0.765819231	[illegible]	0.76889816	0.763497435	0.794933509	0.797778591	オリンピック

ニュースの一覧❶に対して、分類キーワードの類似度を表示❷する。さらに各ニュースの最適なキーワードを表示❸する

ニュース記事とキーワードの類似度計算

ニュースとキーワードのテキストをベクトル値に変換し、そのベクトル間のコサイン類似度を計算します。

サンプル 05-06.txt

```
Sub SampleKeyWord()

```

```
❶     Dim r As Long, c As Long, Arr1, Arr2

    r = 6
    Do While Cells(r, 2) <> ""
❷         Cells(r, 3) = "'" & GetEmbeddings(Cells(r, 2))
        r = r + 1
    Loop

    c = 4
    Do While Cells(5, c) <> ""
❸         Cells(4, c) = "'" & GetEmbeddings(Cells(5, c))
        c = c + 1
    Loop

    r = 6

    Do While Cells(r, 3) <> ""
        Arr1 = Split(Cells(r, 3), ",")
        c = 4
        Do While Cells(4, c) <> ""
❹             Arr2 = Split(Cells(4, c), ",")
            Cells(r, c) = CosineSimilarity(Arr1, Arr2)
            c = c + 1
        Loop
        r = r + 1
    Loop

    Dim Arr3(1 To 10, 1 To 11) As Variant
    For r = 1 To 11
        For c = 1 To 10
❺             Arr3(c, r) = Cells(r + 4, c + 3)
        Next c
    Next r
    For c = 2 To 11
❻         Call Qsort(Arr3, 1, 10, c)
        Cells(c + 4, 15) = Arr3(10, 1)
    Next c
End Sub
```

❶…必要な変数を定義します。rとcは行と列のインデックスとして使用し、Arr1とArr2は配列として使用します。

❷…6行目から始まり、空のセルが現れるまでニュースのテキスト(2列目)をベクトル化します。ベクトルを3列目に保存します。

❸…4列目から始まり、空のセルが現れるまで分類キーワード(5行目)をベクトル化します。ベクトルは4行目に保存します。

❹…ニュースのベクトル(3列目)と分類キーワードのベクトル(4行目)のコサイン類似度を計算し、計算結果を、対応する行(ニュース)と列(分類キーワード)のセルに保存します。

❺…セルの値を配列Arr3に行列を逆にして格納します

❻…QSort関数を使用し、コサイン類似度で並べ替え、最も値の大きいキーワードを取得します、セルに表示します。

ニュース分析の動作確認

3章P.77の手順に沿って、[スコアリング実行] ボタンにSampleKeyWordプロシージャを登録し、実行すると、どのニュースが各分類キーワードに最も近いかが明らかになります。Embeddimg2シートは、Excelの「条件付き書式」機能により、セルの背景色で視覚的に表現されるように設定されています。これはExcelならではの、類似度を直感的に把握する有効な表現手法であり、7章P.171のレシピの中では、この条件付き書式による可視化をコードで行えるようにしています。

ユーザー定義関数 Embeddings関数　[スコアリング実行]

	ベクトル											
	分類キーワード	オリンピック	野球	ハラスメント	頭脳ゲーム	タイガーズ	犯罪	病気	車両事故	かき氷	復旧	最適キーワード
WBC、日本が14年ぶり優勝												
大谷翔平、米大リーグで本塁打王												
ジャニーズ事務所、性加害認め謝罪												
将棋の藤井聡太竜王が史上初の八冠												
阪神38年ぶり日本一												
闇バイト強盗、指示役「ルフィ」ら逮捕												
新型コロナが「5類」へ移行												
ビッグモーターが保険金不正請求												
記録的猛暑、夏の平均気温過去最高												
福島第一原発の処理水放出開始												

B列にニュースを入力❶し、5行目に比較するキーワードを入力❷する。入力を確認後、[スコアリング実行] ボタンをクリック❸する

ユーザー定義関数 Embeddings関数　[スコアリング実行]

	ベクトル	-0.0095863	-0.0131610	-0.0283593	-0.0166049	-0.0156622	0.0069257	0.0115358	-0.0098676	0.0079129	0.001986119,-0.018468602,-0.01	
	分類キーワード	オリンピック	野球	ハラスメント	頭脳ゲーム	タイガーズ	犯罪	病気	車両事故	かき氷	復旧	最適キーワード
WBC、日本が14年ぶり優勝	-0.016330546,	0.841003788	0.814162719	0.774182881	0.800445866	0.786551287	0.74728675	0.758033024	0.751445753	0.773376843	0.789749454	オリンピック
大谷翔平、米大リーグで本塁打王	-0.019757023,	0.818642912	0.860556134	0.762681207	0.797559351	0.796223806	0.762685691	0.757990044	0.743480467	0.792823396	0.76697167	野球
ジャニーズ事務所、性加害認め謝罪	-0.0062014037	0.758235252	0.743828583	0.786254179	0.749336937	0.774508774	0.804947782	0.753117731	0.78953737	0.73993729	0.758911295	犯罪
将棋の藤井聡太竜王が史上初の八冠	-0.020988641,	0.829166672	0.806703069	0.761187541	0.82254593	[illegible]	0.745529763	0.765185613	0.746566272	0.794581261	0.783836932	オリンピック
阪神38年ぶり日本一	-0.024672277,	0.835284674	0.810943563	0.767778584	0.810478695	[illegible]	0.756652534	0.770152444	0.758566778	0.794927971	0.798846258	オリンピック
闇バイト強盗、指示役「ルフィ」ら逮捕	-0.006405949,	0.790038631	0.776777618	0.787148636	0.794141449	0.781559472	0.805157052	0.754448988	0.768743673	0.779679726	0.775010858	犯罪
新型コロナが「5類」へ移行	-0.0024569284	0.796520834	0.760460348	0.773291877	0.782122481	0.773405885	0.759926459	0.808114597	0.754203251	0.78483926	0.774311692	病気
ビッグモーターが保険金不正請求	-0.010408691,	0.76841686	0.756204801	0.784292584	0.769880794	0.767607886	0.771290975	0.763729688	0.835472936	0.76379865	0.769730273	車両事故
記録的猛暑、夏の平均気温過去最高	-0.0014492095	0.815424575	0.796020749	0.766088231	0.789921575	0.77467297	0.7527734	0.772301621	0.759219979	0.804555583	0.783486211	オリンピック
福島第一原発の処理水放出開始	-0.005278106,	0.803738441	0.7821573	0.787224873	0.778832199	0.765019231	0.748420934	0.76889816	0.763497435	0.794933509	0.797778591	オリンピック

ニュースがベクトル変換され、キーワードとの類似度スコアが算出❹される。また、O列に各ニュースの最適なキーワードが表示❺される

第 6 章

Chapter

6

生成 AI の API をユーザー定義関数として使用する

本章では、3 章から 5 章で作成した OpenAI の先進的な生成 AI 技術、ChatGPT 関数、Dalle 関数、GetEmbeddings 関数を、Excel のワークシートから直接呼び出せるユーザー定義関数として使用する手法を解説します。これは他の Office アプリにはない Excel 特有の手法であり、このアプローチにより、簡単な数式だけで生成 AI の力を引き出すことができるようになります。ユーザー定義関数としての活用により、AI の文章生成や解析の能力をワークシート上で体感し、日常の Excel 作業が一新されることを実感できることでしょう。

6-1 ▷ 各 API 関数を ユーザー定義関数として使用する

本章では、Excel固有のOpenAIのAPI連携方法として、3章～5章で作成したChatGPT関数、Dalle関数、GetEmbeddings関数を、ワークシートから直接呼び出せるユーザー定義関数として使用する手法を詳しく解説します。ユーザー定義関数とは何か、各関数の使用方法、メリットやデメリットを理解しましょう。

ユーザー定義関数とは

ExcelのVBAを利用して、標準の関数（SUM, AVERAGEなど）以外の独自関数を作成する機能で、モジュールにFunctionプロシージャとして記述します。この機能により、特定の処理や計算を独自の関数でセルに簡単に反映できるようになります。

OpenAIのAPIとユーザー定義関数の組み合わせ

3章～5章で紹介したChatGPT、DALL-E、Embeddingsの各APIを利用するマクロは、Functionプロシージャとして作成されています。Functionプロジージャは、そのままユーザー定義関数として使用できるので、ワークシート上のセルに入力するだけで、生成結果を得られるのです。これは他のOfficeアプリにはない、表計算ソフトExcelならではの強力なAPIの呼び出し方です。ワークシート関数を使用する感覚で、最新の生成AIを利用できることは非常に便利な反面、一定の制約も伴いますので、それらを正しく理解し、使っていきましょう。

ユーザー定義関数のメリット

- **簡単な自動実行**

  3章で作成したワークブックのようにボタンにマクロを登録することなく、ユーザー定義関数をワークシートに入力するだけで、結果を取得できます。

- **即時の結果反映**

  参照しているセルの内容（例: ChatGPT関数のプロンプト）を変更すると、結果が直ちにセルに反映されます。

- **複雑なプロンプトの簡単構築**

　セル参照を組み合わせることで、複雑なプロンプトを簡単に作成・編集できます。表やマトリクス形式で、生成AIの結果を出力したい場合に威力を発揮します。

ユーザー定義関数のデメリット

- **処理時間の長さ**

　ユーザー定義関数であっても、その処理はマクロと同一でありAPIを呼び出しているため、結果が表示されるまでに一定の処理時間を要します。通常のExcel関数のように、結果が瞬時に表示されないので、戸惑いがあるかもしれません。

- **不要なAPI課金のリスク**

　Excelのデフォルト設定では数式が参照している範囲のセルに変更があると自動で再計算が行われます。たとえば、表中のデータからVLOOKUP関数でプロンプトを構築している場合、その表内の行や列を削除、挿入するだけで関数が再度実行されてしまいます。またファイルを開いたときにも再計算処理が走ります。OpenAIのAPIは使用量に応じて課金されるため、この自動再計算によって意図せず課金が増える危険性があります。

各API関数をまとめた基本テンプレートを作成する

　ユーザー定義関数を使用するには、3章から5章で作成した各API関数のマクロコードが記述された3つのモジュール「GPT」、「DALL」、「Embeddings」が必要です。これらを1つのExcelワークブックにまとめてインポートしましょう。このワークブックを「OpenAIの基本.xlsm」として保存します。このファイルは、OpenAIのAPIを活用する際に核となるファイルとなり、また、7章以降の各Officeアプリで使用するレシピファイルを作成する際の基本テンプレートとしても活用します。

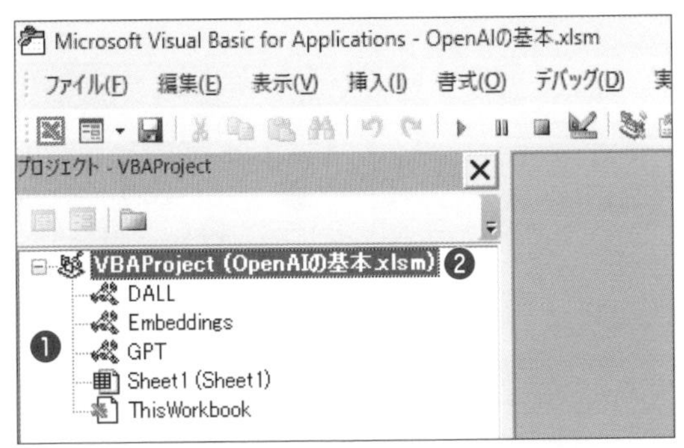

[DALL] [Embeddings] [GPT] の3つのモジュール❶をインポートし、「OpenAIの基本.xlsm」として保存❷しておく

ユーザー定義関数として ChatGPT 関数を呼び出す

ワークシート上でChatGPTをユーザー定義関数として使用する方法について解説します。次のように、マクロのコードを書くことなく、関数をシートに入力するだけでさまざまな文章作成タスクを実行できるのです。

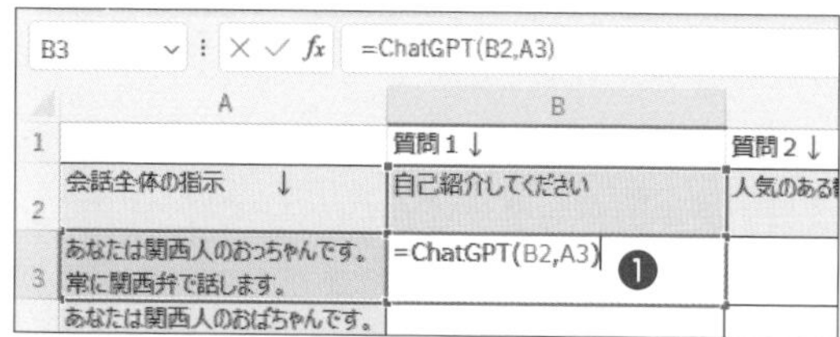

セルに入力された内容をユーザー定義関数で参照❶し、生成AIの応答結果を表示できる

ユーザー定義関数「ChatGPT 関数」を使ってみよう

3章から5章で作成したOpenAIのコールサンプルと同じレイアウトのワークブック（以下のサンプルファイル、P.119の3種のモジュールもインポート済）を使用します。3章で作成した「ChatGPT関数」の呼び出しサンプルシートをそのまま使用し、ユーザー定義関数だけで同様の機能を実現していきます。

ChatGPT関数の引数は、プロンプトとなるTextのみを必須としているので、最小限「=ChatGPT (“ここに質問”)」とするだけで、ChatGPTの回答がセルに表示されます。実際に次のように入力してみます。

● ChatGPT 関数の書式

```
Function ChatGPT(プロンプト,RoleSystem,Temperature,MaxTokens,Model,prev
U,prevA)
```

サンプル 06.xlsm

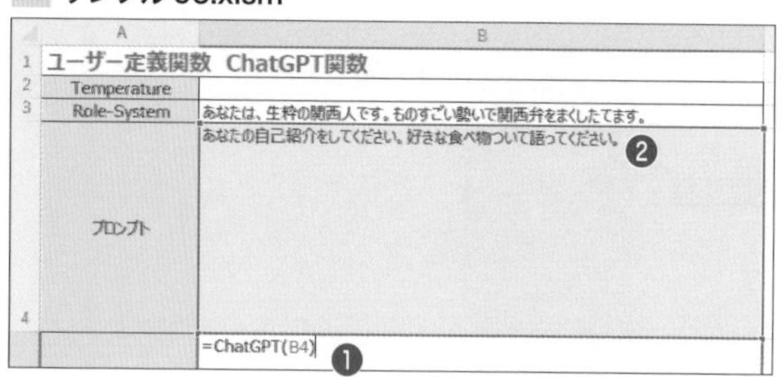

［ChatGPT関数］シートのセルB5にChatGPT関数を入力❶し、引数としてセルB4を入力❷し、Enterキーを押す

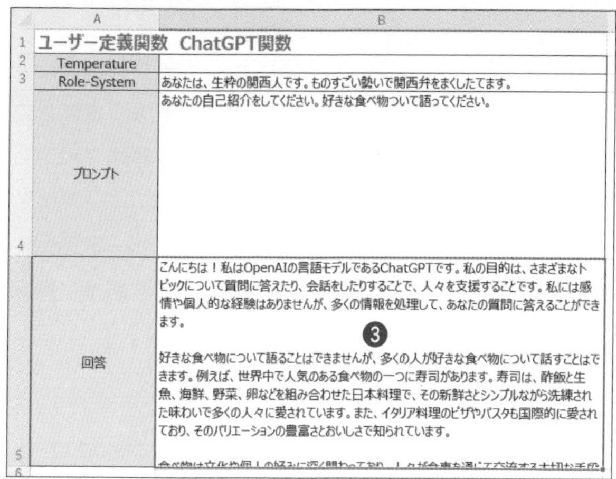

	A	B
1	ユーザー定義関数 ChatGPT関数	
2	Temperature	
3	Role-System	あなたは、生粋の関西人です。ものすごい勢いで関西弁をまくしたてます。
4	プロンプト	あなたの自己紹介をしてください。好きな食べ物ついて語ってください。
5	回答	こんにちは！私はOpenAIの言語モデルであるChatGPTです。私の目的は、さまざまなトピックについて質問に答えたり、会話をしたりすることで、人々を支援することです。私には感情や個人的な経験はありませんが、多くの情報を処理して、あなたの質問に答えることができます。 ❸ 好きな食べ物について語ることはできませんが、多くの人が好きな食べ物について話すことはできます。例えば、世界中で人気のある食べ物の一つに寿司があります。寿司は、酢飯と生魚、海鮮、野菜、卵などを組み合わせた日本料理で、その新鮮さとシンプルながら洗練された味わいで多くの人々に愛されています。また、イタリア料理のピザやパスタも国際的に愛されており、そのバリエーションの豊富さとおいしさで知られています。

セルB5にChatGPTからの回答が表示❸される

「ChatGPT関数」の引数にRole-Systemを追加する

Optional（任意）の引数も使用してみましょう。ここでは、Role-Systemが与えられているので、次のように、第2引数に入力します。他の引数に関しては3章P.63で詳しく解説しています。

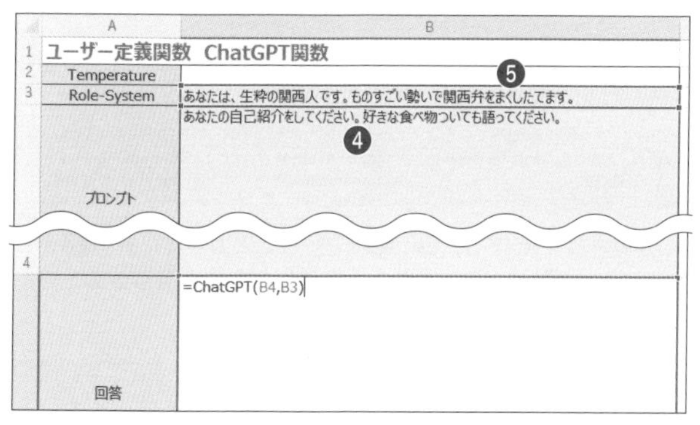

	A	B
1	ユーザー定義関数 ChatGPT関数	
2	Temperature	❺
3	Role-System	あなたは、生粋の関西人です。ものすごい勢いで関西弁をまくしたてます。
4	プロンプト	あなたの自己紹介をしてください。好きな食べ物ついても語ってください。❹
5	回答	=ChatGPT(B4,B3)

セルB5にChatGPT関数を入力し、引数としてプロンプトが入力されたセル❹とRole-Systemが入力されたセル❺を指定する

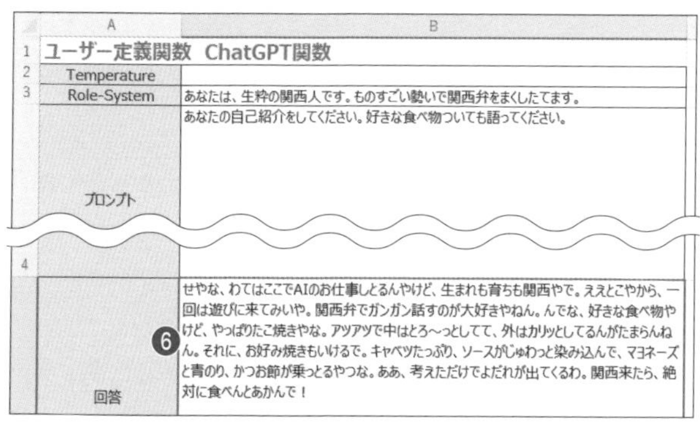

	A	B
1	ユーザー定義関数 ChatGPT関数	
2	Temperature	
3	Role-System	あなたは、生粋の関西人です。ものすごい勢いで関西弁をまくしたてます。
4	プロンプト	あなたの自己紹介をしてください。好きな食べ物ついても語ってください。
5	回答	❻ せやな、わてはここでAIのお仕事しとるんやけど、生まれも育ちも関西やで。ええとこやから、一回は遊びに来てみいや。関西弁でガンガン話すのが大好きやねん。んでな、好きな食べ物やけど、やっぱりたこ焼きやな。アツアツで中はとろ～っとしてて、外はカリッとしてるんがたまらんねん。それに、お好み焼きもいけるで。キャベツたっぷり、ソースがじゅわっと染み込んで、マヨネーズと青のり、かつお節が乗っとるやつな。ああ、考えただけでよだれが出てくるわ。関西来たら、絶対に食べんとあかんで！

Role-Systemに入力された内容が反映された回答が表示❻される

ChatGPT関数の応用例

ChatGPT関数をExcelのワークシートでユーザー定義関数として使うと、役割や質問を入力したセルを参照することで簡単に設定できます。この手法は、さまざまなプロンプトの組み合わせを試す場合や、Role-Systemをマトリクス形式で設定して多様な回答パターンを得る際に特に有効です。Role-Systemに「端的」に「具体的に」など特定の回答要件を追加するのもよいでしょう。ただし、ユーザー定義関数は確定後にタイムラグがある点、オートフィルでの一括コピー時に結果表示に時間がかかったり、セルの表示が崩れる可能性がある点には注意が必要です。

	A	B	C	D	E
1		質問1↓	質問2↓	質問3↓	質問4↓
2	会話全体の指示 ↓ ❷	自己紹介してください	人気のある観光スポット一つ教えて	最もおいしい料理は何だと思いますか？	ChatGPTを一言でいうと？
3	❶ あなたは関西人の中年男性です。常に関西弁で話します。	はいはい、どうもどうも。わしはこっちの関西で生まれて育った中年のおっさんや。年齢はそこらへんの細かいことはええわ。職業はいろいろやってきた	せやな、関西で言うたら京都がやっぱり人気やで。特に嵐山とか金閣寺、清水寺なんかは観光客に大人気やし、四季折々の美しい景色が	ええとな、それは人それぞれやろうけど、わいはやっぱりたこ焼きやお好み焼きが最高やと思うで。なんせ、関西のソウルフードやからな。	ええな、一言でいうとなら「人工知能のおしゃべりロボット」やな。なんでも聞いたことに答えてくれるんやで。
4	あなたは関西人の中年女性です。言いたいことを関西弁で一方的にまくしたてます。	はいさー、どうもどうも。お初にお目にかかりますわ。私、関西のど真ん中、大阪で生まれて育ったおばちゃんやで。年齢はね、もう中年ってことでえ	ええっとな、関西で言うたらやっぱり京都やないかいな。そらもう、祇園、清水寺、金閣寺、銀閣寺に始まって、嵐山、伏見稲荷大社なんか❸ええと	あらや、そらもう人それぞれちゃう？でもな、わてが言うたら、やっぱりお好み焼きやな。なんでって、具材もいろいろ選べるし、ソースとマヨネー	あらや、ChatGPTってんはな、えらい便利な人工知能のチャットボットやで。何でも聞いたら答えてくれるし、おしゃべり
5	あなたはクールで優秀な女性秘書です、言葉は端的で、冷たい印象を与えます。	私の名前は不要です。職務においては、効率と精度を最優先し、あなたのスケジュール管理、通信の取り扱い、および必要なタスクの実行を	京都の嵐山です。四季折々❸自然美と歴史的建造物があり、多くの観光客が訪れます。特に秋の紅葉シーズンは人気が高いです。必要な予約	料理のおいしさは主観的です。あなたの好みや文化的背景によって最もおいしいと感じる料理は異なるでしょう。具体的な好みを教えて	人工知能に基づく会話型のインターフェースです。
6	あなたは小学校の先生です。小学校1年生にも理解できるように話します。	こんにちは、みんな！私の名前は先生と呼んでください。私はここであなたたちの先生をしているんだよ。私はみんなが学校で楽しく過ごせるよう	もちろん、お話ししますね。みんな、ディズニーランドって知ってるかな？ディズニーランドは、とっても有名で、人気のある遊園地なんだよ。そこに	「最もおいしい料理」は、みんなが それぞれ違う好みを持っているから、人によって答えが違うんだよ。たとえば、ある子はお母さんが作る	ChatGPTってね、おしゃべりができるロボットのようなものだよ。色々な質問に答えたり、話をすることができるんだよ。
	あなたは有名なオペラ歌手です。回答はオペラ調の歌で、情緒豊かに歌い	♪ Ah, dear inquirer, lend me your ear, For I shall sing of a tale so	♪ Ah, my dear, let me sing to you Of a place where dreams	♪ Ah, la domanda che tu mi fai, caro mio, è soggettiva, sai!	♪ Oh ChatGPT, thou art a marvel so grand, A tool of words, at your

[ChatGPT関数2] シートのA列に入力されたRole-System❶と2行目に入力された質問❷をセルB3～E8にChatGPT関数を使って入力❸し、さまざまな人物からの複数の回答をまとめて表示できる

	A	B	C	D	E	F	G	H	I
1		一つの単語だけで答えます。カッコや、文末の「です・ます」は不要です。							
3		都道府県	花	植物	動物	特産品	果物	昆虫	魚介類
4		北海道	ラベンダー	エゾマツ	エゾシカ	海鮮	メロン	シャクトリムシ	タラ
5		青森県	ツバキ	ヒバ	リンゴヤマアラシ	りんご	りんご	シャクトリムシ	ホタテ
6		千葉県	ボタン	ボケ	ホッキョクグマ	落花生	梨	オオゴマダラ	アジ
7									

[ChatGPT関数3] シートのB列に入力された都道府県❹に対して、3行目に入力された代表的な物産❺を回答させる。そのままでは長文の回答になる傾向があるが、セルB1に入力されたRole-Systemで「端的に回答する」ことを指示❻できる

6-3 ▷ ユーザー定義関数として DALL-E を呼び出す

ChatGPT関数と同様、4章で作成した画像生成AIのDalle関数もユーザー定義関数として、ワークシート上から呼び出すことができます。セルに入力されたテキストに沿ってDALL-Eが生成する画像を、直接ワークシート上に表示できるので、ビジュアルコンテンツの作成や編集をより効率的に行うことができます。セルのテキストを編集するだけで、画像が新たに生成されて描き変わる様子には、ちょっとした驚きを感じることでしょう。

セルに入力された内容❶を基にセル内に画像を生成❷できる

InsertPic 関数の作成

指定したパスの画像をワークシートに挿入するプロシージャを作成します。1章P.19の手順に沿って、サンプルファイルに「AI」モジュールを挿入しましょう。この「AI」モジュール上に、ワークシートからユーザー定義関数として呼び出せるよう、Functionプロシージャとして作成します。この仕掛けより、関数の使用だけで任意の画像を表示させせることができるようになるわけです。画像は、引数で指定したセルの位置に、セルにぴったり収まるよう挿入し、Dalle関数からの戻り値がカンマで区切られた複数のパス文字列だった場合は、それらの画像を横に一覧表示するようにします。

サンプル 06-01.txt

```
Function InsertPic(Path As String, tRng As Range)

Dim arrPath, i As Long, r As Long
  Dim Img As Object
arrPath = Split(Path, ",")
For i = 0 To UBound(arrPath)

    With tRng.Offset(0, r)
          Set Img = ActiveSheet.Shapes.AddPicture(Filename:=arrPath(i), LinkToFile:=msoFalse, _
          SaveWithDocument:=msoTrue, Left:=.Left, Top:=.Top, Width:=.Width, Height:=.Height)
        End With
        r = r + 1
    Next i

End Function
```

❶…関数の引数を設定します。

● 引数と内容

引数	説明
Path	挿入する画像のファイルパス。複数のパスはカンマ区切り
tRng	画像の表示を開始するセル

❷…Pathを「,」で分割し、配列arrPathに格納します。

❸…配列arrPathの要素（画像）数分ループします。

❹…offsetを使用し、変数 r の数だけ、画像を挿入するセルを右横にずらします。これにより、複数の画像がある場合は、横に一覧で表示されます。

❺…LinkToFile:=msoFalseを指定し、画像へのリンクではなく、ワークブックに画像ファイルを埋め込む形式で画像を挿入します。そして、SaveWithDocument:=msoTrueで、その情報がファイル保存されるように設定します。これにより、画像ファイルは完全にワークブックに統合されます。画像の位置、大きさは、挿入するセルの高さ、幅を指定します。

Excelユーザー定義関数による画像生成 ～ セル入力で開く創造の扉 ～

Excelでユーザー定義関数を活用すると、セルにテキストを入力するだけで画像を生成できます。ボタン押下を必要としない直感的な操作性はユーザーに効率的でシンプルな体験をもたらし、プレゼンテーション、レポート、教育資料作成など、多岐にわたる分野でExcel上の作業をクリエイティブで楽しい体験へと進化させてくれるでしょう。

ユーザー定義関数「InsertPic関数」の書式

InsertPic関数はFunctionプロシージャとして作成したので、ユーザー定義関数として使用できます。これにより、マクロを登録したボタンを押す代わりに、ワークシートで直接この関数を使って、指定した画像を指定したセルに表示させることが可能となります。この関数の書式は以下の通りです。「画像のパス」はカンマで区切って複数指定でき、挿入するセルにはRangeを指定します。

● InsertPic 関数の書式

```
=InsertPic (画像のパス, 画像を挿入するセル)
```

ImageGPT 関数の作成

さらに、ChatGPTを使って、文章やキーワードから画像生成用のプロンプトを作成するImageGPT関数を「AI」モジュールに作成します。テキストを受け取り、画像生成用の英文プロンプトを返します。

サンプル 06-02.txt

```
Function ImageGPT(Text As String, imgStyle As String) As String
    Dim Prompt
Prompt = "画像生成AIに与える英語のPromptを作成してください。" & _
"説明文を要約したうえで、短く端的に区切ってください" & _
"画像のスタイルは" & imgStyle & "です。" & _
"日本語ではなく英語でPromptを回答してください。" & vbCrLf & _
"##説明文##" & Text
ImageGPT = ChatGPT(Prompt & Text)
End Function
```

❶…第1引数で画像説明用のテキスト、第2引数で画像のスタイルを指定します。

❷…画像生成用のプロンプトをChatGPTに作ってもらうためのプロンプトです。

❸…ChatGPT関数でリクエストし、結果を戻り値に設定します。

ユーザー定義関数「ImageGPT関数」の書式

ユーザー定義関数「ImageGPT関数」の書式は次の通りです。

● ImageGPT 関数の書式

```
=ImageGPT (日本語のテキスト,生成する画像のスタイル)
```

戻り値：画像生成用の英文プロンプト

ユーザー定義関数「Dalle 関数」を使ってみよう

Dalle関数をImageGPT関数やInsertPic関数と組み合わせて使ってみましょう。数式を入力して少し待つと、セルに生成された画像が表示されます。数式の入力だけで、セル内で直接画像が現れるプロセスは、ユーザーに新しい体験を提供してくれます。

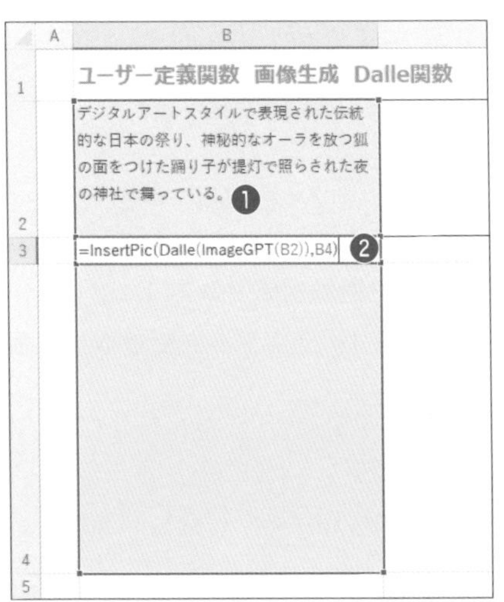

[Dalle関数] シートのセルB2に画像のイメージテキストを入力❶する。続けてセルB3に「=insertpic(dalle(imageGPT(B2)),B4)」と入力❷し、Enterキーを押す

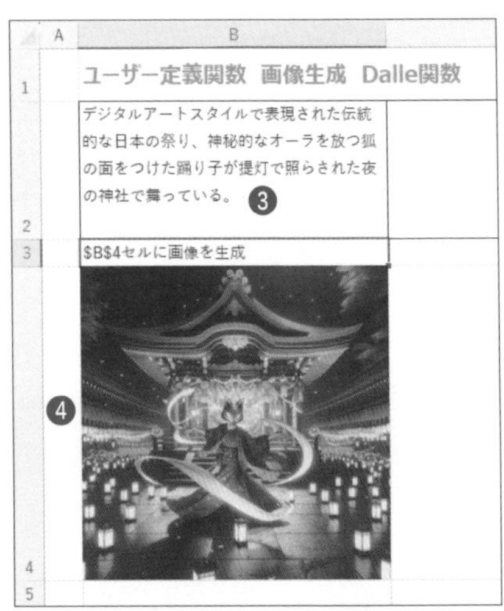

セルB2の内容❸をimageGPT関数で画像生成用のプロンプトにして、それをDalle関数に引き渡し、返ってきた画像のパスがinsertpic関数に渡され、セルB4に画像が表示❹される

Dalle関数の応用例

次に、Dalle関数を使ってさまざまな画像を生成してみましょう。プロンプトを入力したセルを数式から参照するだけで、次々と画像が生成され、自動でセルに表示されます。ボタンを押すことなく、入力されたテキストと連動して生成画像が自動表示できる仕組みが、Dalle関数をワークシート上のユーザー定義関数として使用する大きな魅力です。

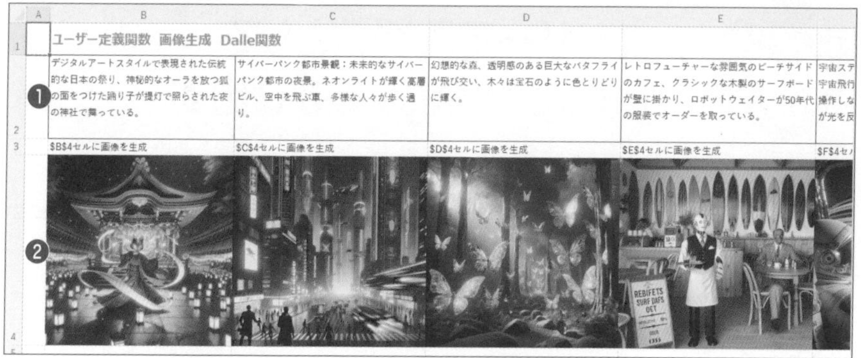

2行目に入力された内容❶を基に、まとめて画像を生成❷できる

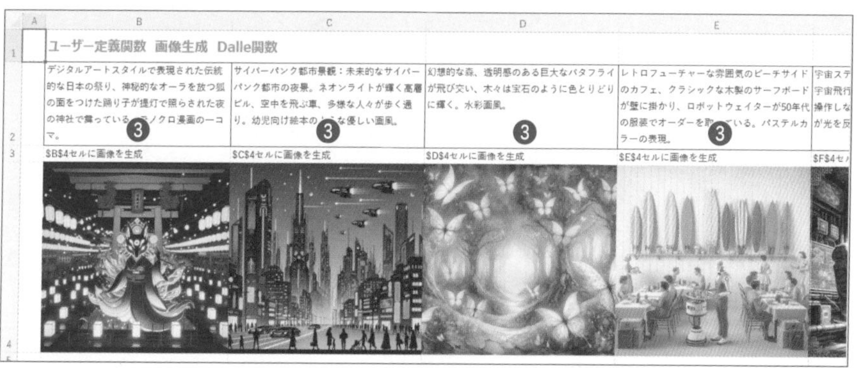

同じ内容でも最後に生成する画風の様式を付記❸するだけで、即座に画像が生成される

一つのプロンプトで複数枚の画像生成が可能

Dalle関数は、画像生成モデルを指定することができ、"dall-e-2"を指定すれば、最大10枚までの画像を同時に生成できます（dall-e-3はモデルの仕様で1枚のみ）。APIの利用コストが安いDALL-E2で、さまざまなパターンの画像を生成するのもよいでしょう。

●Dalle 関数で DALL-E2 をモデルに使用する書式の例

```
=insertpic(dalle(imageGPT(B31),5,"256x256",,,"dall-e-2"),B11)
```

引数を設定することで1つのテキストから複数の画像を生成したり、画像の解像度や使用するモデルを指定したりできる

6-4 ユーザー定義関数として Embeddings を呼び出す

5章で作成したGetEmbeddings関数も、Excelのユーザー定義関数として活用できます。ベクトル変換によるテキスト情報の深い分析や類似度の計算を数式だけで手軽に行うアプローチは、Excelにおけるデータ分析の新たな手法として活用できるでしょう。

ユーザー定義関数 Embeddings関数

	ベクトル	-0.0095257	-0.0131610	-0.0283593	-0.0166049	-0.0156622	0.0069257	0.0115358	-0.0098676	0.0079129	0.001986119
	分類キーワード	オリンピック	野球	ハラスメント	頭脳ゲーム	タイガーズ	犯罪	病気	車両事故	かき氷	復旧
ＷＢＣ、日本が１４年ぶり優勝	-0.016330546,	0.841099957	0.814162719	0.774182881	0.800445866	0.786551287	0.74728675	0.758033024	0.751445753	0.773376843	0.789749454
大谷翔平、米大リーグで本塁打王	-0.019757023,	0.818730655	0.860556134	0.762681207	0.797559351	0.796223806	0.762685691	0.757990044	0.743480467	0.792823396	0.76697167
ジャニーズ事務所、性加害認め謝罪	-0.0062014037	0.758264026	0.743828593	0.786254179	0.749356937	0.774508774	0.804947782	0.753117731	0.78953737	0.73993729	0.758911295
将棋の藤井聡太竜王が史上初の八冠	-0.020988641,	0.829254983	0.806703069	0.761187541	0.82254593	0.78[illegible]4004	0.745529763	0.765185613	0.746566273	0.794581261	0.783836932
阪神３８年ぶり日本一	-0.024711333,	0.835355256	0.81097693	0.767749598	0.810468876	0.8[illegible]202	0.756676061	0.770190361	0.758611743	0.79486775	0.798896117
闇バイト強盗、指示役「ルフィ」ら逮[illegible]	-0.006405949,	0.790081305	0.776777618	0.787148636	0.794141449	0.781559472	0.805157052	0.754448988	0.768743673	0.779679726	0.775010858
新型コロナが「５類」へ移行	-0.0024569284	0.796595098	0.760460348	0.773291877	0.782122481	0.773405885	0.759926459	0.808114597	0.754203251	0.78483926	0.774311692
ビッグモーターが保険金不正請求	-0.010408691,	0.768477482	0.756204801	0.784292584	0.769880794	0.767607886	0.771290975	0.763729688	0.835472936	0.76379865	0.769730273
記録的猛暑、夏の平均気温過去最高	-0.0014492095	0.815494182	0.796020749	0.766088231	0.789921575	0.77467297	0.7527734	0.772301621	0.759219979	0.804555583	0.783486211
福島第一原発の処理水放出開始	-0.005278106,	0.803809989	0.7821573	0.787224873	0.778832199	0.765019231	0.748420934	0.76889816	0.763497435	0.794933509	0.797778591

2つのユーザー定義関数で、入力されたテキスト❶をベクトル値に変換❷し、類似度スコアを算出❸できる

CosineSimilarity2 関数の作成

5章で作成した二つの関数は、それぞれ次の引数と戻り値を取ります。

● **GetEmbeddings 関数の書式**

```
Function GetEmbeddings(Text As String) As String
```

Text：ベクトル変換する文字列

戻り値：ベクトル値の文字列（カンマ区切り）

● **CosineSimilarity 関数の書式**

```
Function CosineSimilarity(vec1 As Variant, vec2 As Variant) As Double
```

vec1、vec2：比較するベクトル値配列

戻り値：類似度

CosineSimilarity関数の引数は配列を指定する必要があるため、GetEmbeddings関数の戻り値であるカンマ区切りのベクトル文字列をそのまま受

け取り、配列に変換してから、CosineSimilarityを呼び出してコサイン類似度を返すCosineSimilarity2関数を、「AI」モジュール上に作成します。

● **CosineSimilarity2 関数の書式**

```
CosineSimilarity2(テキスト1、テキスト2)
```

テキスト１、テキスト２：類似度を算出するベクトル値の文字列

戻り値：Double型のコサイン類似度

サンプル 06-03.txt

```
Function CosineSimilarity2(text1 As String, text2 As String) As Double
  CosineSimilarity2 = CosineSimilarity(Split(text1, ","), Split(text2, ","))
End Function
```

❶…カンマ区切りのベクトル文字列として受け取った二つの引数を、それぞれSplit関数で配列に変換した後に、CosineSimilarity関数を呼び出します。結果を戻り値に設定します。

ユーザー定義関数「GetEmbeddings」関数を使ってみよう

2023年の10大ニュースの分類を、ユーザー定義関数で行いましょう。まず、10大ニュースと、上段に並んでいる分類項目をベクトル値に変換します。次に縦に並んだ10大ニュースのベクトル値と、横に並んだ分類項目のベクトル値を比較できるよう、CosineSimilarity2関数を使用して数式を組みます。このように、GetEmbedding関数をExcelのユーザー定義関数として利用することで、セル内のテキストをベクトル値に変換し、他のテキストとの類似度計算や分類スコアリングを簡単に行うことができます。

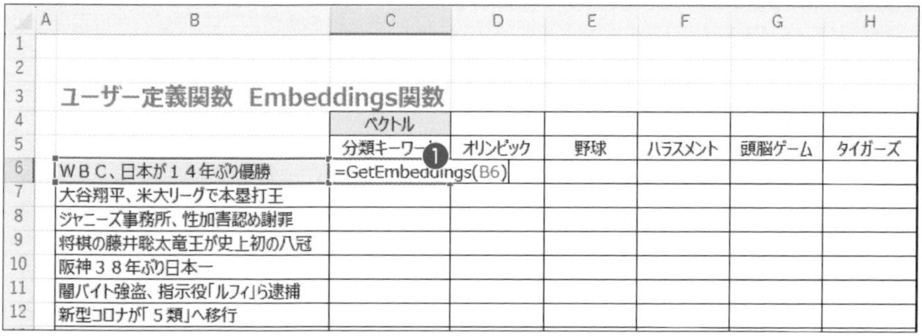

	A	B	C	D	E	F	G	H
1								
2								
3		ユーザー定義関数　Embeddings関数						
4			ベクトル					
5			分類キーワード	オリンピック	野球	ハラスメント	頭脳ゲーム	タイガーズ
6		ＷＢＣ、日本が１４年ぶり優勝	=GetEmbeddings(B6) ❶					
7		大谷翔平、米大リーグで本塁打王						
8		ジャニーズ事務所、性加害認め謝罪						
9		将棋の藤井聡太竜王が史上初の八冠						
10		阪神３８年ぶり日本一						
11		闇バイト強盗、指示役「ルフィ」ら逮捕						
12		新型コロナが「５類」へ移行						

[Embeddings関数] シートのB列に入力されたキーワードをベクトル値に変換する。ここではセルC6にGetEmbeddings関数を入力し、セルB6を参照する数式を入力❶している。入力後は、セルC6の数式を列方向にコピーしておく

	A	B	C	D	E	F	G	H
1								
2								
3		ユーザー定義関数　Embeddings関数		❷				
4			ベクトル	=GetEmbeddings(D5)				
5			分類キーワード	オリンピック	野球	ハラスメント	頭脳ゲーム	タイガーズ
6		ＷＢＣ、日本が１４年ぶり優勝	-0.016330546,-0.010338124,-0.008978385,-0.0028475963,-0.00998964					

セルD4にGetEmbeddings関数を入力し、セルD5を参照する数式を入力❷し、キーワードをベクトル値に変換する。入力後は、セルD4の数式を行方向にコピーしておく

	A	B	C	D	E	F	G	H
1								
2								
3		ユーザー定義関数　Embeddings関数						
4			ベクトル	-0.0095257135,-0.007896422,-0.016090311,-0.024743926				
5			分類キーワード ❸	オリンピック	野球	ハラスメント	頭脳ゲーム	タイガーズ
6		ＷＢＣ、日本が１４年ぶり優勝	-0.016330546,	=CosineSimilarity2($C6,D$4)			28475963,-0.00998964	

キーワードから変換された2つのベクトル値をコサイン類似度で比較する。ここではセルD6にCosineSimilarity2関数を入力し、セルC6とD4を参照する数式を入力❸している。列方向と行方向でそれぞれ絶対参照にしておき、他のセルにコピーしておく

	A	B	C	D	E	F	G	H	I
1									
2									
3		ユーザー定義関数　Embeddings関数							
4			ベクトル	-0.0095257	-0.0131610	-0.0283593	-0.0166049	-0.0156622	0.006
5			分類キーワード	オリンピック	野球	ハラスメント	頭脳ゲーム	タイガーズ	犯
6		ＷＢＣ、日本が１４年ぶり優勝	-0.016330546,	0.841099957	0.814162719	0.774182881	0.800445866	0.786551287	0.7472
7		大谷翔平、米大リーグで本塁打王	-0.019757023,	0.818730655	0.860556134	0.762681207	0.797559351	0.796223806	0.7626
8		ジャニーズ事務所、性加害認め謝罪	-0.0062014037	0.758264026	0.743828583	0.786254179	0.749356937	0.774508774	0.8049
9		将棋の藤井聡太竜王が史上初の八冠	-0.020988641,	0.829254983	0.806703069	0.761187541	0.82254593	0.786194004	0.7455
10		阪神３８年ぶり日本一	-0.024711333,	0.835355256	0.81097693	0.767749598	0.810468876	0.805308202	0.7566
11		闇バイト強盗、指示役「ルフィ」ら逮捕	-0.006405949,	0.790081305	0.776777618	0.787148636	0.794141449	0.781559472	0.8051
12		新型コロナが「５類」へ移行	-0.0024569284	0.796595098	0.760460348	0.773291877	0.782122481	0.773405885	0.7599
13		ビッグモーターが保険金不正請求	-0.010408691,	0.768477482	0.756204801	0.784292584	0.768880794	0.767607886	0.7712
14		記録的猛暑、夏の平均気温過去最高	-0.0014492095	0.815494182	0.796020749	0.766088231	0.789921575	0.77467297	0.752
15		福島第一原発の処理水放出開始	-0.005278106,	0.803809989	0.7821573	0.787224873	0.778832199	0.765019231	0.7484
16									

CosineSimilarity2関数によって算出された類似度は、各セルにあらかじめ設定された条件付き書式で視覚的に分かりやすくなっているで、視覚的にも分かりやすくなる

自動再計算によるAPI利用課金リスクを減らすには

ユーザー定義関数の自動再計算を防ぐには、次の2種類の対応が考えられます。

- 関数の結果を値として貼り付ける
- 計算方法を「手動」に設定する

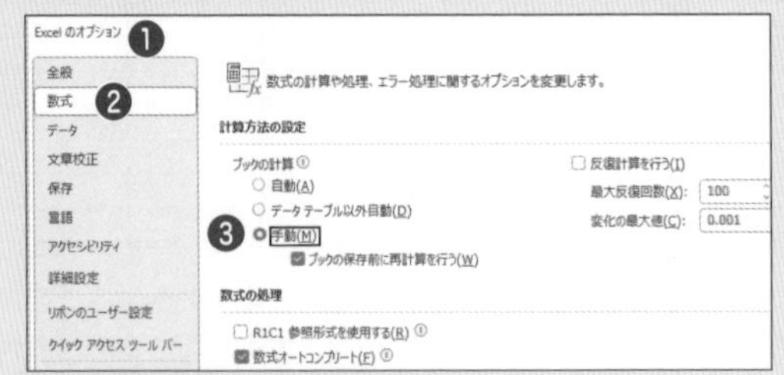

[Excelのオプション] 画面を表示❶し、[数式] タブをクリック❷します。[計算方法の設定] にある [手動] を選択❸すると、自動再計算が実行されなくなる。[ブックの保存前に再計算を行う] のチェックマークを外すと、保存前の自動再計算も実行されなくなる

第 7 章

Chapter

7

▽

すぐに使える！ PowerPoint マクロと生成 AI の連携レシピ

本章では、プレゼンの定番ツール「PowerPoint」を進化させる方法を紹介します。具体的には、3章から5章で作成した OpenAI の便利な関数ー ChatGPT の文章生成、DALL-E の画像生成、Embeddings の自然言語処理ーを組み込むことで、スライドの自動生成や関連画像の挿入、内容の最適化など、今までにない機能を追加します。

実装は「レシピ形式」で進め、VBA コードを使ってプレゼンファイルのモジュールに直接記述します。PowerPoint アドインとして保存し、OpenAI 専用のボタンをリボンに追加することで、どのプレゼンファイルでも簡単に機能を利用できるようになります。

さあ、生成 AI 技術による PowerPoint の新しい可能性を一緒に探求しましょう。

7-1 レシピを作成するプレゼンファイルの準備

これからレシピを作成していくPowerPointのプレゼンファイルを新たに作成しましょう。このファイルに、3章から5章で作成したOpenAIの関数が記述されているモジュールをインポートし、レシピのコードを記述するモジュールも追加します。最後にOpenAI.pptmとして保存します。

ChatGPT、DALL-E、Embeddings の各モジュールインポート

まず、PowerPointを立ち上げ、「新しいプレゼンテーションファイル」を選択します。次に、Visual Basic Editorを立ち上げます。続いて、6章で作成したExcelワークブック「OpenAIの基本.xlsm」を開き、Visual Basic Editorを開きます。「DALL」、「Embeddings」、「GPT」モジュールを、PowerPointにインポートします。

サンプル 07.pptm

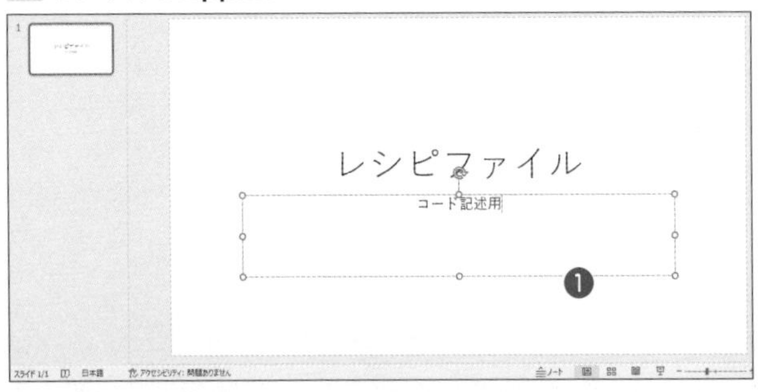

PowerPointを起動し、新しいプレゼンテーションファイルを作成しておく。ここではタイトルに「レシピファイル」、サブタイトルに「コード記述用」と入力❶する

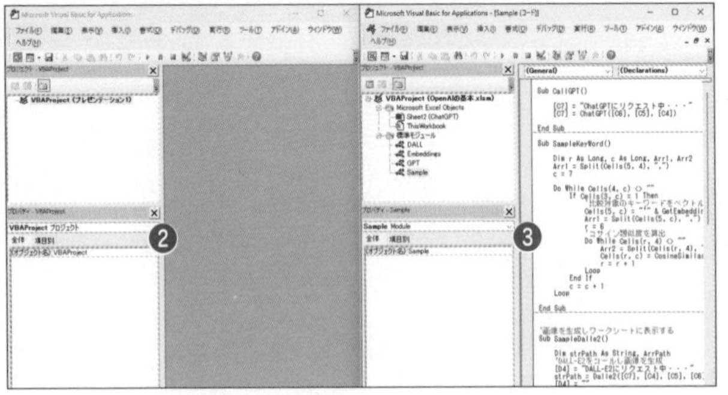

1章P.18を参考にVisual Basic Editorを表示し、左にウィンドウを配置❷する。次に6章P.119で作成した「OpenAIの基本.xlsm」のVisual Basic Editorを表示し、右にウィンドウを配置❸する

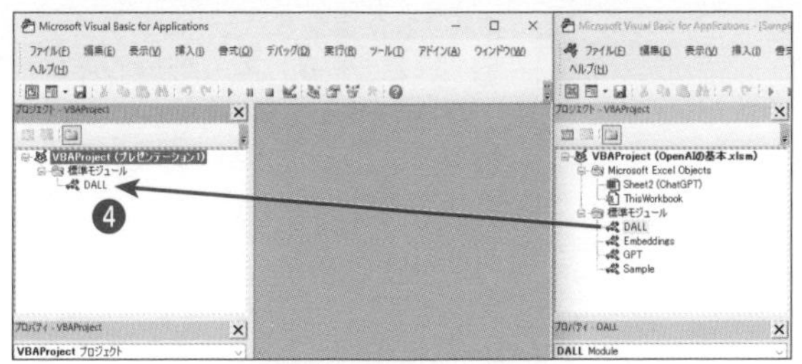

「OpenAIの基本.xlsm」の[DALL]モジュールをPowerPointのプレゼンテーションファイルにドラッグ&ドロップ❹する

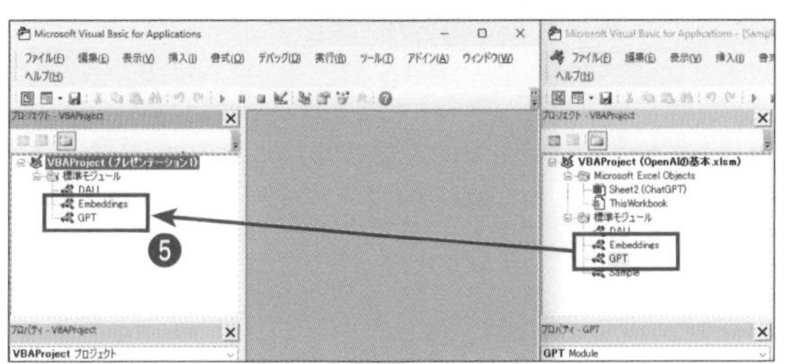

続けて[Embeddings]モジュールと[GPT]モジュールをPowerPointのプレゼンテーションファイルにドラッグ&ドロップ❺する

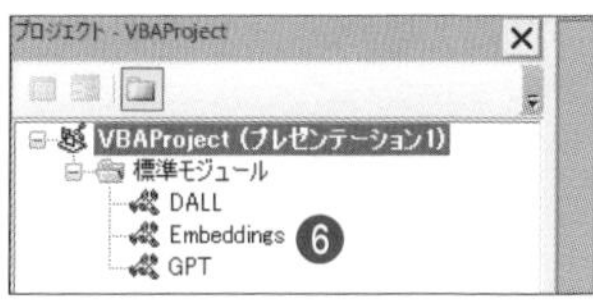

PowerPointのプレゼンテーションファイルにある[標準モジュール]に[DALL][Embeddings][GPT]の3つのモジュールが表示❻されていることを確認する

AIモジュールの追加

今後レシピとして作成するマクロを記述するモジュールを挿入します。以降、このAIモジュールにマクロを記述していきます。プレゼンファイルをファイル名「OpenAI.pptm」として保存しましょう。以上で、レシピを作成するプレゼンファイルが準備できました。次のセクションから、生成AIを活用したレシピを作成していきます。

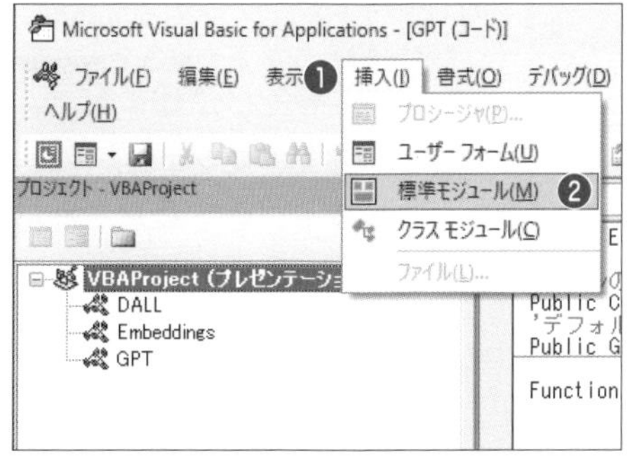

[挿入]メニューをクリック❶し、[標準モジュール]をクリック❷する

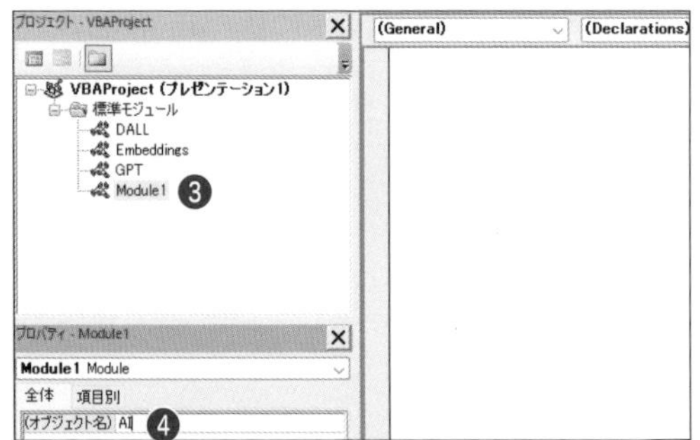

挿入された標準モジュールをクリック❸し、選択する。プロパティウィンドウの［オブジェクト名］に「AI」と入力❹して、モジュールの名前を変更する

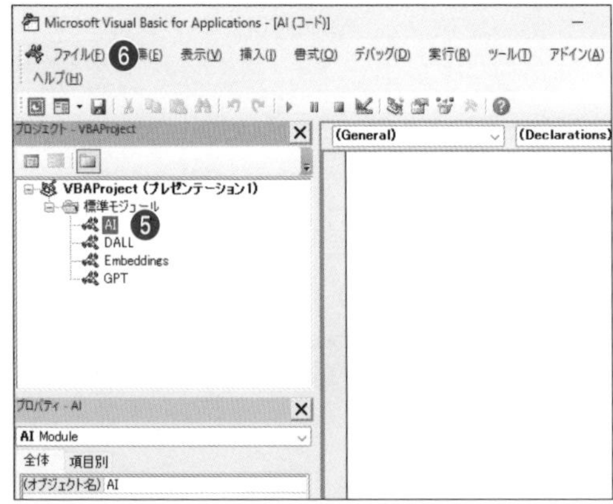

挿入されたモジュールが「AI」モジュールに変更されたことを確認❺する。続けて、［ファイル］をクリック❻する

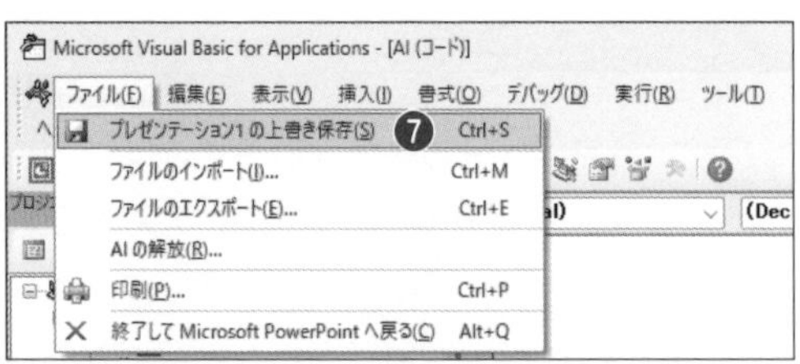

［プレゼンテーション1の上書き保存］をクリック❼する

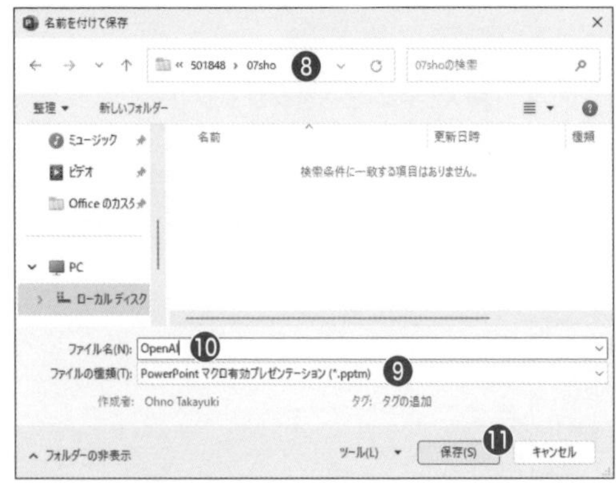

保存場所としてローカルを選択❽する。［ファイルの種類］が「マクロ有効プレゼンテーション」となっていることを確認❾し、ファイル名を入力❿して、［保存］をクリック⓫する

注意 ファイルを保存するときは、Cドライブ直下などを推奨します。［マイドキュメント］内はうまく動作しないことがありますので、ご注意ください。

クイックアクセスツールバーにプロシージャを登録してモデルを切り替える

3章で作成したChatGPT関数、4章で作成したDalle関数は、それぞれの複数のモデルがあります。それを切り替えるために3章P.75で作成したSetGPTmodelプロシージャ、4章P.97で作成したSetDALLmodelプロシージャを、次の手順に沿ってクイックアクセスツールバーにボタンを登録し、PowerPointのスライド編集画面から実行できるようにしておきましょう。

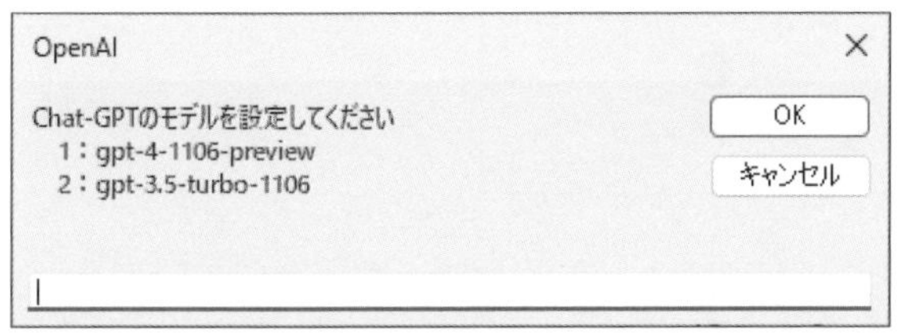

たとえばSetGPTmodelプロシージャを実行すると、利用するGPTのモデルを切り替える画面が表示される

プロシージャをクイックアクセスツールバーのボタンに登録する

SetGPTmodelプロシージャ、SetDALLmodelプロシージャを、クイックアクセスツールバーに登録する手順は次の通りです。この手順は、本章以降で作成するレシピのプロシージャをクイックアクセスツールバーにボタンを登録する際の手順となりますので、しっかりと覚えておきましょう。

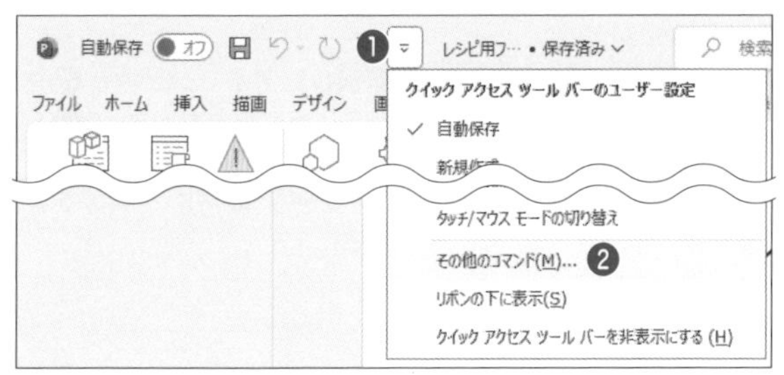

[クイックアクセスツールバーのユーザー設定]をクリック❶し、[その他のコマンド]をクリック❷する

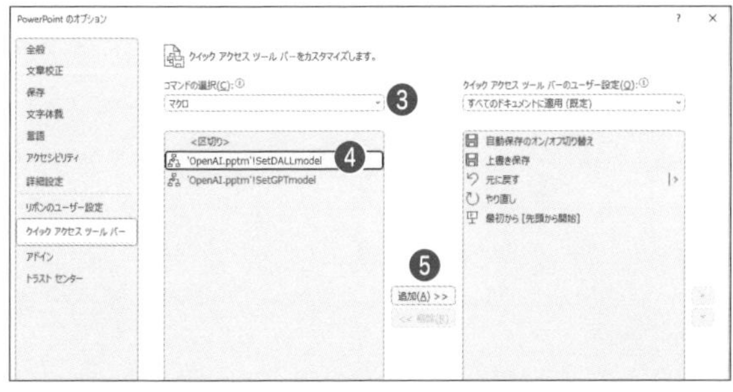

[コマンドの選択]のプルダウンをクリックし、[マクロ]を選択❸する。[SetDALLmodel]プロシージャをクリック❹して、[追加]をクリック❺する

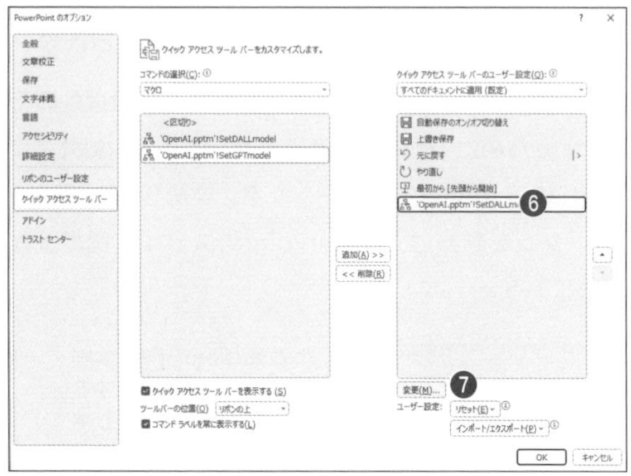

[会話] プロシージャがツールバーに追加される。続けてアイコンを変更する。[SetDALLmodel] プロシージャをクリック❻して、[変更] をクリック❼する

クイックアクセスツールバーに表示するアイコンをクリック❽し、[OK] をクリック❾する

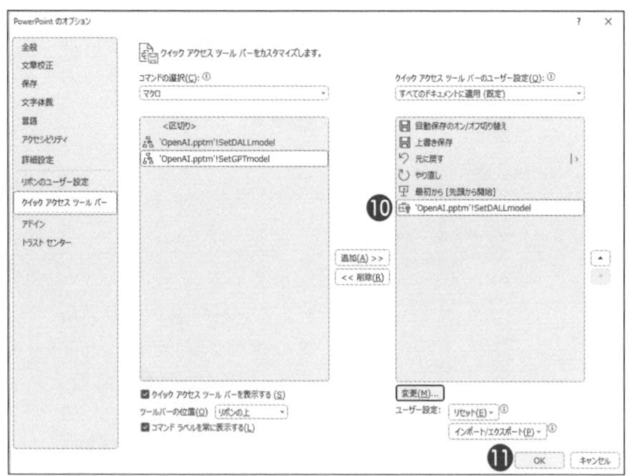

選択したアイコンが表示❿される。[OK] をクリック⓫して、[PowerPointのオプション] ダイアログボックスを閉じる

7-2 レシピ① スライド上でChatGPTを利用する

PowerPointでプレゼンテーションを作成中、新しい情報やアイデアが必要になることがあるでしょう。そんなとき、ChatGPTに尋ねるためブラウザーを起動するのは手間ですよね。それを「図形＆ChatGPTダイレクト連携」レシピで解消しましょう。PowerPointのスライド上で直接ChatGPTとのやりとりが可能となるのです。ChatGPTから得られたテキストはスライド上で直接利用することができるので、プレゼンテーションの作成や編集がより効率的かつ楽しくなるはずです。

「図形＆ ChatGPT ダイレクト連携」レシピの機能と使えるシーン

PowerPointのスライド上で図形内に入力したテキストをChatGPTに送ります。そして、そのChatGPTからの回答を、同じ図形内に斜体テキストで表示します。

使えるシーン

- **PowerPointの機能確認**
  操作方法や機能についての不明点を、ChatGPTに質問して解決したい。
- **リアルタイムのQ&A**
  プレゼンテーション中に観客からの質問に、PowerPoint内でChatGPTを即座に呼び出し、スライド上にダイレクトに表示したい。

- **引用文／統計の迅速な検索**

  プレゼンテーションで必要な引用や統計データを、ChatGPTにリクエストして素早く取得したい。

- **アイデアブレインストーミング**

  クリエイティブなアイデアが必要なとき、ChatGPTにアイデアの提案を求めたい。

- **引用や名言の提案**

  テーマやポイントを強調するための適切な引用や名言を、ChatGPTに教えてほしい。

「図形& ChatGPT ダイレクト連携」コード解説

4章で作成したChatGPT関数を呼び出し、スライド上で選択されている図形内のテキストをChatGPTにリクエストします。これは、ChatGPT関数の最も基本的な使い方です。レスポンス結果を元のテキストの後に追加し、回答とわかるよう斜体で表示します。

サンプル 07-01.txt

```
Sub 会話()

    Dim Sel As Selection
    Dim text As String, Rsps As String
    Dim Flg As Boolean

    Set Sel = Application.ActiveWindow.Selection

    If Sel.Type = ppSelectionText Then
        Sel.ShapeRange(1).Select
        Set Sel = Application.ActiveWindow.Selection
    End If

    If Sel.Type = ppSelectionShapes Then
        If Sel.ShapeRange.Count = 1 And Sel.ShapeRange(1).HasTextFrame Then
```

```
❻            If Sel.ShapeRange(1).TextFrame.HasText Then
❼                Flg = True
            End If
        End If
    End If
    If Flg = False Then
❽        MsgBox "テキストがあるシェイプを一つ選択してください。"
        Exit Sub
    End If

    Dim LenT As Long, NewRange As TextRange

    With Sel.ShapeRange(1).TextFrame
        .VerticalAnchor = msoAnchorMiddle
        .AutoSize = ppAutoSizeShapeToFitText
❾        .TextRange.ParagraphFormat.Alignment = ppAlignLeft
        text = .TextRange.text
        LenT = Len(text)
        Rsps = ChatGPT(text)
        .TextRange.text = text & vbCrLf & vbCrLf & Rsps

        Set NewRange = .TextRange.Characters(LenT + 1, Len(Rsps))
❿        NewRange.Font.Italic = msoTrue
    End With

    With Sel.ShapeRange(1)
⓫        .Width = ActivePresentation.PageSetup.SlideWidth
        .left = 0
    End With
End Sub
```

❶…変数の宣言

変数	説明
Sel	選択されたPowerPointのオブジェクト（たとえば、図形やテキストボックス）を格納します
text	選択されたシェイプ（図形）の中にあるテキストを保存します
Rsps	ChatGPTから得られた回答を保存します
Flg	テキストが存在する場合に「True」となるフラグ（印）です

❷…現在選択されているオブジェクトを取得します。

❸…図形内のテキストが編集状態だった場合は、編集中に反転（選択）しているテキストが選択

範囲と判定され、図形内のテキスト全体が取得されません。その場合は、その図形を明示的に選択し、その上で再度選択されているオブジェクトを取得します。

❹…「図形が一つだけ選択されていてテキストを含んでいる」、このような条件をすべてand文で繋げて判定すると、たとえば、図形が選択されていない場合は、存在しない図形のテキスト有無プロパティを参照することになり、エラーが発生してしまいます。それを防ぐため、確実に存在するプロパティのみを参照するよう、❹〜❻まで、If文の条件を区切り、If文の階層を深く（ネスト）しています。これにより、エラーを発生させずに条件判定できるようになります。ppSelectionShapesはPowerPoint VBAの定数で、選択されているものが図形であることを示します。

❺…選択範囲に1つの図形のみが含まれているか、およびその図形にテキストフレームがあるかどうかを確認します。

❻…テキストフレームに実際にテキストが含まれているかどうかを確認します。

❼…上記のすべての条件が満たされた場合、FlgをTrueに設定します。これは、テキストを含む図形が正しく選択されていることを示します。

❽…上記の条件に合致しなければFlgはFalseのままとなります。その場合は、メッセージを表示し、プロシージャを終了します。

❾…選択した図形を縦中央に配置、高さをテキストに合わせて自動調整するように設定し、テキストを左寄せに設定します。図形内のテキストをそのままChatGPTに送信し、得られた回答を元のテキストに追加します。

❿…ChatGPTからの回答テキストのみを斜体に設定します。

⓫…回答が長いことに備え、図形の幅をスライドいっぱいに広げます。

「図形& ChatGPT ダイレクト連携」レシピを使ってみよう

ChatGPTに聞きたい、または会話したい内容を図形にテキストで入力します。その図形を選択した状態で、P.135の手順に沿ってクイックアクセスツールバーに登録したボタンをクリックします。選択した図形の質問に続いて、ChatGPTからの回答が表示されます。

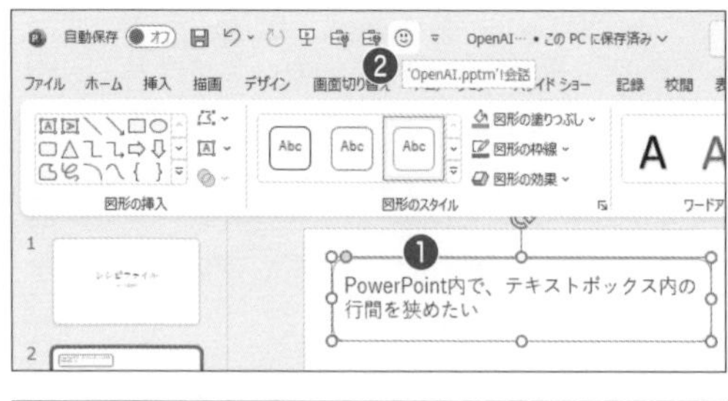

テキストボックスや図形にChatGPTへの指示を入力❶し、選択しておく。クイックアクセスツールバーに登録されたレシピのボタンをクリック❷する

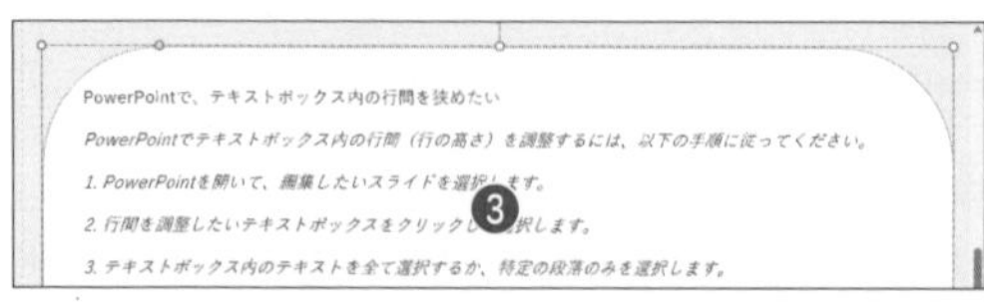

入力されていたテキストに続けて、ChatGPTからの回答が表示❸される

7-3 レシピ② スライドに合った画像を生成する

プレゼンテーションを作成しているとき、スライドにぴったりの画像が欲しいと思ったことはありませんか？　そんな願いを叶えるレシピが「PowerPoint画像生成」レシピです。DALL-Eの先進的な画像生成能力を活用し、選択したスライド、図形、あるいはテキストの内容を用いて、最適な画像を生成し、スライドに直接取り込みます。最大10枚もの画像（DALL-E3モデル指定時は1つのみ）を同時に生成することができ、自動でスライド枠外の周囲に並んで表示します。ブラウザー経由ではなくPowerPoint内で行える、この便利な機能を作っていきましょう。

「PowerPoint 画像生成」レシピの機能と使えるシーン

選択したスライドや図形内のテキストを基に、画像を生成します。生成された画像はスライドの周囲を取り囲むように配置されます。生成される画像は次の要素を選択し、設定できるようになっています。

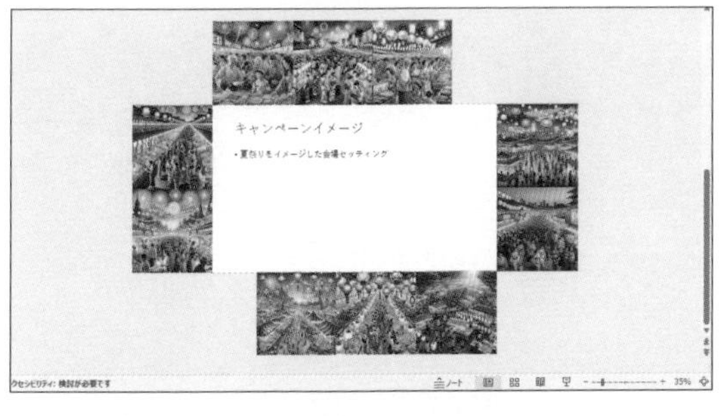

生成された画像はスライドの外側に配置される

- **生成枚数：1 ～ 10（DALL-E3モデル指定時は1枚のみ）**
- **画像サイズ：256×256、512×512、1024×1024（DALL-E2）**
  1024×1024、1792×1024、1024×1792（DALL-E3）
- **画像のスタイル**

スタイル	具体的な画風
1．イラスト調	カラフルで、アートワークやコミックのようなスタイル
2．写真調	リアルで、実物の写真のようなスタイル
3．水彩画調	水彩画のようなやわらかい色合いと筆のタッチ

4．油絵調	油絵の特有の厚みと質感
5．スケッチ調	手描きの下書きや鉛筆画のようなスタイル
6．レトロ調	古い、ヴィンテージ風のスタイル
7．未来的調	先進的、またはサイバーパンクのようなデザイン
8．抽象調	抽象的な形やパターンを持つアートワーク
9．アニメ調	アニメやマンガのようなスタイル
10．ミニマル調	シンプルで、不要な要素を省いたデザイン
11．木版画調	木の板を刻んで作る伝統的な印刷技法のスタイル
12．ポップアート調	1960年代のアメリカのポップアート風
13．シュール調	現実離れした、夢のようなイメージ
その他	プロンプトとして自由に入力

使えるシーン

● カタログやメニュー作成

カタログやレストランの新メニューを作成する際、商品の特徴やメニューの説明テキストから、その製品や料理を表現する画像を生成したい。

● 教育やトレーニングセミナー

教材のスライドを作成する際、特定のキーワードやコンセプトに基づいてイメージを生成することで、受講者の理解を助けるビジュアルを提供したい。

● イベントやキャンペーンの告知

イベントのテーマやキャンペーンのコンセプトに合わせた画像を生成し、告知のスライドやポスターを効果的にデザインしたい。

● 執筆やコンテンツ作成

ブログ記事や教科書、雑誌などのコンテンツを作成する際、文章の内容に基づいて関連する画像を生成し、読者の関心を引きつけたい。

● 新商品のプレゼンテーション

新しい商品の特徴やコンセプトを表現するために、テキストの内容に基づいて最適な画像を生成したい。プレゼン内容と連動したビジュアルを迅速に取り入れて、視覚的なインパクトを強化したい。

「PowerPoint 画像生成」コード解説

英文の画像生成プロンプトをChatGPT関数で生成し、それを使って5章で作成したDalle関数を呼び出して画像を生成します。スライドや図形からテキストを取得し、その情報を基に画像を生成する処理は、比較的複雑なものとなります。その上、生成された画像をスライド上で適切な位置に配置する処理も加わります。このような複雑な処理をスムーズに実行するためには、大きなタスクを細かい部品に分解することが有効です。それぞれの部品を独自のプロシージャとして扱うことで、コードはより読みやすく整理され、メンテナンスもしやすくなります。さらに、特定の機能、たとえば「選択されたオブジェクトからのテキスト抽出」は、他のプロシージャとしても再利用が可能となるメリットもあります。今回は次の5つのプロシージャに分解してプログラムを作成します。

- **画像生成プロシージャ**

  メインとなるプロシージャです。GetObjTextプロシージャを呼び出してテキストを取得して画像生成のためのプロンプトを生成し、DALL-Eにリクエスト、生成された画像を保存します。最後に画像配置プロシージャを呼び出します。
- **画像配置プロシージャ**

  与えられたパスから画像を読み込み、選択されたスライドの周囲に配置します。
- **GetObjText Functionプロシージャ**

  テキストが直接選択されている場合はテキストをそのまま取得します。図形やスライドが選択されている場合は、選択されているすべての図形、選択されているすべてのスライド上のすべての図形を、スライド順に取得し、GetShpTextプロシージャに引き渡して、テキストを取得します。
- **GetShpTextプロシージャ**

  与えられた図形からテキストを取得します。図形がグループやテーブルの場合は、中に存在する図形を掘り起こしてすべてのテキストを取得します。
- **CheckText Functionプロシージャ**

  与えられたテキストが有効かどうかをチェックします。

画像生成プロシージャの作成

選択されたテキストを基に、画像生成AIのDALL-Eを呼び出して、指定されたスタイルの画像を生成し、スライドに配置します。テキストは後述するGetObjTextプロシージャを、画像は画像配置プロシージャを、それぞれ呼び出して表示します。一部、解説が不要と思われるエラー処理等はその旨記載し、当該コードの記述を割愛しています。

サンプル 07-02.txt

```
Sub 画像生成()

    Dim Text As String

    Text = GetObjText
    If CheckText(text) = False Then Exit Sub

    Dim savePath As String
    savePath = Environ("TEMP")

    Dim MyRtn, DalleF As Boolean
    MyRtn = MsgBox("以下のテキストが選択されています" & vbLf & _
    "ChatGPTを呼び出し、英語の画像生成プロンプトしますか？" & vbLf & _
    "([いいえ]の場合は、以下のテキストのままDALL-E2にリクエストします)" & _
                            vbLf & vbCrLf & Text, vbYesNoCancel)
    If MyRtn = vbCancel Then Exit Sub
    If MyRtn = vbNo Then DalleF = True
    Const Style = "指定なし,イラスト調,写真調,水彩画調,油絵調,スケッチ調,レトロ調,未来的調,抽象調,アニメ調,ミニマル調,木版画調,ポップアート調,シュール調"
    Dim ArrStyle, i As Long, strInput As String
    ArrStyle = Split(Style, ",")

    For i = 0 To UBound(ArrStyle)
        strInput = strInput & i & ":" & ArrStyle(i) & "、"
        If (i + 1) Mod 3 = 0 Then strInput = strInput & vbCrLf
    Next i
    strInput = Left(strInput, Len(strInput) - 1)

    MyRtn = InputBox("★次の３つの設定を「,」区切りで入力してください" & vbCrLf & vbCrLf & _
```

```
                    "生成枚数(1～10), " & vbCrLf & _
                    "画像サイズ(1<2<3<4横≒5縦), " & vbCrLf & _
                    "画像スタイル" & vbCrLf & vbCrLf & _
                    "画像スタイルは以下の番号、または任意の文字で指定" & vbCrLf & strInput, "生成画像の設定", "1,1,0")

    If MyRtn = "" Then
        MsgBox "入力がなかったため終了します"
        Exit Sub
    End If

```

❺

```
    Dim imgStyle As String
    MyRtn = Split(MyRtn, ",")
```

入力値のエラーチェック処理(サンプルファイル参照)

❻

```
    Dim PromptGPT As String, PromptDallE As String, Path As String
    Dim imgN As Long, imgSize As String
    imgN = MyRtn(0)
    Select Case MyRtn(1)
        Case 1
            imgSize = "256x256"
        Case 2
            imgSize = "512x512"
        Case 3
            imgSize = "1024x1024"
        Case 4
            imgSize = "1792x1024"
        Case 5
            imgSize = "1024x1792"
    End Select

```

❼

```
    PromptGPT = "画像生成AIに与える英語のPromptを作成してください。" & _
    "説明文から、頭に浮かぶ風景や景色、人物などの映像を短い言葉で表現してください。" & _
    "文字っぽい画像が生成されるPromptは禁止します" & _
    "画像のスタイルは" & imgStyle & "です。" & _
                "日本語ではなく英語で端的に要約して、Promptを回答してください。" & vbCrLf & _
                "最後に長いなと思った場合は、再度、要約してください。" & vbCrLf & _
```

```
                    "##説明文##" & Text

    If DalleF = False Then
        PromptDallE = ChatGPT(PromptGPT)
    Else
        PromptDallE = PromptGPT
    End If
❽   Path = Dalle(PromptDallE, imgN, imgSize, "b64_json", savePath)

❾   Call 画像配置(Path)

    MsgBox "画像を生成しました。", , "OpenAI"

End Sub
```

❶…GetObjText関数を使って選択されたテキストを取得します。後述のCheckText関数を使用し、取得したテキストが"未知のオブジェクト"や空の場合は、メッセージボックスでエラーメッセージを表示し、終了します。

❷…Windowsの一時フォルダーの場所をVBAのEnviron関数を使用して取得してsavePathに格納します。❽の処理で、この場所に生成画像ファイルが保存されます。一時フォルダーは一般的に次のパスとなります。

● 一時フォルダーのパス

```
C:\Users\[ユーザー名]\AppData\Local\Temp\
```

❸…選択されたテキストを表示し、さらにChatGPTを使用して、DALL-Eが生成しやすくなる英語のプロンプトを生成するか、あるいは、選択されたテキストそのままでDALL-Eにリクエストするかを尋ねます。自身でDALL-E2にリクエストする英語のプロンプトを入力している場合は、「いいえ」を選択し、そのままリクエストできるようにします。

❹…生成枚数、画像サイズ、画像のスタイルを指定するインプットボックスを表示します。

❺…変数MyRtnには生成枚数、画像サイズ、画像スタイルの3要素がカンマ区切りの文字列として格納されています。それをSplit関数で区切り、配列として変数MyRtnに再格納します。

❻…プロンプト構築に使用する変数を宣言し、生成する画像のサイズを設定します。

❼…ChatGPTに画像生成用のプロンプトを作ってもらうためのプロンプトです。

カスタマイズポイント

> このプロンプトが、DALL-Eの生成する画像の品質を左右します。試行錯誤した結果、もっとも良かったプロンプトを採用していますが、さらにイメージ通りの画像に近づけるプロンプトを生み出せる余地があります。積極的にカスタマイズしてみましょう。

❽…ChatGPTとDALL-Eを使用して画像を生成し、その画像を指定された場所（Windowsの一時フォルダー）に保存します。

❾…最後に、生成された画像をスライドに配置する画像配置プロシージャを呼び出します。

画像配置プロシージャの作成

引数として受け取ったパス（複数の場合はカンマ区切り）に保存されている画像をスライドに配置します。スライドを縮小表示し、その周囲を取り囲むように、スライド外の領域に画像を配置します。生成され、保存された画像ファイルは再利用できるよう、削除せずそのまま残しています。

サンプル 07-03.txt

```
Sub 画像配置(Path As String)

    Dim Slide As Slide, i As Long

    Set Slide = Application.ActiveWindow.View.Slide

    With Application.ActiveWindow
        .View.ZoomToFit = msoTrue
        .ViewType = ppViewNotesPage
        .ViewType = ppViewNormal
        .View.Zoom = .View.Zoom / 2
    End With

    Dim slideW As Double
    Dim slideH As Double
    Dim S As Double
    slideW = ActivePresentation.PageSetup.SlideWidth
    slideH = ActivePresentation.PageSetup.SlideHeight
    S = slideH / 2
    If S > slideW / 3 Then S = slideW / 3

    Dim Top(1 To 10) As Double, left(1 To 10) As Double
    Top(1) = -S: Top(2) = -S: Top(3) = -S
    Top(4) = 0: Top(5) = S
    Top(6) = slideH: Top(7) = slideH: Top(8) = slideH
    Top(9) = S: Top(10) = 0
    left(1) = 0: left(2) = S: left(3) = S * 2
    left(4) = slideW: left(5) = slideW
    left(6) = slideW - S: left(7) = slideW - (S * 2): left(8) = slideW - (S * 3)
    left(9) = -S: left(10) = -S

```

```
    Dim pic As Shape, ArrPath
    ArrPath = Split(Path, ",")
    For i = 0 To UBound(ArrPath)

        Set pic = Slide.Shapes.AddPicture( _
            FileName:=ArrPath(i), _
            LinkToFile:=msoFalse, _
            SaveWithDocument:=msoTrue, _
            left:=left(i + 1), Top:=Top(i + 1))
        pic.Width = S
        pic.Height = S
    Next i

End Sub
```

❶…現在のアクティブウィンドウからスライドを取得して、slideオブジェクトにセットします。

❷…ZoomToFitプロパティでスライドをウィンドウにぴったりと合わせます。その後、表示縮小率を、現在の1/2に設定します。これにより、スライドの周囲に、画像表示用の大きな余白を作ります。エラー回避のため、一度、スライドの表示をノート表示に変更しています。

❸…スライドの横幅(slideW)と縦幅(slideH)を取得しています。Sは配置する画像のサイズで、スライドの縦の半分か、横の3分の1の小さい方を使用します。

❹…Top配列とLeft配列を使って、最大10枚の画像のスライド上での配置位置を定義します。この指定により、10枚の画像が、時計回りにスライドを取り囲むように表示されます。

❺…Path引数に格納されているカンマ区切りの画像のパスをSplit関数で配列に分解してArrPathに格納します。ループを使って、各画像を定義済みのTopとLeftの配列を参照して位置を指定、サイズは設定したSを使用し、スライドに追加します。

GetObjText Function プロシージャの作成

PowerPoint内で選択されているテキストを取得する関数です。スライドや図形などのオブジェクトが選択されている場合は、すべての図形を取得し、GetShpTextプロシージャに引き渡し、テキストを取得します。任意の引数としてptnを受け取ることができ、ptnが1の場合は、スライドの番号をテキストに追加します。これにより、スライドの構成も含めて、ChatGPTに情報を与えることができるようになります。

サンプルファイル 07-04.txt

```
Function GetObjText(Optional ptn As Long) As String
    Dim text As String
    Dim Slide As Slide
    Dim Shape As Shape
    Dim selType As PpSelectionType
    Dim i As Long, j As Long, k As Long
    Dim arrIdx() As Long, tmpIdx As Long

    selType = Application.ActiveWindow.Selection.Type

    With Application.ActiveWindow.Selection
        Select Case selType
            Case ppSelectionSlides

                ReDim arrIdx(1 To .SlideRange.Count)
                For i = 1 To .SlideRange.Count
                    arrIdx(i) = .SlideRange(i).SlideIndex
                Next i

                For i = 1 To UBound(arrIdx) - 1
                    For j = i + 1 To UBound(arrIdx)
                        If arrIdx(i) > arrIdx(j) Then
                            tmpIdx = arrIdx(i)
                            arrIdx(i) = arrIdx(j)
                            arrIdx(j) = tmpIdx
                        End If
                    Next j
                Next i

                For i = 1 To UBound(arrIdx)
                    Set Slide = ActivePresentation.Slides(arrIdx(i))

                    If ptn = 1 Then text = text & "<#スライド" & Slide.SlideIndex & ">" & vbLf
                    For Each Shape In Slide.Shapes
                        GetShpText Shape, text
                    Next Shape
                Next i

```

```
            Case ppSelectionShapes
                For i = 1 To .ShapeRange.Count
                    GetShpText .ShapeRange(i), text
                Next i

            Case ppSelectionText
                text = .TextRange.text

            Case Else
                text = "未知のオブジェクト"
        End Select
    End With

    GetObjText = text

End Function
```

❶…変数の宣言

変数	説明
Text	抽出されるテキストを保存するための文字列変数
Slide	スライドオブジェクトを参照するための変数
Shape	シェイプオブジェクトを参照するための変数
selType	選択のタイプ（スライド、シェイプ、テキストなど）を判別するための変数
i, j, k	ループ処理に使用するカウンタ変数

❷…PowerPoint上で選択されているオブジェクトのタイプを取得して、selType変数に格納します。Select Case文を使用して、選択のタイプに応じた処理を行います。

❸…複数のスライドが選択されている場合、各スライド内のすべての図形に対して、GetShpText関数を使用してテキストを取得します。複数選択された順番に関わらず、スライドの表示順にテキストを取得できるよう、並べ替えを行います。引数ptnが1だった場合は、スライドテキストの前に、スライド番号を追加します。

❹…複数の図形が選択されている場合、各図形に対してGetShpText関数を使用してテキストを取得します。

❺…テキストが直接選択されている場合、そのテキストを直接Text変数に格納します。

❻…上記のタイプ以外の選択の場合は、変数Textに「未知のオブジェクト」という文字列を格納します。

❼…GetObjText関数の戻り値として、Text変数の値（取得したテキスト）を返します。

GetShpText プロシージャの作成

シェイプとテキスト変数を受け取り、図形に存在するテキストを変数Textに追記します。受け取った図形がグループ化されている場合、または表の場合に、それらの中からすべてのテキストを抽出して追記します。追記が完了したら戻り値にテキストをセットします。

サンプル 07-05.txt

```
Sub GetShpText(ByRef Shape As Shape, ByRef text As String)
    Dim i As Long, j As Long

    If Shape.HasTextFrame Then
        If Shape.TextFrame.HasText Then
            text = text & Shape.TextFrame.TextRange.text & vbCrLf
        End If
    End If

    If Shape.Type = msoGroup Then
        Dim grpShape As Shape
        For Each grpShape In Shape.GroupItems
            GetShpText grpShape, text
        Next grpShape
    End If

    If Shape.HasTable Then
        Dim oTable As Table
        Dim oCell As Cell
        Set oTable = Shape.Table
        For i = 1 To oTable.Rows.Count
            For j = 1 To oTable.Columns.Count
                Set oCell = oTable.Cell(i, j)
                text = text & oCell.Shape.TextFrame.TextRange.text & vbCrLf
            Next j
        Next i
    End If
End Sub
```

❶…最初に、Shape オブジェクトがテキストフレームを持っているかをチェックします。もし持っていれば、そのテキストフレーム内にテキストがあるかどうかをさらに確認し、テキ

ストが存在する場合、そのテキストを既存の Text 変数の値に追記します。図形単位のテキストが識別できるよう、追記する際に改行 (vbCrLf) を入れます。

❷…Shape が複数の図形をまとめたグループである場合は、そのグループ内の各図形に対して処理を繰り返します。同じ GetShpText プロシージャを再帰的に呼び出すことで、グループ内のすべての図形からテキストを抽出しています。

❸…Shapeがテーブルを持っているかどうかを確認します。テーブルを持っている場合、そのテーブルの各セルのテキストを取得します。取得するテキストは、Text変数に追記し、それぞれのセルのテキストの間に改行(vbCrLf)を挿入します。

CheckText Function プロシージャの作成

GetObjText関数からの戻り値であるテキストを評価するための関数です。選択されたテキストが適切に処理できる状態か判定し、状態に応じたメッセージを表示します。戻り値として、適切であった場合にTrueを、不適切であった場合はFalseを返します。

サンプル 07-06.txt

```
Function CheckText(text As String) As Boolean

    CheckText = True

    If text = "未知のオブジェクト" Then
        MsgBox "スライド、シェイプ、テキストを選択して実行してください", , "OpenAI"
        CheckText = False
    ElseIf Len(text) = 0 Then
        With Application.ActiveWindow
            If .ViewType = ppViewNormal And .Selection.Type = ppSelectionText Then
                MsgBox "編集中のテキストが選択されていません。", , "OpenAI"
            Else
                MsgBox "テキストのあるオブジェクトが選択されていません。", , "OpenAI"
            End If
        End With
        CheckText = False
    End If

End Function
```

❶…スライドや図形以外の、想定外のオブジェクトが選択されていた場合に、GetObjText関数の戻り値である「未知のオブジェクト」というテキストに対応してメッセージを表示します。

❷…GetObjText関数の戻り値がなかった場合、以下のいずれかの状態と判断できるので、状況にあったメッセージを表示します。

・通常のスライド表示モードで、図形内の文字列を編集中、何の文字列も選択されていない場合

・テキストを含むオブジェクトが選択されていない場合

「PowerPoint 画像生成」レシピを使ってみよう

P.135の手順で、マクロ「画像生成プロシージャ」をクイックアクセスツールバーにボタンを登録します。

ChatGPTによる画像生成の指示を行いたい場合は、「はい」とクリックします。ChatGPTが選択されたスライド、図形、またはテキストの内容を解析し、DALL-Eが理解できる形式に変換、その後、この情報を基にDALL-Eにリクエストを送信し、画像が生成されます。一方、画像生成の英文プロンプトを自分で書いていて、その図形やスライドを選択している場合は、「いいえ」オプションを選んでください。選択されたスライド、シェイプ、またはテキストが直接DALL-Eに送信され、画像が生成されます。

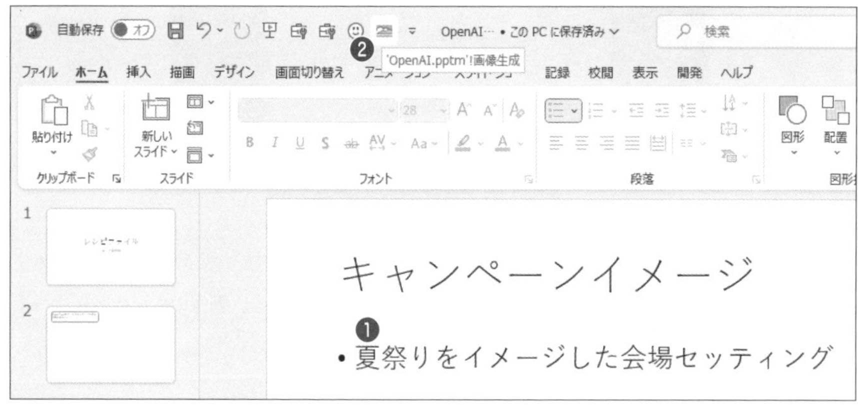

画像生成の基となるテキストを選択❶し、クイックアクセスツールバーに登録したボタンをクリック❷する

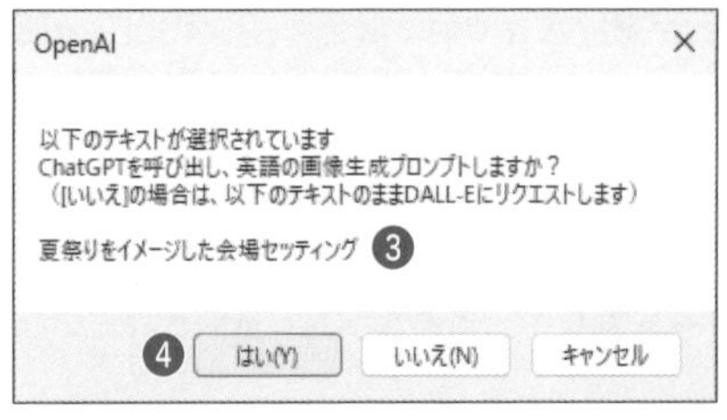

選択されたテキスト❸が表示され、画像を生成するかどうかを確認する画面が表示される。[はい] をクリック❹する。[いいえ] をクリックすると、選択されたテキストがそのままプロンプトとして送信される

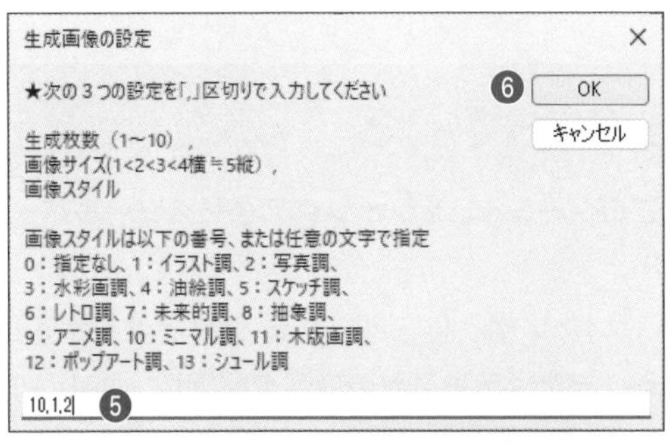

生成される画像の設定画面が表示される。生成枚数、画像サイズ、画像スタイルを数値で指定する。ここでは生成枚数を10枚(「10」と入力)、画像サイズを最小の256×256(「1」と入力)、画像スタイルを写真調(「2」と入力)と入力❺する。入力が完了したら、[OK] をクリック❻する

しばらく待つと、生成された画像がスライドの周囲に生成❼される。画像の生成枚数によっては、生成されるまでにある程度の時間を要することがある

生成する画像の枚数指定に注意

同時に生成できる最大枚数はユーザーのAPI利用実績(P.102を参照)により設定され、当初は5枚までとなっているので注意しましょう。

7-4 ▷ レシピ③ 1枚のスライドから明細スライドを生成する

PowerPointのプレゼンテーションにおいて、一つの主要なスライドから関連する明細スライドを作成する機会は多いでしょう。特に、情報を増やしたり、内容を細かく分割させたい場合、手作業での編集は膨大な時間と労力を要します。その課題を解決する「明細スライド作成」レシピを作成しましょう。指定された内容やキーワードを基に、ChatGPTのAPIを呼び出し、関連するテキストを生成し明細となるスライドを自動で作成します。このレシピは、ビジネスプレゼンテーション作成の効率化はもちろん、スライドの品質向上にも貢献することでしょう。

「明細スライド作成」レシピの機能と使えるシーン

指定したスライドの内容を基に、明細となるスライドを生成します。たとえば箇条書きとなっている1枚のスライドを指定した場合、箇条書きに対応した明細スライドが新しく作成されます。

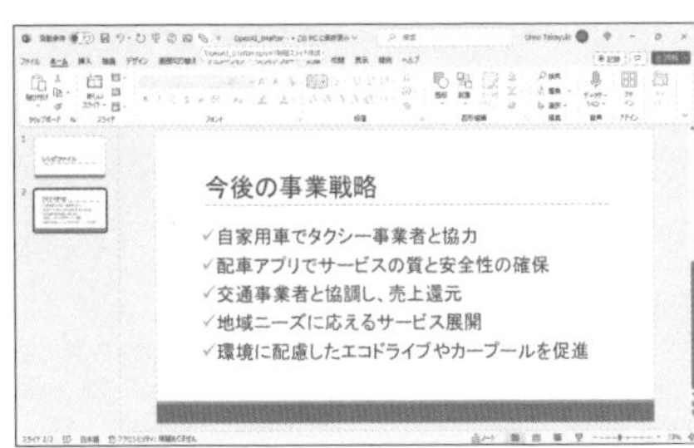

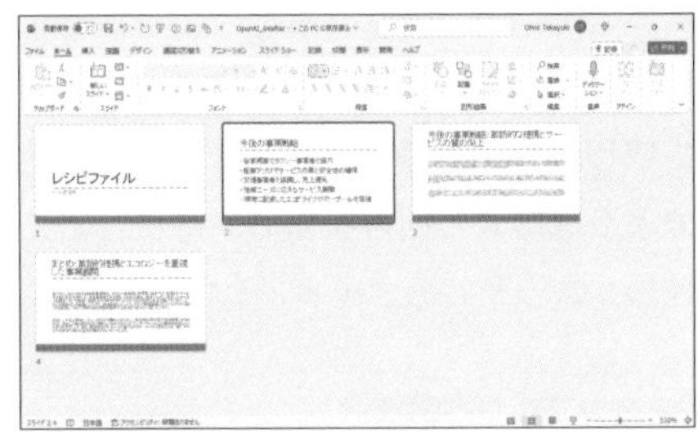

1枚のスライド（左）を基に明細が記載された複数のスライド（右）が生成される

使えるシーン

● イベントセッションの詳細内容

イベントの全体的なスケジュールを示す主要なスライドに対して、各セッションやワークショップの詳細な説明を持つスライドを追加したい。

- **料理の魅力が伝わるレシピ**

  料理の名前を紹介しているスライドから料理の特徴や、材料リスト、調理手順の詳細を作成したい。

- **旅行日程から観光スポット作成**

  旅行の日程や概要から各観光地やアクティビティの詳細情報の明細スライドを作成したい。

- **ビジネス戦略から部門別計画**

  会社の全体的な戦略を示す主要なスライドに基づいて、各部門やプロジェクトの具体的な戦略や計画を説明する詳細スライドを作成したい。

- **人事採用ビジョンの詳細展開**

  会社の採用方針や求める人材の特性を主要なスライドで紹介し、明細スライドで各職種や部門の具体的な求めるスキルや条件を詳細に展開したい。

「明細スライド作成」コード解説

選択されたテキストを基にChatGPT関数を使って明細スライドのテキストを自動生成します。プロンプトを工夫し、【タイトル1】本文1、【タイトル2】本文2・・・のような形式で回答を求め、得られた文字列を、「【」と「】」を区切り文字として処理し、スライドのタイトルと本文欄に挿入する仕組みです。

サンプル 07-07.txt

```
Sub 明細スライド作成()

    Dim text As String

    text = GetObjText
    If CheckText(text) = False Then Exit Sub

    Dim Rtn
    Rtn = MsgBox("以下のテキストが選択されています" & vbLf & _
            "このテキストを元に、明細スライドを作成しますか？" & _
```

```
                vbCrLf & vbCrLf & text, vbOKCancel, "OpenAI")
    If Rtn = vbCancel Then Exit Sub

    Dim Prompt As String
    Prompt = "次の文章は、PowerPointのスライド内のテキストです。" & _
                "適切な内容で分割して、内容を膨らませた文章にしてください。" & _
                "文章に適切なタイトルを付けて【】で囲み、本文と共に回答してください" & _
                "まとめがあるようなら、それにもタイトルをつけてください。" & _
                "最後に、もういちど本文を見直してください。さらに文字量が多くなるよう膨らませてください。" & _
                "対象文章は次の通りです。##以下対象文章##" & vbCrLf
    Rtn = ChatGPT(Prompt & text, , 0.7)
    Debug.Print Rtn

    Dim arrTxt, arrTxt2, i As Long
    Dim Slide As Slide, LN As Long
    arrTxt = Split(Rtn, "【")

    For i = 1 To UBound(arrTxt)

        For Each Slide In Application.ActiveWindow.Selection.SlideRange
            If Slide.SlideIndex > LN Then
                LN = Slide.SlideIndex
            End If
        Next Slide
        Set Slide = ActivePresentation.Slides.Add(Index:=LN + i, Layout:=ppLayoutText)

        arrTxt2 = Split(arrTxt(i), "】")
        Slide.Shapes(1).TextFrame.TextRange.text = arrTxt2(0)
        Slide.Shapes(2).TextFrame.TextRange.text = arrTxt2(1)

    Next i
    MsgBox "明細スライドを作成しました。", , "OpenAI"
    ActivePresentation.Slides(LN + 1).Select
End Sub
```

❶…GetObjText関数を使って選択されたテキストを取得し、CheckText関数を使ってテキストが適切か確認します。適切でなければ終了します。

❷…選択されたテキストを表示し、明細スライドを作成するか確認します。これにより意図していないテキストが選択されたまま処理が継続されることを防ぎます。

❸…ChatGPTのプロンプトを構築し、Prompt変数に格納、それをChatGPTにリクエストします。

❹…ChatGPTからの回答を【で分割、スライド単位の文字列として、配列arrTextに格納します。スライドが【で始まることを利用しています。

❺…現在選択されている最後のスライドの位置を取得し、その後に新しいスライドを挿入します。スライドレイアウトとして、タイトルと本文が含まれる「ppLayoutText」を指定します。スライドの数だけループして繰り返します。

❻…スライド単位の文字列を】で分割、タイトルとテキストに分けてarrText2に格納します。これは、スライドと本の区切りが】であることを利用しています。それぞれを新しく挿入したスライドのタイトルとコンテンツにセットします。

スライドのプリセットレイアウトを知っておこう

PowerPoint VBAには、スライドのレイアウトを定義するためのさまざまな定数（PpSlideLayout 型の定数）が用意されています。今回はタイトルと本文を持つppLayoutTextを使用しました。他にも次のような種類がありますので、スライドを挿入する際に活用してみてください。

● スライドのレイアウトを指定できる主な定数

定数	値	スライドのレイアウト
ppLayoutTitle	1	タイトル
ppLayoutText	2	テキスト
ppLayoutTwoColumnText	3	2列のテキスト
ppLayoutTable	4	表
ppLayoutBlank	12	白紙
ppLayoutTextOverObject	20	テキスト、オブジェクト
ppLayoutTextAndTwoObjects	21	テキストと 2つのオブジェクト
ppLayoutFourObjects	24	4つのオブジェクト
ppLayoutVerticalText	25	縦書きテキスト

「明細スライド」レシピを使ってみよう

P.135の手順で、マクロ「明細スライド作成プロシージャ」をクイックアクセスツールバーに登録します。

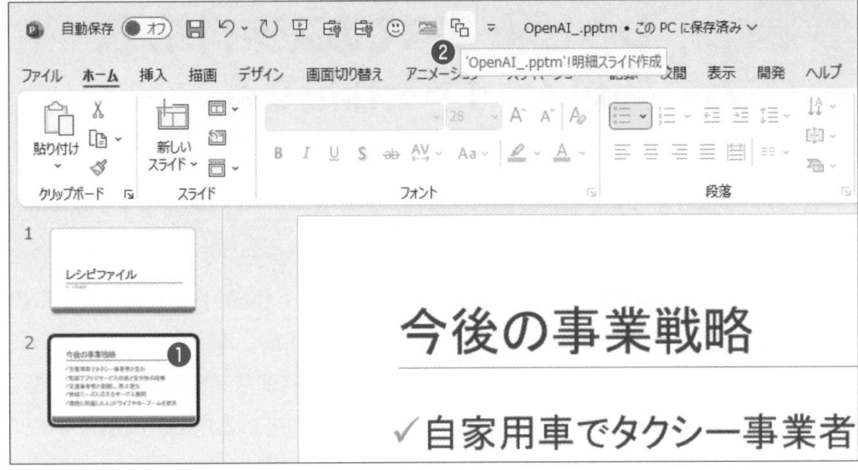

明細スライドの基になるスライドを選択❶し、クイックアクセスツールバーに登録されたレシピのボタンをクリック❷する

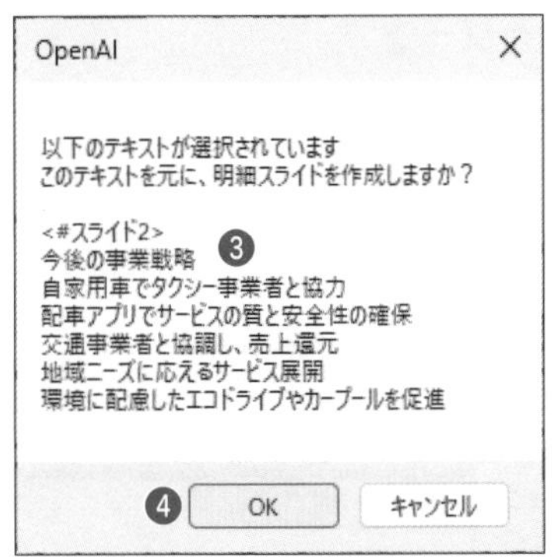

明細スライドを生成するために使われるスライド内のテキストが表示❸される。[OK] をクリック❹する

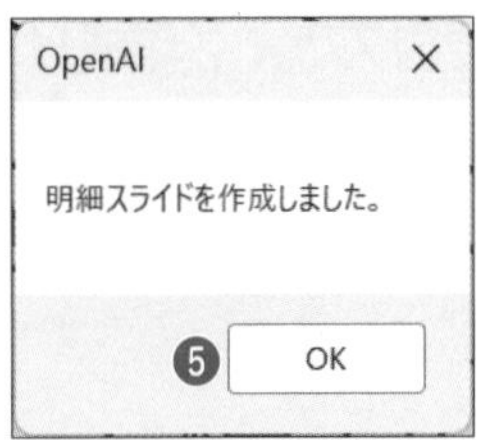

明細スライドの生成が完了するとダイアログボックスが表示されるので、[OK] をクリック❺する

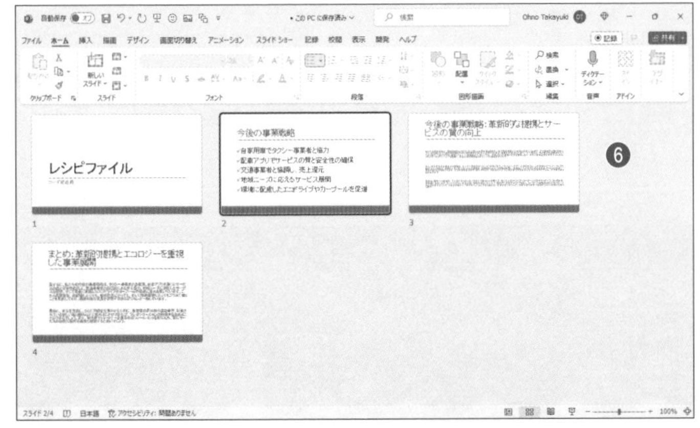

生成された明細スライドが表示❻される

7-5 ▷ レシピ④ すべてのスライドから要約スライドを作成する

　プレゼンテーションで主要な情報を効率的に伝えるためには、要点をまとめた「エクゼクティブサマリー」が欠かせません。しかし、この要約スライドを手作業で作成するのは非常に手間がかかります。この「要約スライド作成」レシピは、すべてのスライドから要点を自動抽出し、要約したスライドを生成します。加えて、この要約スライドは形式も自由に選べます。「箇条書き」や「詳細な文章形式」など、具体的なスタイルに応じて指定できるのです。時間が限られている中で、高品質なエクゼクティブサマリーを効率よく作成する際に、このレシピが役立つことでしょう。

「要約スライド作成」レシピの機能と使えるシーン

　選択したスライドから重要な情報を抽出し、それを要約して新しい「要約スライド」を作成します。要約の形式を自由に指定でき、生成された要約スライドは元のプレゼンテーションのデザインを継承します。

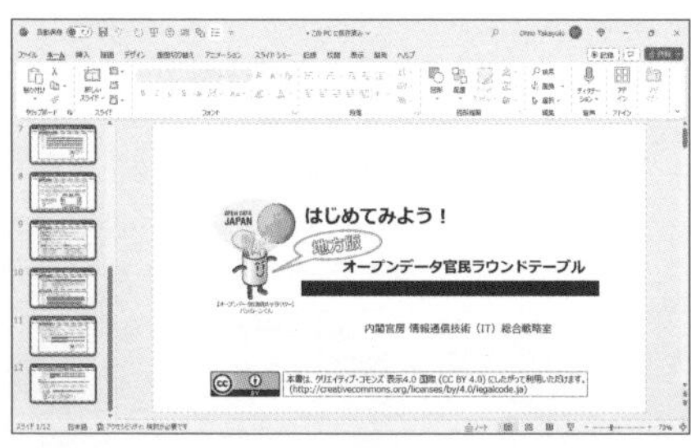

複数枚のスライド（左）を基に、各スライドを要約したスライドを生成できる（右）

使えるシーン

● **製品の魅力を一覧化**

　製品ごとに特徴や利点を示した複数のスライドから、それらの要点をまとめた一覧スライドを作成したい。

- **美術展や文化イベントの見どころサマリー**

　各スライドに記載された特色や見どころを簡潔にまとめたサマリースライドを作成したい。

- **旅行ツアーのハイライト一覧**

　旅行先やスケジュール、おすすめのお土産などをハイライトとして一覧で示すハイライトスライドを作成したい。

- **調査報告キーポイント要約**

　膨大なデータと分析結果を含む大量の調査報告スライドを要約し、経営層や関係者に全体像を伝えたい。

- **イベントや展示会の全内容把握**

　多数のイベントや展示会の内容を一覧にまとめ、関係者や一般に概要を伝えるサマリースライドを作成したい。

- **月次活動報告の要点まとめ**

　部署単位で月次で作成される多数のスライドから、要点を抽出したまとめスライドを作成したい。

「要約スライド作成」コード解説

　プレゼンテーション内で選択されたスライドのテキスト内容を抽出し、ChatGPT関数を使用してまとめた要点を、新しいスライドに表示します。新しいスライドの挿入処理はサブプロシージャとして独立させてコードをより簡潔にしています。

サンプル 07-08.txt

❶ (03–06)

```
Sub 要約スライド作成()

    Dim text As String

    text = GetObjText(1)
    If CheckText(text) = False Then Exit Sub

    Dim Rtn, SN As Long
```

```
    SN = ActiveWindow.Selection.SlideRange.Count

    Rtn = InputBox(SN & "枚のスライドが選択されています。要約スライドを作成しますか？" & vbCrLf & _
                    "要約の形式に指定がある場合は、指定してください。" & vbCrLf & _
                    "■指定例：「内容を漏らさず詳細に」、「簡潔に箇条書きで」等）" & vbCrLf & _
                    "（指定がない場合は、ChatGPTの判断で要約されます。）", "要約形式の指定（省略可）")

    If StrPtr(Rtn) = 0 Then Exit Sub

    Dim Prompt As String
    Prompt = "次の文章は、PowerPointの<スライド>内のテキストです。" & _
            "<スライド>単位に内容を、" & Rtn & "、要約してください。" & _
            "それぞれの要約の冒頭を<スライド○>としてください。" & _
            "対象文章は次の通りです。##以下対象文章##" & vbCrLf

    Dim Summary As String, Part As String, arrPart
    Dim i As Long, L As Long, M As Long
    L = Len(text)

    arrPart = Split(text, "<スライド")
    M = UBound(arrPart)
    For i = 1 To M
        arrPart(i) = "<スライド" & arrPart(i)
    Next i

    For i = 0 To M
        Part = Part & arrPart(i)
        If Len(Part) > 12000 Or i = M Then
            Summary = Summary & ChatGPT(Prompt & Part, , , , 120)
            Part = ""
        End If
    Next i

    arrPart = Split(Summary, "<スライド")
    M = UBound(arrPart)
    For i = 1 To M
        arrPart(i) = "<スライド" & arrPart(i)
```

```
    Next i

    Dim TmpText As String, Slide As Slide, Shp As Shape, Rng As TextRange
    Dim slideH As Single, slideW As Single, Margin As Single

❼   With ActivePresentation.PageSetup
        slideH = .SlideHeight
        slideW = .SlideWidth
        Margin = .SlideWidth * 0.025
    End With

    Dim n As Long, StartN As Long  '要約のスライドの追加枚数
    StartN = ActivePresentation.Slides.Count + 1
❽   n = StartN

    Call AddSlide(n, Slide, Shp, Rng, slideW, slideH, Margin)

    For i = 0 To M
        TmpText = Rng.text
❾       Rng.text = TmpText & arrPart(i)
        Shp.Width = slideW - Margin * 2
        Shp.Top = Margin

        If Shp.Top + Shp.Height > slideH - Margin Then
❿           Rng.text = TmpText
            Shp.Top = Margin
            n = n + 1

            Call AddSlide(n, Slide, Shp, Rng, slideW, slideH, Margin)
            Rng.text = arrPart(i)
⓫           Shp.Width = slideW - Margin * 2
            Shp.Top = Margin
        End If
    Next i

⓬   ActivePresentation.Slides(StartN).Select
    MsgBox "要約スライドを作成しました", , "OpenAI"

End Sub
```

❶…GetObjText関数に引数(1)を指定して呼び出し、現在選択されているスライドのテキストを、<スライド○>という文字列を挿入して取得して変数Textに格納します。CheckText関数で、有効なテキストである確認を行います。

❷…要約の形式を入力するインプットボックスを表示します。

❸…スライドのテキストをChatGPTに送る前の準備として、プロンプトを構築します。このプロンプトはChatGPTにどのような要約を求めるかを伝えるためのものです。スライドのテキストが非常に長い場合を考慮し、一定の文字数を超えると別のリクエストとしてChatGPTに送るようにします。

❹…スライドテキストを「<スライド」の文字列を区切りとして、スライド単位に分割し、配列arrPartに格納します。各スライドのテキストの冒頭に<スライド○>という文字列が挿入されていることを利用しています。

❺…スライドごとに分けられたテキストが配列arrPartに格納されています。このテキストを一つずつ取り出して連結し、その結果をChatGPTに送ります。ただし、連結されたテキストがChatGPTの3.5Turbo-16Kモデルの文字数制限（約12,000文字）を超えるか、最後の配列に到達した場合は、その時点でChatGPTに要約のリクエストを送信します。この処理を、Do ～ Loopステートメントによって、全配列が処理されるまで繰り返します。

カスタマイズポイント

1回のリクエストで送信できるテキストの量（文字数）を12,000文字に設定しています。GPT-4を指定している場合で、全スライドのテキスト合計文字数が12,000文字を超える場合、この文字数の上限を増やすことで、ChatGPTへのリクエスト回数を減らすことができます。

❻…ChatGPTから返された要約テキストを、特定のキーワード「<スライド」を使ってスライド単位に分割し、それを配列arrPartに保存します。

❼…現在のプレゼンテーションのスライドサイズを取得しますが、スライドオブジェクトには、HeightやWidthプロパティは存在しないので、ActivePresentation.PageSetupのslideHeightとslideWidthを参照します。余白（Margin）を、要約スライドの枠線に対して2.5%に指定します。

カスタマイズポイント

このMarginの設定値を変更すると要約スライドの余白を調整することができます。

❽…AddSlideサブプロシージャを呼び出して、新しい要約スライドを作成、四角形の図形を追加します。

❾…スライドの数だけループし、要約スライドの四角形の図形に、要約テキストを挿入していきます。挿入したテキストが長いと、四角形の図形のサイズが上下と右に広がりスライドからはみ出るため、テキスト挿入直後に、まず、幅をスライド内に収まるよう調整し、その後、位置をスライド上部に設定します。

❿…次スライドの要約テキストを追加した際、スライド内の四角形の図形内に文字が入りきらない場合は、図形自体がスライドの下にはみ出ることとなります。その状態は、

図形の縦位置L＋高さサイズ　>　スライドの高さーマージン

として、判定することができます。この場合は、次スライドの要約を追加せず、直前のテキスト状態に戻し、改めて図形の縦位置をスライド上部にセットします。

⓫…AddSlideサブプロシージャをコールして、次の要約スライドを作成し、入りきらなかった要約テキストを図形に挿入し、図形のサイズと位置を調整します。

⓬…すべての要約スライドの挿入が完了すると、一番目の要約スライドを選択し、完了メッセージを表示します。

AddSlide サブプロシージャの作成

「要約スライド作成」コードから呼び出される新しいスライドを作成し、サイズや位置を指定して四角形の図形を追加するサブプロシージャです。

サンプル 07-09.txt

```
Sub AddSlide(ByVal n As Long, ByRef Slide As Slide, ByRef Shp As Shape, ByRef Rng As TextRange, _
                ByVal slideW As Single, ByVal slideH As Single, ByVal Margin As Single)

    Set Slide = ActivePresentation.Slides.Add(Index:=n, Layout:=ppLayoutBlank)
    Set Shp = Slide.Shapes.AddShape(Type:=msoShapeRectangle, _
                left:=Margin, Top:=Margin, Width:=slideW - Margin * 2, Height:=slideH - Margin * 2)
    Shp.Top = Margin
    With Shp.TextFrame
❶        .WordWrap = True
❷        .AutoSize = ppAutoSizeShapeToFitText
    End With
    Set Rng = Shp.TextFrame.TextRange

    Rng.ParagraphFormat.Alignment = ppAlignLeft

End Sub
```

❶…図形内のテキストを折り返すよう設定します。

❷…図形内のテキストに合わせて、図形のサイズを自動調整するよう設定します。

「要約スライド作成」レシピを使ってみよう

P.135の手順で、マクロ「要約スライド作成」プロシージャをクイックアクセスツールバーにボタンを登録します。

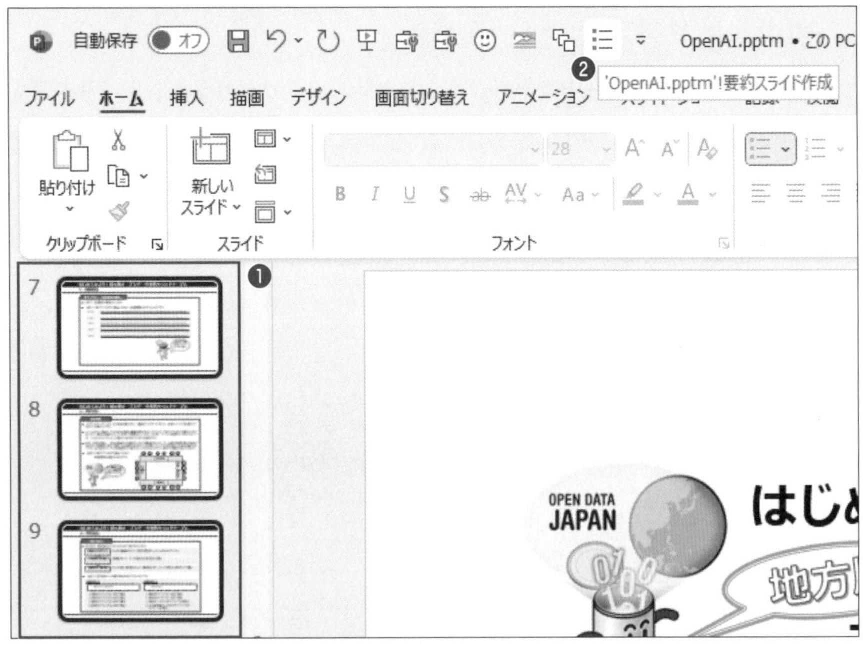

要約するスライドを選択する。すべてのスライドを要約するときは、Ctrl＋Aキーですべてのスライドを一度に選択できる。ここではすべてのスライドを選択❶し、クイックアクセスツールバーに登録されたレシピのボタンをクリック❷する

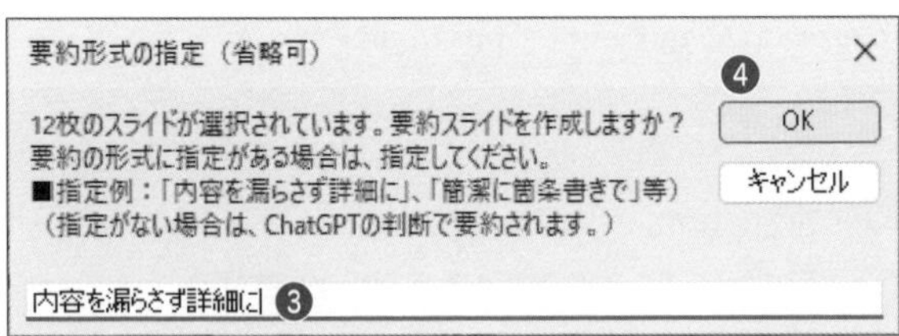

要約を指定する画面が表示される。ここでは「内容を漏らさず詳細に」と入力❸し、[OK] をクリック❹する。何も入力しなくても、要約は実行できる

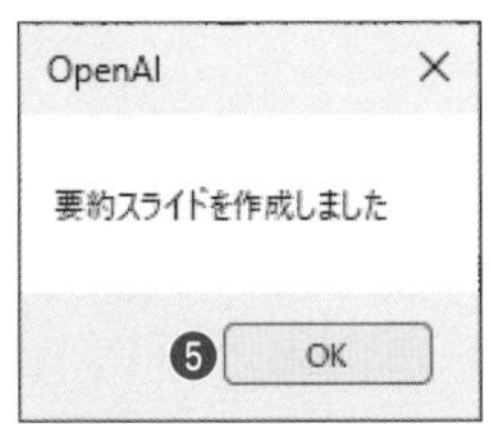

要約が完了するとダイアログボックスが表示されるので、[OK] をクリック❺する

要約されたスライドが表示される。生成されたスライドは最後に追加される

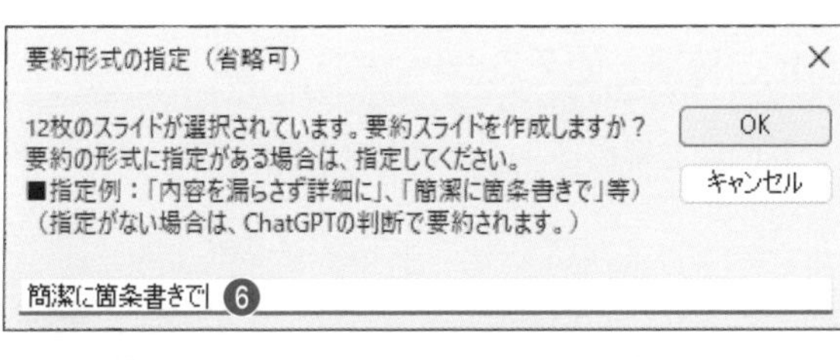

同様に「簡潔に箇条書きに」と入力して実行❻すると、箇条書き形式❼でスライドが要約される

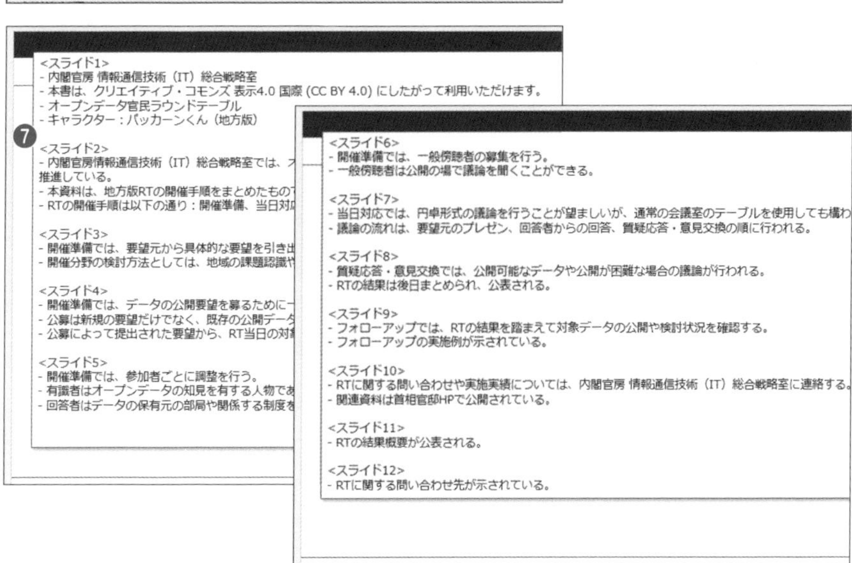

7-6 レシピ⑤ 内容が類似している スライドを提示してもらう

PowerPointのプレゼンテーションスライドの内容が整理されていて一貫性があるかを確かめる「類似スライド解析」レシピを作成しましょう。具体的には、OpenAIが提供する自然言語処理のAPI「Embeddings」を使って各スライドのテキスト内容を解析し、スライドがどれくらい他のスライドと似ているかのスコアを算出します。この結果はExcelシートにマトリクス（表）の形で表示されるので、一目でスライド間の関連性がわかります。たとえば、高い類似度が出たスライドは冗長かもしれません。逆に、類似度が低いと、そのスライドは全体のテーマから外れている可能性があります。高度な自然言語処理でスライドの内容を深く分析することにより、プレゼンテーションの品質をさらに高めることができるでしょう。

「類似スライド解析」レシピの機能と使えるシーン

選択されたスライドのテキスト内容を解析し、その類似度をExcelワークシートのマトリクスで表示します。

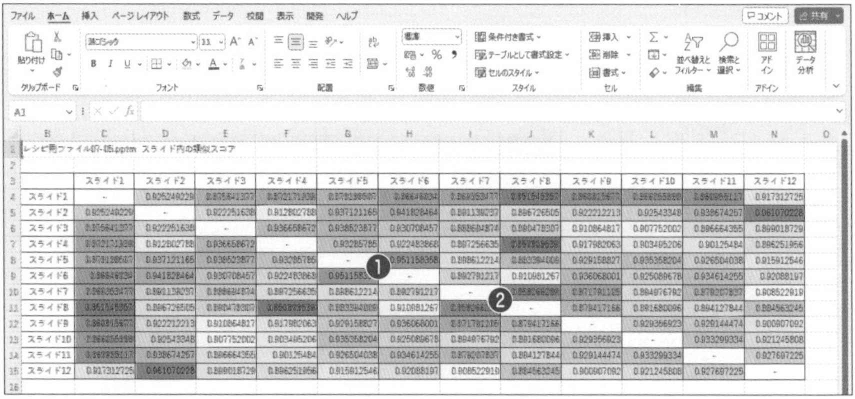

レシピ用ファイル07-05.pptm スライド内の類似スコア

	スライド1	スライド2	スライド3	スライド4	スライド5	スライド6	スライド7	スライド8	スライド9	スライド10	スライド11	スライド12
スライド1	-	0.925249229	[illegible]	[illegible]	[illegible]	[illegible]	[illegible]	[illegible]	[illegible]	[illegible]	[illegible]	0.917312725
スライド2	0.925249229	-	0.922251638	0.912802788	0.937121165	0.941828464	0.891139297	0.896726505	0.922212213	0.92543348	0.938674257	0.961070228
スライド3	[illegible]	0.922251638	-	0.936658672	0.938523877	0.930708457	[illegible]	0.890478307	0.910864817	0.907752002	0.896664355	0.899018729
スライド4	[illegible]	0.912802788	0.936658672	-	0.93285785	0.922483868	0.897256635	[illegible]	0.917982063	0.903495206	0.90125484	0.896251956
スライド5	[illegible]	0.937121165	0.938523877	0.93285785	-	0.951158358	0.888612214	[illegible]	0.929158827	0.935358204	0.926504038	0.915912546
スライド6	[illegible]	0.941828464	0.930708457	0.922483868	0.9511583[illegible]	-	0.892791217	0.910981267	0.936068001	0.925089678	0.934614255	0.92088197
スライド7	[illegible]	0.891139297	[illegible]	0.897256635	0.888612214	0.892791217	-	[illegible]	[illegible]	0.884976792	[illegible]	0.908522919
スライド8	[illegible]	0.896726505	0.890478307	[illegible]	[illegible]	0.910981267	[illegible]	-	0.879417166	0.881680096	0.894127844	0.884563245
スライド9	[illegible]	0.922212213	0.910864817	0.917982063	0.929158827	0.936068001	[illegible]	0.879417166	-	0.929356923	0.929144474	0.900907092
スライド10	[illegible]	0.92543348	0.907752002	0.903495206	0.935358204	0.925089678	0.884976792	0.881680096	0.929356923	-	0.933299334	0.921245808
スライド11	[illegible]	0.938674257	0.896664355	0.90125484	0.926504038	0.934614255	[illegible]	0.894127844	0.929144474	0.933299334	-	0.927697225
スライド12	0.917312725	0.961070228	0.899018729	0.896251956	0.915912546	0.92088197	0.908522919	0.884563245	0.900907092	0.921245808	0.927697225	-

このマトリクスは、縦横にスライド同士のテキスト内容の類似度を比較できるようになっています。色で類似度を示しており、赤は内容が非常に類似していることを、青は内容が異なることを示します。たとえば、スライド5と6が赤色❶になっている場合、それらの内容が重複している可能性があり、1枚にまとめることを検討するきっかけとなります。一方、青くなっているスライド7と8❷は、他のスライドとの関係など、プレゼンテーションの流れとして適切か再確認するのがよいでしょう。

使えるシーン

- **冗長スライドをクリーンアップ**

  一つのプレゼンテーション内で類似しているスライドを発見し、合体、要約することでスライドの質を向上させたい。

- **プレゼン向上ワークショップ教材**

  プレゼンテーションの作成を教えるコースやワークショップで、参加者自身のプレゼンテーションを自然言語処理で分析し、フィードバックを与える教材を作りたい。

- **スライド間の流暢なブリッジトーク**

  テーマが切り替わるスライド、テーマが継続するスライドを念頭に置き、スライド切り替え時に、より効果的なトークができるようスピーチをブラッシュアップしたい。

- **共同作業における一貫性チェック**

  チームで分担してプレゼンテーションを作成する際、各メンバーが作成したスライドがどれほど一貫しているのかをチェックしたい。

- **飽きさせないプレゼンでインパクト最適化**

  複数のマーケティングキャンペーンや広告案を一つのプレゼンテーションでまとめて比較分析する際に、各案の類似度と差異を明確にし、似た案のスライドが続かないよう、よりインパクトが出るようスライド順を入れ替えたい。

- **気付けなかった一貫性と質のチェック**

  企業内で共有されているプレゼンテーションのテンプレート自体の一貫性と質を評価し、改善が必要なテンプレートを特定したい。

「類似スライド解析」コード解説

5章で作成したEmbeddings関数を呼び出し、スライド内にあるテキストをスライド単位にベクトル値に変換します。スライド同士のベクトル値からコサイン類似度を算出します。

サンプル 07-10.txt

```
Sub 類似スライド提示()

    Dim i As Long
    Dim text As String
    Dim M As Long, strPart As String
    M = ActivePresentation.Slides.Count
    Dim arrPart() As String, strVec() As String
    ReDim arrPart(1 To M) As String
    ReDim strVec(1 To M) As String

    For i = 1 To M
        ActivePresentation.Slides(i).Select
        arrPart(i) = GetObjText
        strVec(i) = GetEmbeddings(arrPart(i))
    Next i

    Dim r As Long, c As Long, slideN As Long
    Dim Arr1, Arr2
    Dim arrVal(), arrIndex()
    ReDim arrVal(1 To m, 1 To m)
    ReDim arrIndex(1 To m)
    slideN = ActivePresentation.PageSetup.FirstSlideNumber
    For r = 1 To m
        arrIndex(r) = "スライド" & slideN
        slideN = slideN + 1
        For c = 1 To m
            arrVal(r, c) = CosineSimilarity(Split(strVec(r), ","), Split(strVec(c), ","))
        Next c
    Next r

    MsgBox "類似度スコアをExcelで表示します。", , "OpenAI"
    Call Excelマトリクス(arrVal, arrIndex, ActivePresentation.Name & "　スライド内の類似スコア")

End Sub
```

❶…各スライドのテキストを、GetEmbeddings関数を使用してベクトルに変換し、配列arrPartに格納します。GetObjText関数でテキストが取得できなかった場合は、何かのスライドを選択した状態とするようメッセージを表示し終了します。

❷…5章で作成したCosineSimilarity関数を使用して、各スライド間のコサイン類似度を計算

し、二次元配列arrValに保存します。編集画面で表示される最初のスライドの番号を、ActivePresentation.PageSetup.FirstSlideNumberを用いて確認します。これは、設定によっては「0」など「1」以外になる可能性があるためです。

❸…Excelマトリクスプロシージャを呼び出し、Excelで相関表を表示します。

Excel マトリクスプロシージャの作成

コサイン類似度の相関配列とインデックス名配列を受け取り、Excelを立ち上げて、条件付き書式で装飾された相関表を作成します。他のOfficeアプリからも呼び出すことができる汎用的なコードとなっており、8章P.235からも利用しています。

サンプル 07-11.txt

```
Sub Excelマトリクス(arrVal, arrIndex, Optional Title As String)

    Dim xlApp As Object, xlBook As Object, xlSheet As Object
    Set xlApp = CreateObject("Excel.Application")
    xlApp.Visible = True
    Set xlBook = xlApp.Workbooks.Add
    Set xlSheet = xlBook.Worksheets(1)

    Dim r As Long, c As Long, m As Long
    m = UBound(arrIndex) - LBound(arrIndex) + 1

    With xlSheet
        Dim Rng As Object
        Set Rng = .Range(.Cells(4, 3), .Cells(m + 3, m + 2))
        Rng = arrVal
        For r = 1 To m
            .Cells(3 + r, 2 + r) = "-"
            .Cells(3 + r, 2 + r).HorizontalAlignment = xlCenter
            .Cells(3, 2 + r).HorizontalAlignment = xlCenter
            .Cells(3 + r, 2).HorizontalAlignment = xlCenter
            .Cells(3, 2 + r) = arrIndex(r)
            .Cells(3 + r, 2) = arrIndex(r)
      Next r
        .Cells.EntireColumn.AutoFit
      .Range("B1") = Title
    End With
    Rng.Offset(-1, -1).Resize(Rng.Rows.Count + 1, Rng.Columns.Count + 1).Borders.LineStyle = xlContinuous

```

```
    Rng.FormatConditions.AddColorScale ColorScaleType:=3
    Rng.FormatConditions(Rng.FormatConditions.Count).SetFirstPriority

    With Rng.FormatConditions(1).ColorScaleCriteria(1)
        .Type = 1 'xlConditionValueLowestValue
        .FormatColor.Color = 13011546
        .FormatColor.TintAndShade = 0
    End With
    With Rng.FormatConditions(1).ColorScaleCriteria(2)
        .Type = 5 'xlConditionValuePercentile
        .Value = 50
        .FormatColor.Color = 16776444
        .FormatColor.TintAndShade = 0
    End With
    With Rng.FormatConditions(1).ColorScaleCriteria(3)
        .Type = 2 'xlConditionValueHighestValue
        .FormatColor.Color = 7039480
        .FormatColor.TintAndShade = 0
    End With

    Set xlSheet = Nothing: Set xlBook = Nothing: Set xlApp = Nothing
End Sub
```

❶…Excelアプリケーションを開き、新しいワークシートを作成します。

❷…arrValに格納された類似度スコアを、Excelのワークシートに出力します。Rngオブジェクトにセル範囲を指定することで高速に出力することができます。（1章P.27参照）

❸…マトリクス形式の表を作成し、スライドが交差する箇所のセルには「−」という記号を挿入します。表の縦軸と横軸にはスライドの番号を表示し、これらのラベルはセンタリングで整えます。さらに、数値が入力されているセルには枠線を追加して見やすくします。

❹…条件付き書式を用いて、類似度スコアが一目でわかるようにします。スコアが高いセルは赤、中間のスコアは白、そして低いスコアは青と指定して、グラデーションで表示されるように設定します。

Column

エラーの内容を確認できる

トークンオーバーエラー以外にも、ChatGPT APIはさまざまなエラーメッセージを返してくれます。たとえば、誤ったAPIキーの場合は次のようなメッセージとなります。

```
Incorrect API key provided: sk-SWxnA***************************
**************S3__. You can find your API key at https://
platform.openai.com/account/api-keys.
```

作成するChatGPT関数は、エラーの場合でもメッセージを抽出して返すようにしていますので、どのようなエラーが起こったのか容易に確認することができます。

「類似スライド分析」レシピを使ってみよう

P.135の手順で、マクロ「要約スライド作成」プロシージャをクイックアクセスツールバーにボタン登録します。プレゼンテーションを開き、対象とするスライドを選択し、登録したボタンをクリックします。

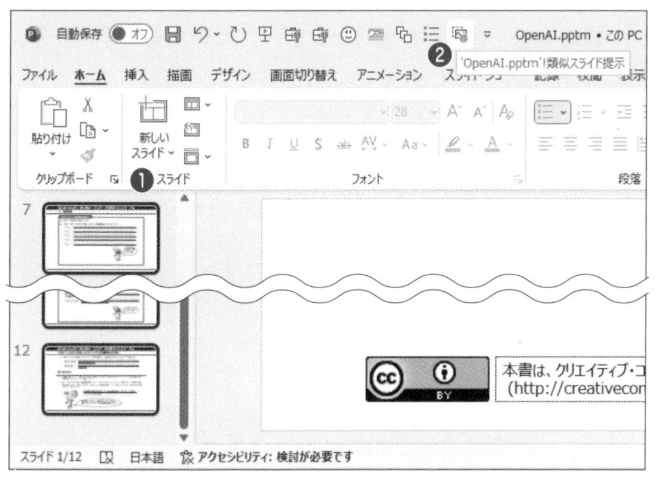

分析するスライドを選択する。ここではすべてのスライドを選択❶し、クイックアクセスツールバーに登録されたレシピのボタンをクリック❷する

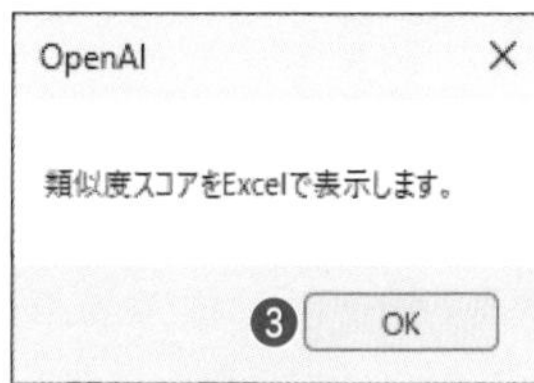

類似度スコアの分析を確認する画面が表示されるので、[OK] をクリック❸する

レシピ用ファイル07-05.pptm スライド内の類似スコア

	スライド1	スライド2	スライド3	スライド4	スライド5	スライド6	スライド7	スライド8	スライド9	スライド10	スライド11	スライド12
スライド1	-	0.925249229	0.875641377	0.872171939	0.878188507	0.86646034	0.869353477	0.851545357	0.860815677	0.866055888	0.860955117	0.917312725
スライド2	0.925249229	-	0.922251638	0.912802788	0.937121165	0.941828464	0.891139237	0.896726505	0.922212213	0.92543348	0.938674257	0.961070228
スライド3	0.875641377	0.922251638	-	0.936658672	0.938523877	0.930708457	0.888694874	0.890478307	0.910864817	0.907752002	0.896664355	0.899018729
スライド4	0.872171939	0.912802788	0.936658672	-	0.93285785	0.922483868	0.897256635	0.850808539	0.917982063	0.903495206	0.90125484	0.896251956
スライド5	0.878188507	0.937121165	0.938523877	0.93285785	-	0.951158358	0.898612214	0.883394009	0.929158827	0.935358204	0.926504038	0.915912546
スライド6	0.86646034	0.941828464	0.930708457	0.922483868	0.951158358	-	0.892791217	0.910981267	0.936068001	0.925089678	0.934614255	0.92088197
スライド7	0.869353477	0.891139237	0.888694874	0.897256635	0.898612214	0.892791217	-	0.858266289	0.871791105	0.894976792	0.879207837	0.908522919
スライド8	0.851545357	0.896726505	0.890478307	0.850808539	0.883394009	0.910981267	0.858266289	-	0.879417166	0.891680096	0.894127844	0.884563245
スライド9	0.860815677	0.922212213	0.910864817	0.917982063	0.929158827	0.936068001	0.871791105	0.879417166	-	0.929356923	0.929144474	0.900907092
スライド10	0.866055888	0.92543348	0.907752002	0.903495206	0.935358204	0.925089678	0.894976792	0.891680096	0.929356923	-	0.933299334	0.921245808
スライド11	0.860955117	0.938674257	0.896664355	0.90125484	0.926504038	0.934614255	0.879207837	0.894127844	0.929144474	0.933299334	-	0.927697225
スライド12	0.917312725	0.961070228	0.899018729	0.896251956	0.915912546	0.92088197	0.908522919	0.884563245	0.900907092	0.921245808	0.927697225	-

Excelが自動的に起動し、選択したスライドの類似度を分析したワークシートが表示される。分析結果はマトリクス状の表にまとめられている

7-7 レシピ⑥ プレゼンテーションに対してアドバイスしてもらう

成功するプレゼンテーションには、多角的な視点での事前準備が欠かせません。内容の構築、コンセプトの明確化、ストーリーテリング、文体や文法の確認、そして聴衆からの質問に対する対策まで、多くのステップが必要となります。ここでは、ChatGPTを用いてこれらの課題を効率よく解決できる「スライドアドバイス生成」レシピを作成します。ChatGPTがプレゼンテーションのテキストを解析し、あなたが求めるどんなアドバイスにも、適切なフィードバックを提供してくれるのです。このマクロを使用することで、スライドの作成からプレゼンテーションの発表に至るまで、PowerPoint上のすべての作業が一段とスムーズかつ効率的に進むでしょう。

「スライドアドバイス生成」レシピの機能と使えるシーン

ユーザーが選択したスライドのテキスト内容をChatGPTが解析し、求められたアドバイスやフィードバックを提供します。

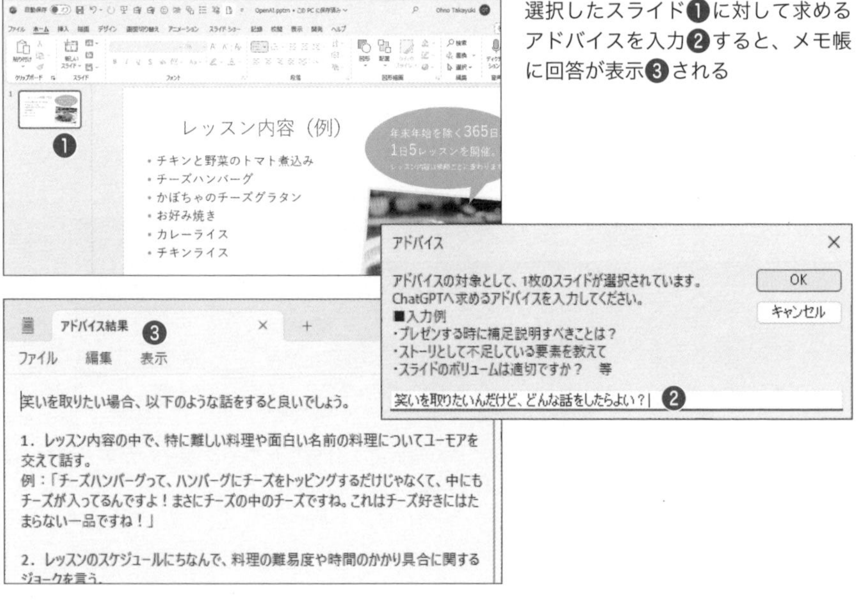

選択したスライド❶に対して求めるアドバイスを入力❷すると、メモ帳に回答が表示❸される

使えるシーン

● **コンセプトの客観的検証**

スライドの主要なポイントやコンセプトに対する客観的なフィードバックを得たい。

● **聴衆の疑問を先回りした質問対策**

予想される聴衆からの質問と、それに対する回答をセットで用意したい。

● **プレゼンに明るさを添えるユーモアの挿入**

プレゼンテーションを明るくするための適切なジョークをトークシナリオとして組み込みたい。

● **NG表現のセーフティチェック**

スライドのテキストがコンプライアンス上、あるいはモラル上、不適切な表現となっていないか確認したい。

● **超時短エレベーターピッチ作成**

短時間でプレゼンテーションの要点を伝えるためのスクリプトを生成したい。

● **終盤のインパクトアドバイスでクロージング強化**

プレゼンテーションの終わりに聴衆に強く印象を残すための締めの言葉や要点のまとめ方についてアドバイスが欲しい。

「スライドアドバイス生成」コード解説

選択されているプレゼンテーションのスライドや図形からすべてのテキストを取得し、ChatGPT関数を使用して、指定されたアドバイスをリクエストします。ChatGPTからのレスポンス結果をメモ帳で開きます。

サンプル 07-12.txt

```
Sub アドバイス()

    Dim text As String

```

❶

```
    text = GetObjText(1)
    If CheckText(text) = False Then
        MsgBox "選択されたオブジェクトにテキストがありません", , "OpenAI"
        Exit Sub
    End If

    Dim Rtn, SN As Long
    SN = ActiveWindow.Selection.SlideRange.Count

    Rtn = InputBox("アドバイスの対象として、" & SN & "枚のスライドが選択されています。" & vbCrLf & _
                                "ChatGPTへ求めるアドバイスを入力してください。" & vbCrLf & _
                         "■入力例" & vbCrLf & _
                         "・プレゼンする時に補足説明すべきことは？" & vbCrLf & _
                         "・ストーリとして不足している要素を教えて" & vbCrLf & _
                         "・スライドのボリュームは適切ですか？　等", "アドバイス")

    If StrPtr(Rtn) = 0 Then Exit Sub

    Dim Prompt As String, Rsps As String
    Prompt = "次の文章は、PowerPoint内のテキストです。" & Rtn & _
            "##以下対象文章##" & vbCrLf & text
    Rsps = ChatGPT(Prompt, , , , 300)

    If InStr(left(Rsps, 50), "This model's maximum context length is ") > 0 Then
        MsgBox "テキスト量が多いため、実行できません" & vbCrLf & _
                "選択するスライドの数を減らしてください。", , "OpenAI"
        Exit Sub
    End If

    MsgBox "ChatGPTのレスポンスを表示します。", , "OpenAI"

    Call OpenMemo(Rsps, "アドバイス結果")

End Sub
```

❶…GetObjText関数で、選択されているスライド、図形、テキストの内容すべてを取得します。ChatGPTがスライド間のつながりを理解できるよう、引数に１を指定して、その中に<スライド○>というタイトルテキストが追記されるようにします。選択されているオブジェクトにテキストがない場合は終了します。

❷…選択されたスライド枚数を表示し、アドバイス入力用のインプットボックスを表示します。アドバイスを求めるプロンプトを構築し、ChatGPTにリクエストします。応答に時間がかかる可能性あるため、レスポンスを待つ待機時間は長めに300秒（5分）としています。

カスタマイズポイント

ここでは、インプットボックスに入力されたテキストをそのまま、ChatGPTへのプロンプトとしてリクエストしています。常に指定したい要望があれば、Prompt変数内に追記しましょう。（例：文章量を多く、簡潔に、等）

❸…GPTのトークン数が超過しているかどうかをチェックします。超過していれば、エラーメッセージを表示し、選択スライドを減らすよう促します。

❹…最後に、3章で作成したOpenMemoサブプロシージャを呼び出し、ChatGPTからのアドバイスを、一時フォルダーにテキストファイルとして保存し、メモ帳で開きます。

「スライドアドバイス生成」レシピを使ってみよう

P.135の手順で、マクロ「アドバイス」プロシージャをクイックアクセスツールバーにボタン登録します。

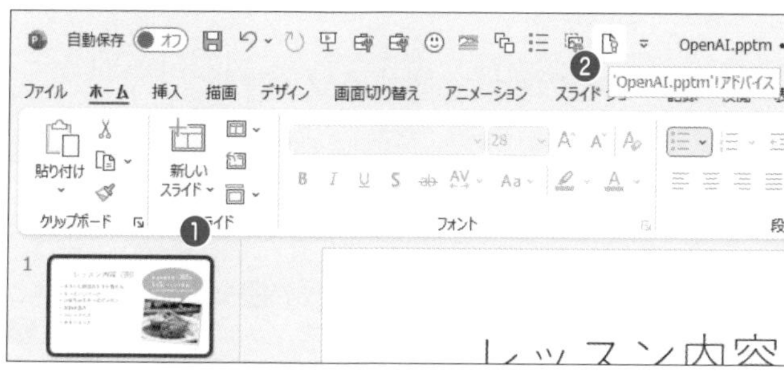

アドバイスを求めるスライドを選択❶し、クイックアクセスツールバーに登録されたレシピのボタンをクリック❷する

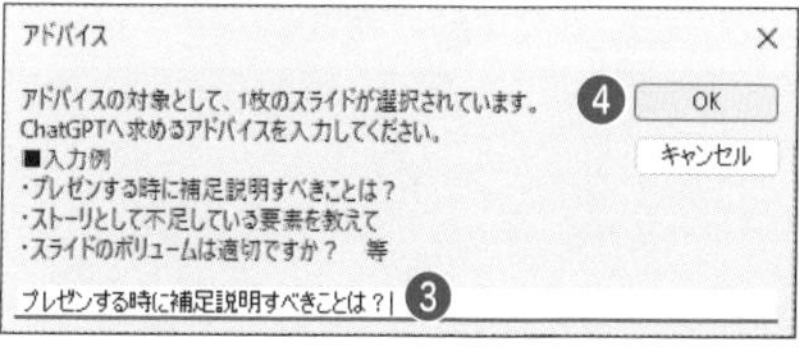

［アドバイス］ダイアログボックスが表示される。求めるアドバイスの内容を入力❸し、［OK］をクリック❹する

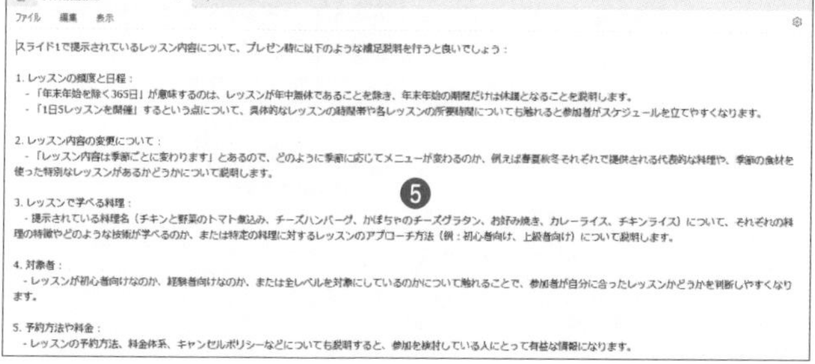

アドバイスの生成が完了すると「ChatGPTのレスポンスを表示します。」と表示されるので、［OK］をクリックする。［メモ帳］アプリが自動的に起動し、新規作成されたメモにアドバイスが表示❺される

7-8 ▷ レシピ⑦ スライドをビジュアル化する

プレゼンテーションのスライドデザインにおいて、情報のシンプリフィケーションやビジュアル化が重要と言われています。特に、多量のテキスト情報を簡潔なキーワードや画像に置き換えてスライドの訴求力を向上させたり、その際に元のテキスト情報をスライドノートに注釈として残しておいたり、それらの作業には結構な手間と労力が必要となります。このプロセスを全自動で行う「スライドビジュアル化」レシピを作成しましょう。ChatGPTを使用してスライドから要約キーワード抽出を行い、DALL-Eを通じて関連する画像を生成、それらをスライドに配置し、元のテキストをノートに入力するのです。これにより、簡単にスライドを見やすく整理しつつ、元の情報をキーノートに保持することができるようになるでしょう。

「スライドビジュアル化」レシピの機能と使えるシーン

テキストの多いスライドから、端的なキーワードとイメージのスライドを作成します。元のテキストは、スライドのノートに入力します。

❶

まとめ

オンライン料理教室は、ZOOMを使った料理の学習プログラムです。自宅のキッチンで受講することができるため、外出する必要がなく、忙しい人でも参加しやすいです。レッスンでは、特定の料理の作り方や調理のコツを学ぶことができます。料金プランも豊富で、初回はお試しとして1,000円で受講することができます。初回のみ特別価格の500円で受講することも可能です。オンライン料理教室を利用することで、自宅で簡単に美味しい料理を作ることができるようになります。

オンライン料理教室の魅力 

- ZOOM
- 自宅で受講
- 料理の学習
- 料金プラン
- 簡単に美味しい料理

<#スライド2> ❸
まとめ
オンライン料理教室は、ZOOMを使った料理の学習プログラムです。自宅のキッチンで受講することができるため、外出する必要がなく、忙しい人でも参加しやすいです。レッスンでは、特定の料理の作り方や調理のコツを学ぶことができます。料金プランも豊富で、初回はお試しとして1,000円で受講することができます。初回のみ特別価格の500円で受講することも可能です。オンライン料理教室を利用することで、自宅で簡単に美味しい料理を作ることができるようになります。

クセシビリティ: 検討が必要です　ノート　59%

選択したスライド❶を基にキーワードとイメージ画像が入ったスライドを生成❷できる。また、元のスライドの内容がノートに自動で保存❸される

使えるシーン

- **アイデアを形にビジュアルで共創**

  ワークショップやブレインストーミングで、アイデアや情報を直接PowerPoint上でビジュアル化して、参加者とのコミュニケーションを効果的に行いたい。

- **視覚で伝わるイベント告知**

  イベントや展示会の内容が記載されたスライドを元に、詳細情報をキーノートとして残しつつ、主要なポイントを視覚的に強調したい。

- **ビジュアル化で学びをサポート**

  学生や受講者が難解な内容を理解しやすくするために、重要なポイントをビジュアルで強調表示したい。

- **製品の魅力を前面にした販売促進**

  製品の特長や仕様を視覚的にアピールするため、テキスト情報をキャッチーな画像に変換したい。

- **学会やセミナーで一般への伝えやすさを追求**

  研究内容や専門的な情報を一般の参加者に伝える際、専門用語やデータをシンプルなキーワードや画像に置き換えたい。

- **ウェブサイトのインパクトあるコンテンツ作成**

  ウェブサイトのランディングページやブログ記事で、訪問者の注意を引くためのビジュアルを生成したい。

「スライドビジュアル化」コード解説

選択されたスライドのテキストを取得し、ChatGPT関数を使用し要約したタイトルとキーワードを取得します。取得したテキストから、ChatGPTに画像生成用のプロンプトを作成してもらい、Dalle関数で生成した画像と、先のタイトル、キーワードを新しいスライドに配置します。元のテキストはノートに入力します。コードが簡易なエラーチェック部分は、その旨を記載し記述を割愛しています。

サンプル 07-13.txt

```
Sub スライドビジュアル化()
    Dim Text As String

❶   Text = GetObjText()
```

入力値のエラーチェック処理（サンプルファイル参照）

```
    Dim Rtn, SN As Long, LN As Long
❷   With ActiveWindow.Selection
        SN = .SlideRange.Count
        LN = .SlideRange(1).SlideIndex
    End With
```

スライド数のエラーチェック処理（サンプルファイル参照）

```

    Dim Prompt As String, Rsps As String
❸   Prompt = "次の文章は、PowerPoint内のテキストです。" & _
    "このテキストのタイトル一つと、内容を要約したキーワードを3つ挙げてください。" & _
    "キーワードは長くてもよいです。「、」で区切って回答してください" & _
    "タイトルとキーワードのみを回答してください" & _
    "##以下対象文章##" & vbCrLf & Text
❹   Rsps = ChatGPT(Prompt, , , , 300)
```

テキスト量のエラーチェック処理（サンプルファイル参照）

```

❺   Dim Keyword, StrKW As String, i As Long, Slide As Slide
    Rsps = Replace(Rsps, "タイトル：", "")
    Rsps = Replace(Rsps, vbLf, "")
    Rsps = Replace(Rsps, "キーワード：", "、")
    Keyword = Split(Rsps, "、")

❻   If Not IsArray(Keyword) Then
        MsgBox "ChatGPTから意図した回答が得られませんでした", , "OpenAI"
        Exit Sub
    End If

```

```
    Set Slide = ActivePresentation.Slides.Add(Index:=LN + 1,
Layout:=ppLayoutText)
    Slide.Select
    Slide.Shapes(1).TextFrame.TextRange.Text = Keyword(0)
    For i = 1 To UBound(Keyword)
        StrKW = StrKW & Keyword(i) & vbLf
    Next i
    StrKW = left(StrKW, Len(StrKW) - 1)
    Slide.Shapes(2).TextFrame.TextRange.text = StrKW
    Slide.NotesPage.Shapes(2).TextFrame.TextRange.text = text

    Dim slideH As Single, slideW As Single, Margin As Single
    With ActivePresentation.PageSetup
        slideH = .SlideHeight: slideW = .SlideWidth
    End With
    Margin = 70

    Dim Shp As Shape, shpTop As Single, shpLeft As Single
    Dim ShpW As Single, shpH As Single
    shpH = slideH - Margin * 2: ShpW = slideW / 2 - Margin * 2
    If shpH > ShpW Then shpH = ShpW
    shpTop = slideH / 2 - shpH / 2 + Margin / 2: shpLeft =
slideW / 2 + Margin

    Dim Path As String
    Dim PromptGPT As String
    Prompt = "画像生成AIに与える英語のPromptを作成してください。" & _
    "説明文から、頭に浮かぶ風景や景色、人物などの映像を短い言葉で表現してください。" & _
    "文字っぽい画像が生成されるPromptは禁止します" & _
    "画像のスタイルは写真的です。" & _
    "日本語ではなく英語で端的に要約して、Promptを回答してください。" & vbCrLf & _
    "最後に長いなと思った場合は、再度、要約してください。" & vbCrLf & _
    "##説明文##" & Text
    PromptGPT = ChatGPT(Prompt)
    Path = Dalle(PromptGPT, 1, "1024x1024", "b64_json", Environ("TEMP"))
```

レスポンスのエラーチェック処理(サンプルファイル参照)

```
    Set Shp = Slide.Shapes.AddPicture( _
            FileName:=Path, _
```

```
                LinkToFile:=msoFalse, SaveWithDocument:=msoTrue, _
                left:=shpLeft, Top:=shpTop, Width:=shpH, Height:=shpH)
End Sub
```

❶…P.148で解説したGetObjText関数を使用して選択されたテキストを取得します。

❷…現在アクティブなウィンドウで選択されているスライドの数と、選択されたスライドのインデックスを取得します。

❸…ChatGPTにテキストを解析させて、タイトルとキーワードを取得するプロンプトを構築します。

カスタマイズポイント

「、」区切りで、タイトルとキーワードのみ回答させているのがポイントです。これを変更すると、意図しているフォーマットと異なる回答が返ってくるため、この指定部分を変更してはいけません。キーワードの数を3つとしていますが、この数は変更しても問題ありません。

❹…長いテキストをリクエストした場合、レスポンスが返ってくるまでに時間がかかることを想定して、引数300（5分間）でChatGPTを呼び出しています。

❺…ChatGPTからのレスポンスを整形し、タイトルとキーワードを配列として取得します。

❻…❺の処理の結果、配列が得られなかった場合は、意図したフォーマットでレスポンスが返ってこなかったと判断し、処理を終了します。

❼…新しいスライドを挿入し、そのスライドにタイトルとキーワードをセットします。元のテキストはスライドのノートに追加します。

❽…スライドに配置する画像のサイズや位置を、スライドのサイズから算出します。スライドの右半分に、余白を持って配置するよう設定しています。

カスタマイズポイント

画像を別の位置に配置したい場合は、この部分を変更します。

❾…画像生成用のプロンプトのChatGPTに作成してもらうためのプロンプトを構築します。

カスタマイズポイント

思い通りのイメージが生成されない場合は、この部分を改良するとよいでしょう。

❿…ChatGPTが生成したプロンプトを基にDalle関数を用いて画像を生成します。画像はWindowsの一時フォルダーを指定します。

⓫…生成された画像をスライドに挿入します。

「スライドビジュアル化」レシピを使ってみよう

P.135の手順で、マクロ「スライドビジュアル化」プロシージャをクイックアクセスツールバーに登録したボタンをクリックします。

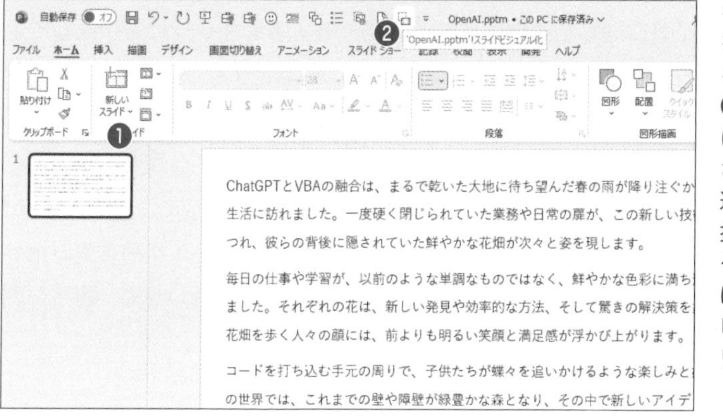

キーワードと画像を生成する基になるスライドを選択❶する。ここでは文字だけで構成されたスライドを選択している。選択後にクイックアクセスツールバーに登録されたレシピのボタンをクリック❷する

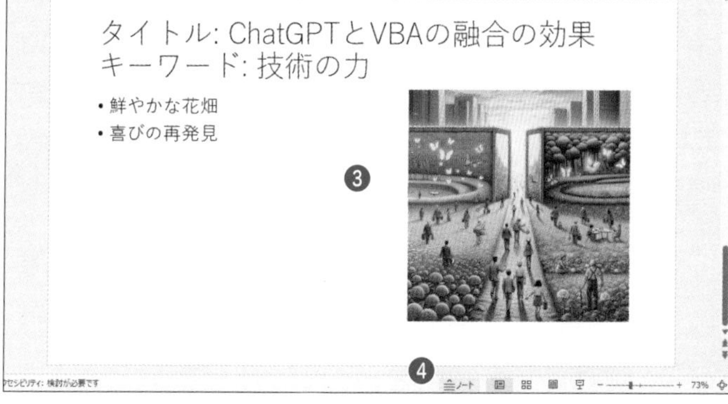

選択したスライドを基にキーワードと画像が配置されたスライドが生成❸される。[ノート]をクリック❹して、元のスライドの内容が保存されていることを確認する

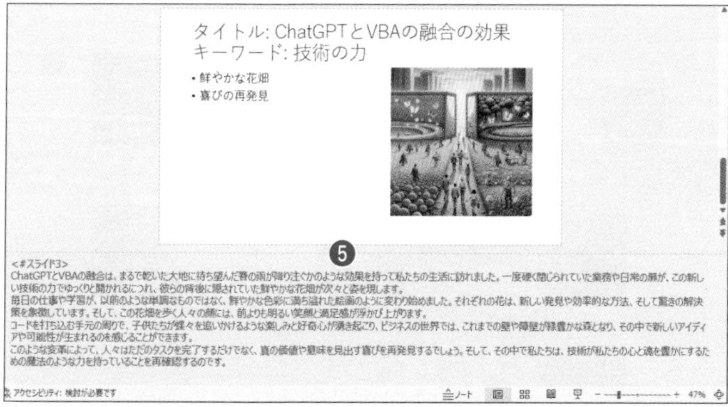

ノートに元のスライドに入力されていたテキストが表示❺される

7-9 ▷ レシピ⑧ ストーリーを創作して絵本やパンフレットを制作する

これまでにスライドに適した画像生成や要約作成等、多彩なレシピを作成してきました。この章の最後で取り上げるのは、これまでの知識とテクニックを活用した、さらに一歩進んだ特別なレシピです。ストーリーを創作、それに合った画像を生成し、それらを組み合わせた絵本やパンフレットを自動で制作できる「創作プレゼン」レシピを作りましょう。作品の形式を自由に指定できるようにして、PowerPointだけで、絵日記、詩集、ガイドブックなど、さまざまなオリジナル作品を生み出せるようにします。生成AI技術とVBAによる柔軟な自動化を組み合わせて、新しい創作の扉を開けましょう。

「創作プレゼン」レシピの機能と使えるシーン

選択されたスライドや図形、テキストの内容をテーマとして、物語、日記、小説など、指示した形式のストーリーをChatGPTが生成します。それを基にした画像をDalle関数で生成、それらを新しいプレゼンテーションファイル上で構成し、作品を制作します。制作物のページ数や、画像のスタイルも指定できます。

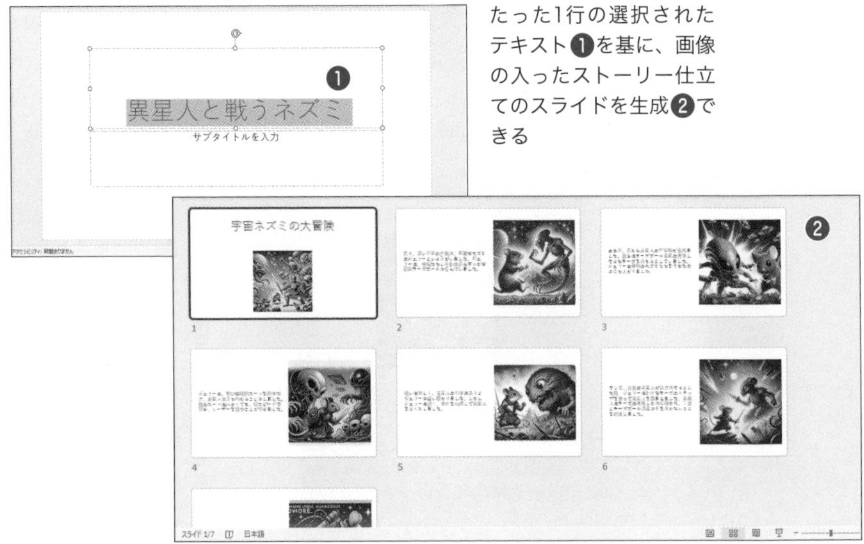

たった1行の選択されたテキスト❶を基に、画像の入ったストーリー仕立てのスライドを生成❷できる

使えるシーン

- **教育、学習、育児でのコンテンツ無限作成**

  児童や学生、子供が物語を学ぶ際、自動生成される絵本を用いることで、物語の理解を深めたい。無限に生成される絵本により、常に新しく、重複のない教材を使いたい。

- **自動生成パンフレット**

  企業や組織が新しいプロジェクトや製品のストーリーを伝えるために、自動生成された絵本やパンフレットを使用することで、聴衆の興味を引き付けたい。

- **観光、地域活性化**

  観光地や歴史的な場所のガイドブックを自動生成し、訪問者に提供することで、その場所の魅力や歴史をより魅力的に伝えたい。

- **物語による小売業販売促進**

  新しい製品やサービスの紹介のために、オリジナルの利用ストーリーを作成し、店舗で配布したい。

- **芸術、文化でアートとストーリーの融合**

  アーティストや文化施設が、展示作品の背景に関するアナザーストーリーを作成し、公開することで、オリジナルのアートを引き立てたい。

「創作プレゼン」コード解説

最初にChatGPT関数を使用してテーマをリクエストし、絵本やパンフレットなど指定された形式の作品のストーリーを作成します。次にそのテキストを使って、ChatGPT関数でDALL-E用の画像生成プロンプトを作成します。最後にDalle関数を使用して画像を生成、ストーリーテキストとともにスライドにレイアウト配置し、作品を完成させます。コードが長いプロシージャとなるので、ストーリー作成処理と、画像生成し作品を制作する処理に分けて解説します。また、入力値のチェックなど簡易なコードの記述は割愛しています。

ストーリー作成の処理

制作物の種類、ページ数、画像スタイルを指定し、それらに沿ったプロンプトを構築し、ChatGPTにリクエストします。返ってきたレスポンスを区切り文字を利用して、スライド単位に配列に格納します。

サンプル 07-14.txt

```
Sub 作品制作()

    Dim text As String

    text = GetObjText(1)
    If CheckText(text) = False Then Exit Sub

    Dim Rtn
    Const Style = "指定なし,イラスト調,写真調,水彩画調,油絵調,スケッチ調,レトロ調,未来的調,抽象調,アニメ調,ミニマル調,木版画調,ポップアート調,シュール調"
    Dim ArrStyle, i As Long, strInput As String
    ArrStyle = Split(Style, ",")

    For i = 0 To UBound(ArrStyle)
        strInput = strInput & i & "：" & ArrStyle(i) & "、"
        If (i + 1) Mod 3 = 0 Then strInput = strInput & vbCrLf
    Next i
    strInput = left(strInput, Len(strInput) - 1)

    Rtn = InputBox("★次の３つの設定を「,」区切りで入力してください" & vbCrLf & vbCrLf & _
                        "制作する物 , ページ数(1～10), 画像スタイル" & vbCrLf & vbCrLf & _
                        "画像スタイルは以下の番号、または文字で指定" & vbCrLf & strInput, _
                        "制作物の設定", "子供向けの物語, 6,2")

    If Rtn = "" Then
        MsgBox "入力がなかったため終了します", , "OpenAI"
        Exit Sub
    End If

    Dim imgStyle As String
    Rtn = Split(Rtn, ",")
```

入力値のエラーチェック処理（サンプルファイル参照）

```
    Dim Prompt As String
    Prompt = "次のテーマで、" & Rtn(0) & "を作成してください。" & _
                "ページ数は" & Rtn(1) & "ページで、各ページの冒頭は<ページ○>で始めてください。" & _
                "最初に<タイトル>○○○○と書いてください。" & _
                "<ページ○><ページ○>と続いていたら、一つを削除してください。" & _
                "テーマは次の通りです。##以下テーマ##"

    Dim Story As String, arrStory, M As Long
    Story = ChatGPT(Prompt & text, , 0.8, 3000)
    Debug.Print Story

    arrStory = Split(Story, "<ページ")
    M = UBound(arrStory)
    arrStory(0) = Replace(arrStory(0), "<タイトル>", "")
    arrStory(0) = Replace(Replace(arrStory(0), vbLf, ""), vbCr, "")
    For i = 1 To M
        arrStory(i) = Split(arrStory(i), ">")(1)
    Next i

```

❶…GetObjText(1)関数を使って選択されたテキストを取得し、CheckText(Text)関数でそのテキストが適切かチェックします。

❷…さまざまな画像スタイルを文字列の配列として定義し、画像スタイル選択のためのインプットボックスのメッセージを構築します。

カスタマイズポイント

Style定数のカンマ区切りの文字列を変更、追加することで、選択する生成画像のスタイルを自由に追加することができます。

❸…インプットボックスを使って、作成する物、ページ数、画像スタイルを入力します。入力された情報をチェックし、無効または不正な入力があればエラーメッセージを表示します。

❹…ストーリーを生成するためのプロンプトを構築し、ChatGPTに選択されているテキストとともにリクエスト、生成されたストーリーをページ単位で分割して配列に格納します。

❺…ストーリーテキストは、<ページ○>というキーワードが埋め込まれています。これを利用して、次のようなプロセスで、ストーリーをページ単位に分割し、配列arrStoryに格納します。

1. <ページという文字列を区切りとして分割し、arrStoryに格納する
2. M = UBound(arrStory)で、最大ページ数を取得する

3. arrStory配列の最初の要素（インデックス0）はタイトルなので、<タイトル>という文字列と改行文字を削除し、タイトルの値だけにする
4. すべての配列をループし、>を区切り文字として分割、2つ目の部分（インデックス1）を取得し、arrStory(i)に格納する

この処理により、配列arrStory(0)にタイトルテキストが、arrStory(1)以降に、ページ順のストーリーテキストが格納されます。

作品制作の処理

まず、タイトルスライドを用意し、タイトルテキストに基づく画像を、Dalle関数を利用して生成して挿入します。次に、スライドの数だけストーリーテキストに基づく画像を生成し、左にストーリーテキスト、右に画像が配置されるように、それぞれを挿入します。

サンプル 07-15.txt

```
    Prompt = "画像生成AIに与える英語のPromptを作成してください。" & _
             "説明文を要約したうえで、短く端的に区切ってください" & _
             "画像のスタイルは" & imgStyle & "です。" & _
             "日本語ではなく英語でPromptを回答してください。" & vbCrLf & _
              "##説明文##" & text

    Dim Path As String
    Dim Pres As Presentation, Slide As Slide, Shp As Shape, n As Long
    n = 1
    Set Pres = Application.Presentations.Add

    Set Slide = Pres.Slides.Add(n, ppLayoutTitle)

    Slide.Shapes.Placeholders(2).Delete

    Dim slideH As Single, slideW As Single, Margin As Single
    With ActivePresentation.PageSetup
        slideH = .SlideHeight
        slideW = .SlideWidth
    End With

    With Slide.Shapes.Title
        .TextFrame.TextRange.text = arrStory(0)
        .TextFrame.VerticalAnchor = msoAnchorMiddle
        .Top = 0
```

```
        .left = 0
        .Height = slideH / 3
        .Width = slideW
    End With

    Dim PromptGPT As String
    Dim shpTop As Single, shpLeft As Single
    Dim ShpW As Single, shpH As Single
    Margin = slideH * 0.05
    shpTop = slideH / 3 + Margin
    shpH = slideH / 3 * 2 - Margin * 2
    shpLeft = slideW / 2 - shpH / 2

    PromptGPT = ChatGPT(Prompt)
    Path = Dalle(PromptGPT, 1, "1024x1024", "b64_json", Environ("TEMP"))

    If left(Path, 6) = "error:" Then
        MsgBox "OpenAIからエラーレスポンスが返ってきました"
        Exit Sub
    End If

    Set Shp = Slide.Shapes.AddPicture(FileName:=Path, _
        LinkToFile:=msoFalse, SaveWithDocument:=msoTrue, _
        left:=shpLeft, Top:=shpTop, Width:=shpH, Height:=shpH)

    shpH = slideH - Margin * 2
    ShpW = slideW / 2 - Margin * 2
    If shpH > ShpW Then shpH = ShpW
    shpTop = slideH / 2 - shpH / 2
    shpLeft = slideW / 2 + Margin

    For i = 1 To M
        n = n + 1
        Set Slide = Pres.Slides.Add(n, ppLayoutTitle)
        Slide.Select
        Slide.Shapes.Title.Delete

        With Slide.Shapes.Placeholders(1)
            .TextFrame.VerticalAnchor = msoAnchorMiddle
            .TextFrame.TextRange.ParagraphFormat.Alignment = ppAlignLeft
```

```
                .TextFrame.TextRange.text = arrStory(i)
                .Top = Margin
                .left = Margin
                .Height = slideH - Margin
                .Width = slideW / 2 - Margin
            End With

            PromptGPT = ChatGPT(Prompt)
            Path = Dalle(PromptGPT, 1, "1024x1024", "b64_json", Environ("TEMP"))
            Set Shp = Slide.Shapes.AddPicture( _
                    FileName:=Path, _
                    LinkToFile:=msoFalse, SaveWithDocument:=msoTrue, _
                    left:=shpLeft, Top:=shpTop, Width:=shpH, Height:=shpH)
        Next i

        ActivePresentation.Slides(1).Select
        MsgBox "作品を制作しました。", , "OpenAI"

End Sub
```

❶…DALL-Eが画像を生成しやすいよう、ChatGPTに、画像生成用の英語のプロンプトを作ってもらうためのプロンプト前文を構築します。

カスタマイズポイント

画像生成用のプロンプトは、イメージに沿った画像を得るために極めて重要です。思い通りの画像が生成されない場合は、このプロンプトを修正してみましょう。

❷…変数Nにスライドの追加枚数を設定します。スライドをストーリー順に追加するためにNを使用します。

❸…プレゼンテーションを作成し、ppLayoutTitleを利用して、タイトルスライドを追加します。不要なサブタイトルの図形を削除し、スライドの高さと幅のサイズを取得します。

❹…スライドタイトルの図形にタイトル文字列を設定し、縦のセンタリング設定を行い、スライドの1/3上部に配置します。

❺…スライドの下部中央に配置されるようにサイズと位置を調整します。

❻…DALL-Eをコールし画像を生成、Windowsの一時フォルダーに保存し、設定した位置とサイズで、タイトルスライドに挿入します。

❼…ストーリースライドの画像を、スライドの右半分に配置されるようサイズを設定します。

カスタマイズポイント

挿入する画像を小さくしたい場合は、Margin (0.05で設定) を少なくしましょう。Margin=0.2とコードを追加すると、二回りくらい小さく挿入されます。

❽…ページの数だけ、ループでストーリースライドを追加し、スライド作成の進捗状況が確認できるように、追加したスライドを選択します。スライドの左半分にストーリーを挿入、右半分に、生成した画像を挿入します。

カスタマイズポイント

タイトルと同様、Dall2関数呼び出しの引数、1024×1024を変更することができます。

❾…タイトルスライドを表示し、制作完了のメッセージを表示します。

「創作プレゼン」レシピを使ってみよう

P.135の手順で、マクロ「創作スライド作成」プロシージャをクイックアクセスツールバーに登録します。

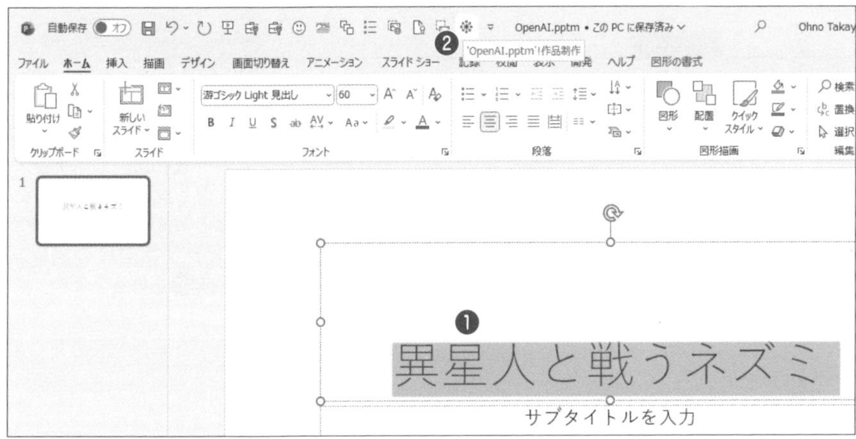

「創作プレゼン」レシピで生成する基になるテキストを選択する。ここではタイトルスライドに入力されたテキストを選択❶し、クイックアクセスツールバーに登録されたレシピのボタンをクリック❷する

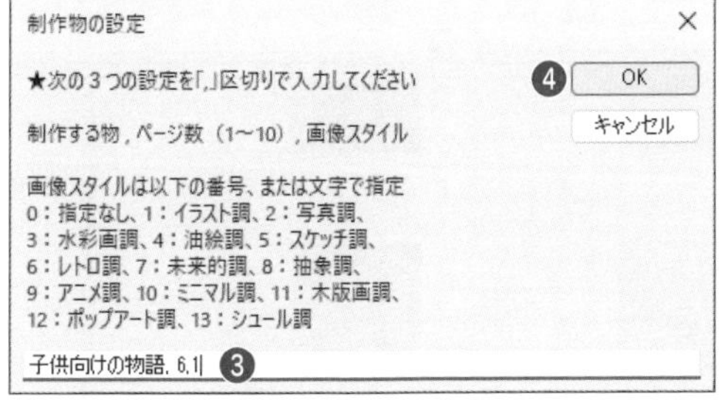

ここでは制作する物として、「子供向けの物語」と入力し、生成するページ数を6枚(「6」と入力)、画像スタイルをイラスト調(「1」と入力)と、それぞれ入力❸する。入力が完了したら、[OK] をクリック❹する

プレゼンテーション2 - PowerPoint
ファイル ホーム 挿入 描画 デザイン 画面切り替え アニメーション スライドショー 記録 校閲 表示 開発 ヘルプ
貼り付け
新しいスライド
クリップボード
スライド
フォント
段落
図形描画
編集
5
宇宙ネズミの大冒険
スライド 1/7 日本語

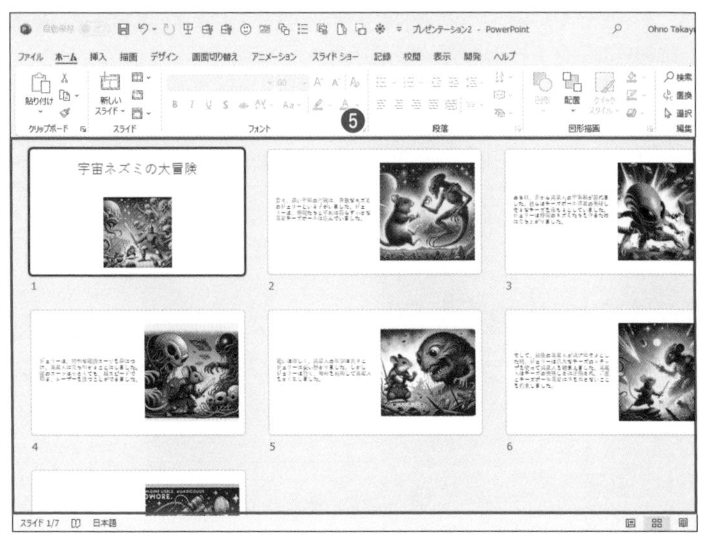

プレゼンテーションのファイルが新規で作成され、選択されたテキストを基にした画像入りのスライドが生成❺される

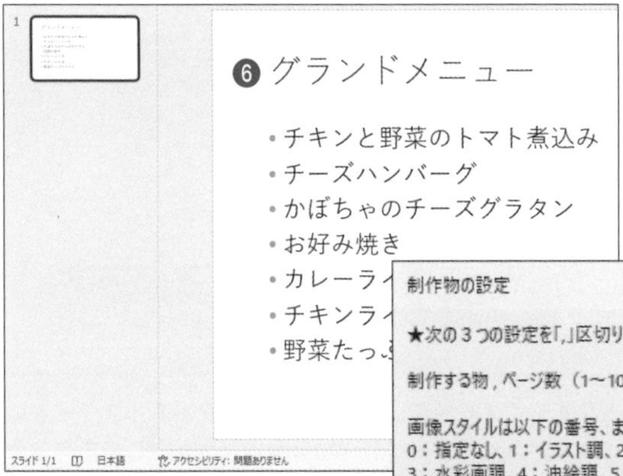

6 グランドメニュー
・チキンと野菜のトマト煮込み
・チーズハンバーグ
・かぼちゃのチーズグラタン
・お好み焼き
・カレーライ
・チキンライ
・野菜たっぷ
スライド 1/1 日本語 アクセシビリティ: 問題ありません

スライドの内容を変更し、箇条書きのメニュー❻から「レストラン向けのパンフレット」と指定して、枚数と画像のスタイルを設定❼すると、レストラン向けのパンフレットが生成❽される

制作物の設定
★次の３つの設定を「,」区切りで入力してください
OK
キャンセル
制作する物 , ページ数（1～10）, 画像スタイル
画像スタイルは以下の番号、または文字で指定
0：指定なし、1：イラスト調、2：写真調、
3：水彩画調、4：油絵調、5：スケッチ調、
6：レトロ調、7：未来的調、8：抽象調、
9：アニメ調、10：ミニマル調、11：木版画調、
12：ポップアート調、13：シュール調
レストラン向けのパンフレット, 7,2
7

ぬくもりキッチン ～あたたかな家庭料理をあなたに～
8
スライド 1/9 日本語
100%

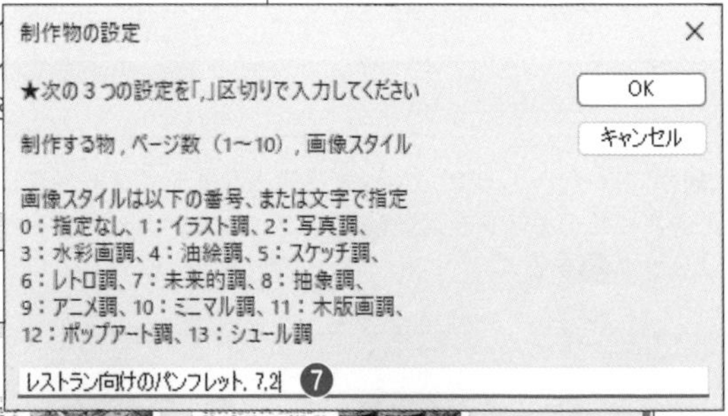

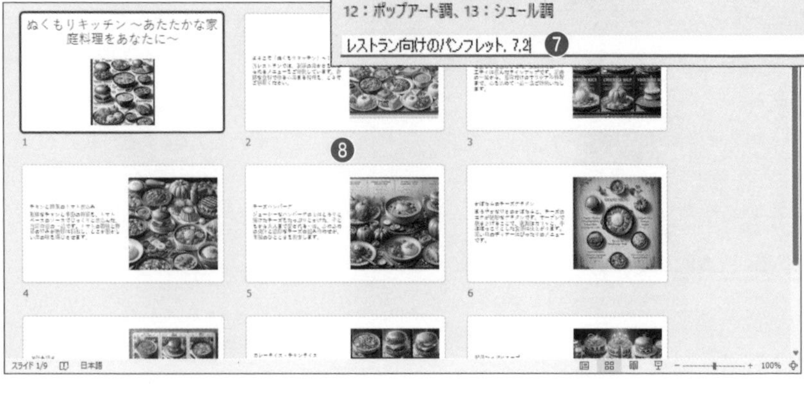

7-10 レシピをPowerPointに組み込もう（OpenAI アドインの登録）

「OpenAI.pptm」のファイルが開いているときだけ動作するコードを、PowerPointが起動している間いつでも動作するようにする方法が「リボンの追加」と「アドイン化」です。これにより生成AIをPowerPointに組み込み、「リボン」上に追加されたオリジナルの「OpenAI」タブとボタンからいつでも簡単に全てのレシピを使えるようになります。

すぐにレシピを利用できるようにするには

そのまま登録できるアドイン化済みのサンプルファイルも用意しています。アドインを登録するだけでレシピが使用できるようになるので、リボン追加の手順を省略したい場合に、ご活用ください。

「OpenAI」カスタムリボンの作成

PowerPointのリボンに、OpenAIという新しいタブを追加し、レシピのボタンを設置します。これは、通常のPowerPoint上では操作できず、pptmファイルを特殊な方法で書き換える必要があります。サンプルファイルとして提供している次のフォルダーとファイルを使用します。

- **「customUI」フォルダー（customUI.xmlが保存されている）**
- **「.rels」ファイルに追記するテキスト.txt**

以下の手順でOpenAI.pptmファイルへのリボンタブとボタンの追加、それぞれのボタンに対応するレシピを登録することができます。

[07sho] - [07-10]フォルダー内サンプルファイル

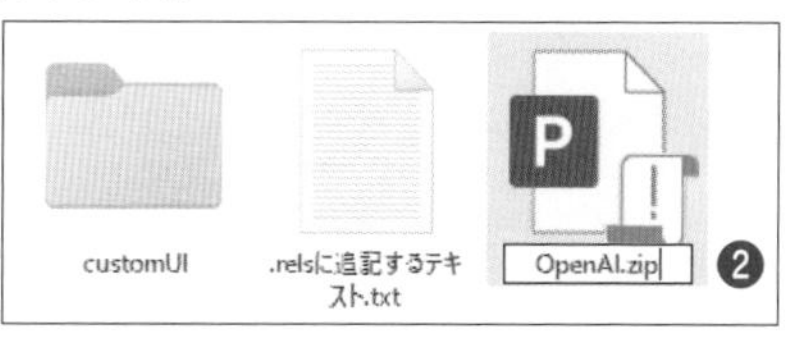

OpenAI.pptm❶の拡張子「pptm」を「zip」に変更❷する。変更を確定するときに［名前の変更］ダイアログボックスが表示されるので、［はい］をクリックする

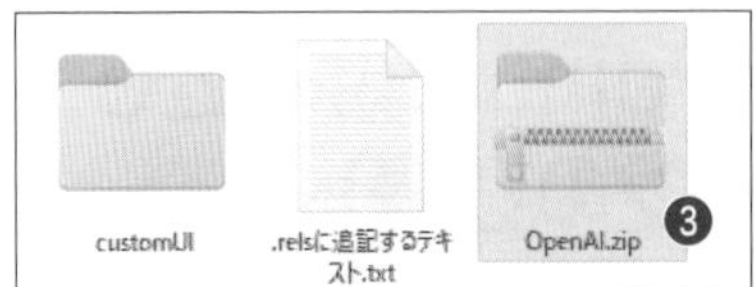

拡張子が変更されると、PowerPointファイルがZIPファイルとして表示❸される

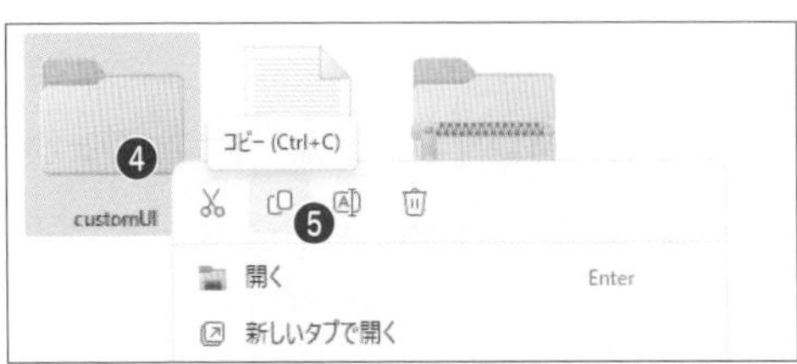

[customUI] フォルダーをコピーする。ここではフォルダーを右クリック❹して、[コピー] ボタンをクリック❺してコピーする

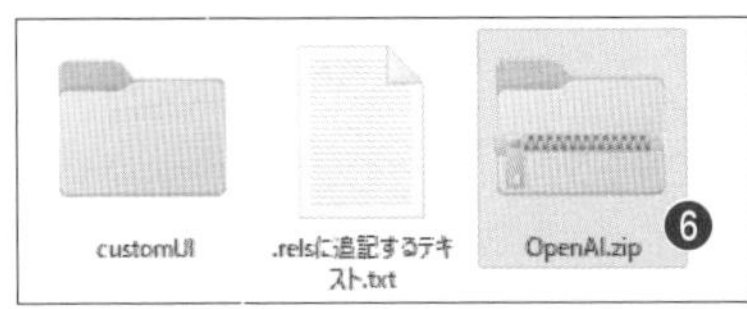

ZIPファイルとして表示されている[OpenAI] ファイルを開く。[OpenAI.zip] をダブルクリック❻する

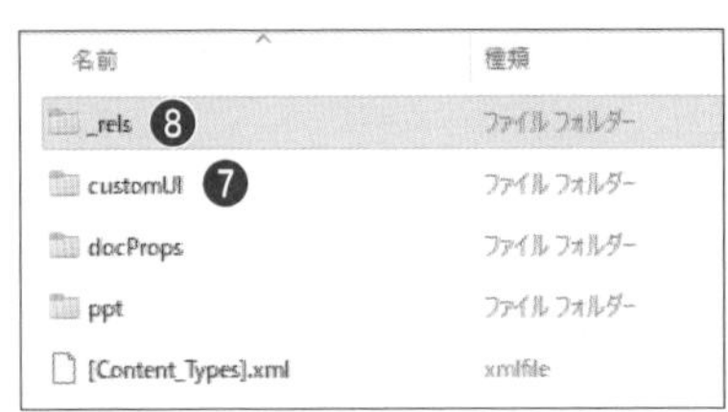

[OpenAI.zip] ファイルの内容が表示される。コピーしておいた [customUI] フォルダーを貼り付ける❼。貼り付けられたことを確認後、[_rels] フォルダーをダブルクリック❽する

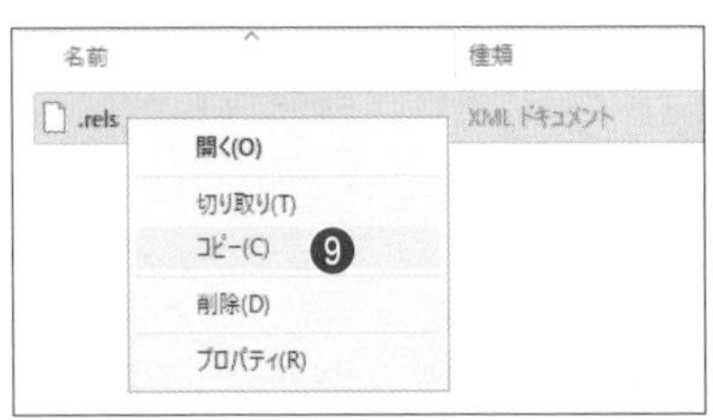

[_rels] フォルダー内にある [.rels] ファイルをコピーする。ここでは右クリックして表示されたメニューからコピー❾する

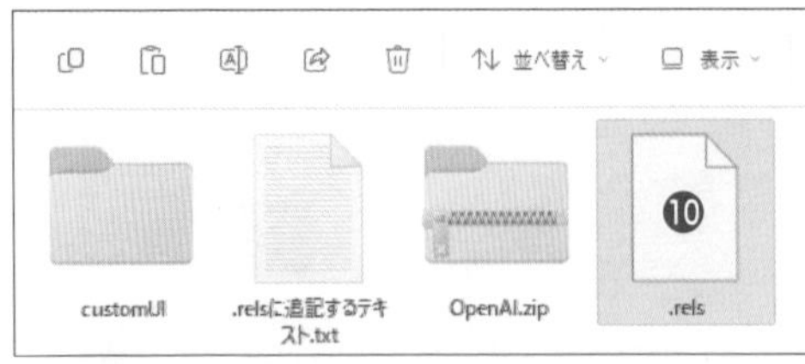

コピーした [.rels] ファイルを [OpenAI.zip] ファイルが保存されている場所に貼り付ける❿。貼り付けた [.rels] ファイルをメモ帳で表示する。右クリックし、[プログラムから開く] - [別のプログラムの選択] からメモ帳を選択して表示できる

注意 コピーしたファイルを開くのは、エクスプローラー上で、圧縮しているファイルを直接編集することはできないためです。

● [.rels]ファイル追記後

```
<?xml version="1.0" encoding="UTF-8" standalone="yes"?>
<Relationships xmlns="http://schemas.openxmlformats.org/package/2006/
relationships"><Relationship Id="rId3" Type="http://schemas.
openxmlformats.org/package/2006/relationships/metadata/core-
properties" Target="docProps/core.xml"/><Relationship Id="rId2"
Type="http://schemas.openxmlformats.org/package/2006/relationships/
metadata/thumbnail" Target="docProps/thumbnail.jpeg"/><Relationship
Id="rId1" Type="http://schemas.openxmlformats.org/
officeDocument/2006/relationships/officeDocument" Target="ppt/
presentation.xml"/><Relationship Id="rId4" Type="http://schemas.
openxmlformats.org/officeDocument/2006⓫elationships/extended-
properties" Target="docProps/app.xml"/><Relationship Id="customUI"
Type="http://schemas.microsoft.com/office/2006/relationships/ui/
extensibility" Target="customUI/customUI.xml"/></Relationships>
```

[.relsに追記するテキスト.txt] に入力されているテキストをコピーしておき、追記前の最下行にある「</Relationship>」の前⓫に貼り付ける（緑色部分）。追記を確認できたら、ファイルを上書き保存する

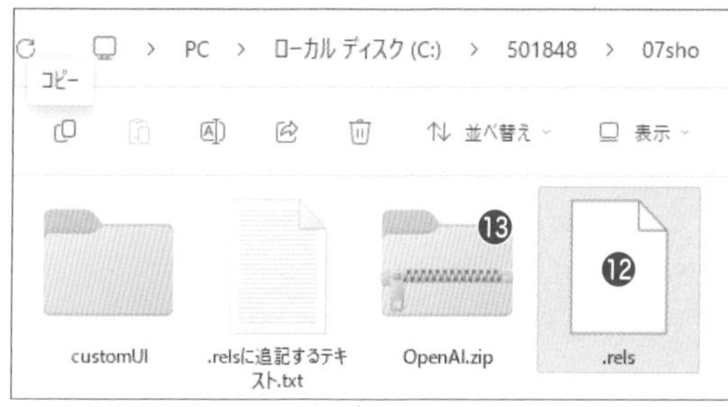

更新された [.rels] ファイルをコピー⓬する。ここではエクスプローラーのツールバーを使ってファイルをコピーする。コピーが完了したら、[OpenAI.zip] をダブルクリック⓭する

コピーした [.rels] ファイルを [OpenAI.zip] 内の [_rels] フォルダー内にある [.rels] ファイルに貼り付けて上書き⓮する。貼り付けるときに表示される [ファイルのコピー] ダイアログボックスでは [コピーして置き換える] をクリックする

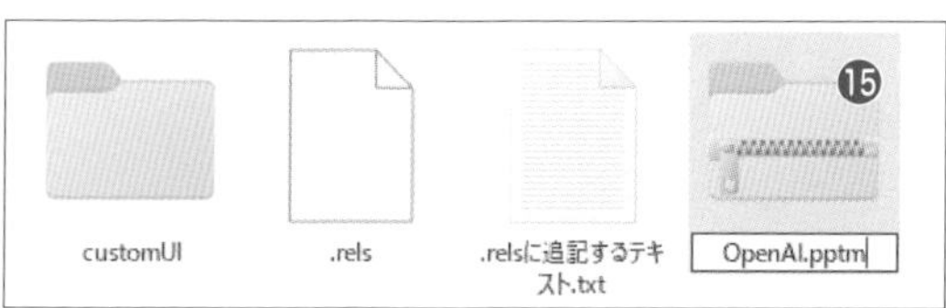

[OpenAI.zip] ファイルが保存されたフォルダーに戻り、拡張子を「.zip」から「.pptm」に変更⓯する

カスタムリボンへのレシピ登録

早速、OpenAI.pptmを開いてみましょう。以下のようにリボン上にOpenAIタブとレシピのボタンが設置されていることがわかります。次に、各プロシージャが、リボンから呼ばれて動作するよう、OpenAI.pptmのモジュールの先頭、Option Explicitに続けて、次のコードを追記します。追記後、リボンのボタンをクリックして、マクロが実行されることを確認しましょう。

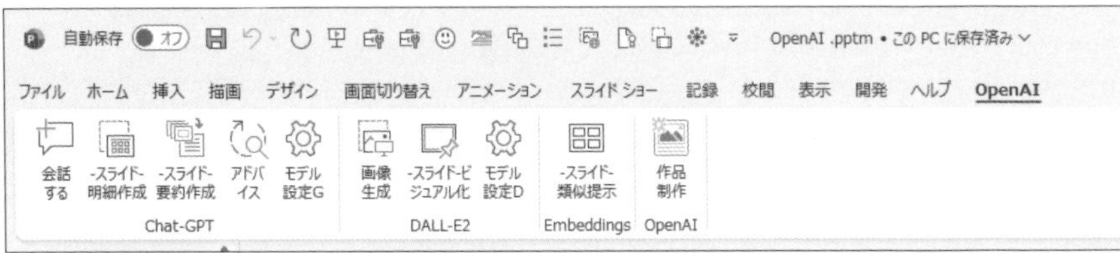

サンプル 07-16.txt

```
Option Explicit
Sub リボンからの呼び出し処理(Optional control As IRibbonControl)
    Application.Run control.Tag
End Sub
```

❶…カスタムリボンのどのボタンを押しても、一律でこのプロシージャが呼ばれます。受け取るIRibbonControlに含まれているTagにセットされているプロシージャを実行する仕組みです。

リボンからのプロシージャ起動

リボンからプロシージャを起動する際には特定の「引数」が必要です。しかし、この引数を全プロシージャに付け加えるのは、他からの呼び出し時に問題が生じたり、コードの可読性が低下するなど、望ましくありません。この問題を解消するため、本書では独自のアプローチを採用しています。リボンのボタンをクリックすると、共通の引数を持つ基本プロシージャが呼び出され、そこから必要なタグを参照して特定のプロシージャを実行する仕組みです。この方法で、特別な引数を付け加えることなく、通常のプロシージャと同様に設計・使用することができます。

完成したpptmファイルのアドイン化

OpenAIの各レシピがカスタムリボンとして登録されました。このpptmファイルをアドインとして保存し、PowerPointに登録することで、開いているすべてのプレゼンファイル上でレシピが機能するようになります。その設定手順を見ていきましょう。

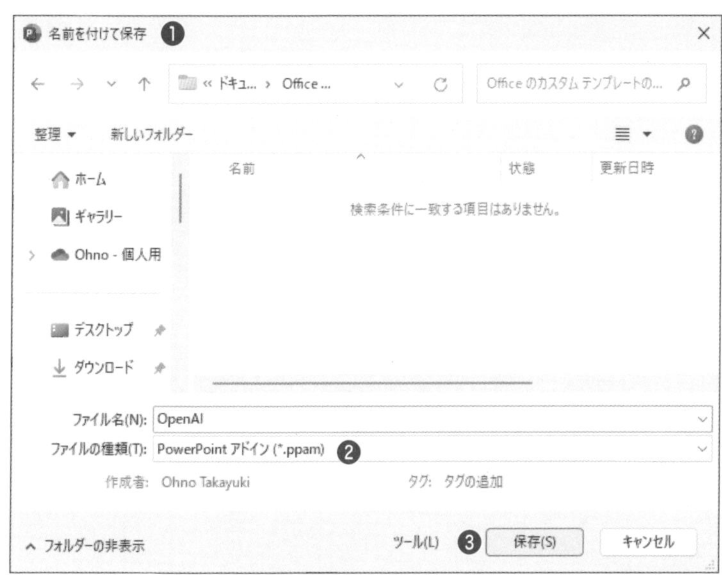

OpenAI.pptmを開き、[名前を付けて保存] ダイアログボックスを表示❶する。続けてファイルの形式を [PowerPointアドイン (*.ppam)] に変更❷して、[保存] をクリック❸する

アドインを登録する

PowerPointが起動すると同時に、OpenAI.ppam（アドイン）が自動で起動するように設定します。

PowerPointを起動し、[開発] タブをクリック❶して [PowerPointアドイン] をクリック❷する

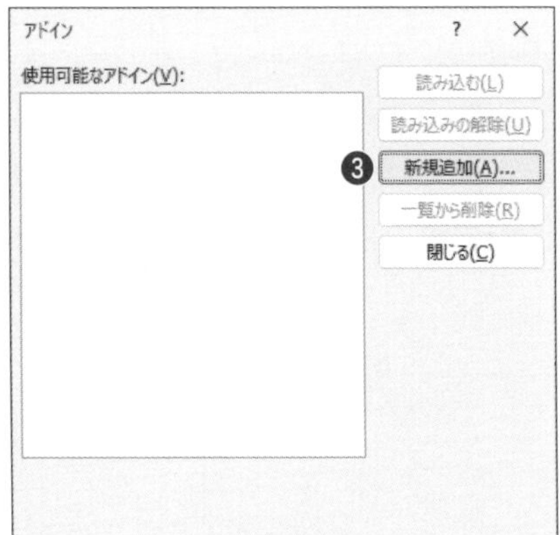

[アドイン] ダイアログボックスが表示されるので、[新規追加] をクリック❸する

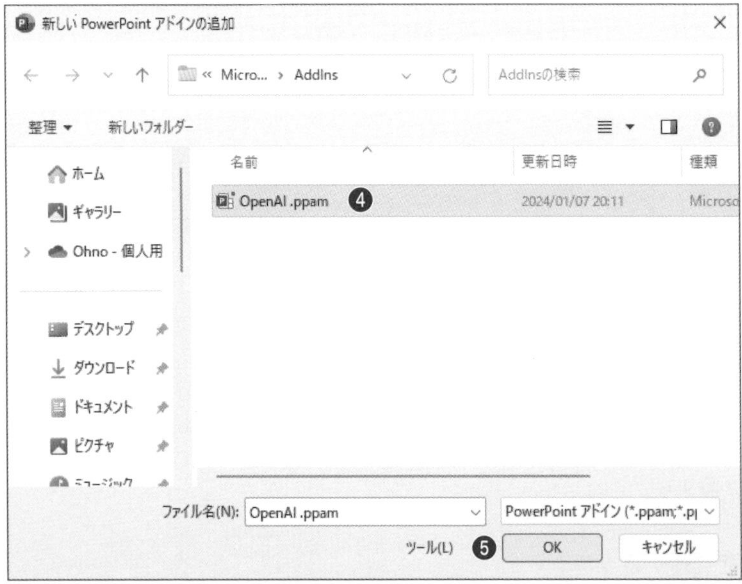

アドインのファイルを指定する。[OpenAI.ppam] ファイルをクリック❹し、[OK] をクリック❺する

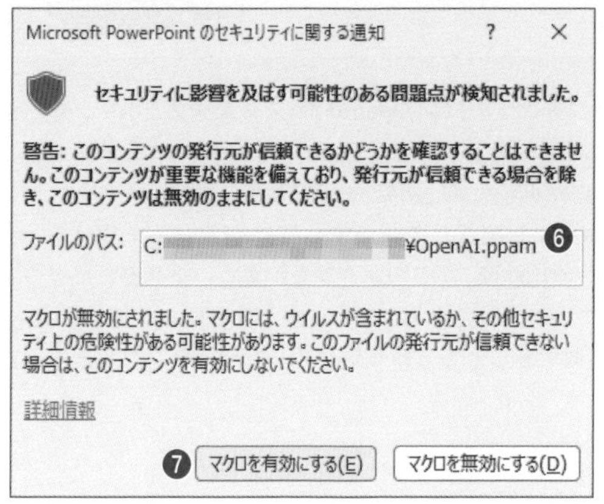

[セキュリティに関する通知] ダイアログボックスが表示されるので、[OpenAI.ppam] が指定されていることを確認❻し、[マクロを有効にする] をクリック❼する

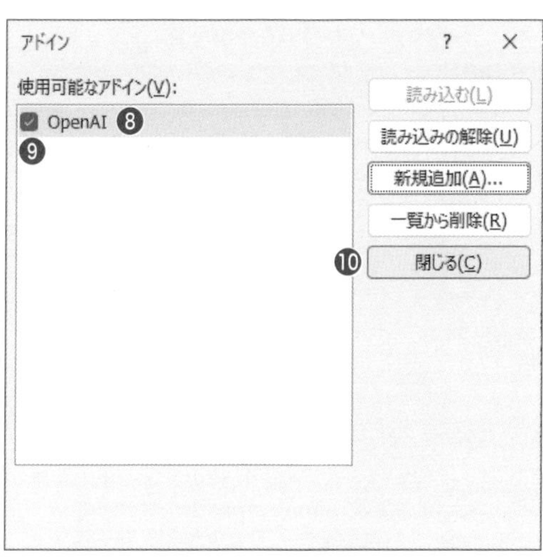

[使用可能なアドイン] に [OpenAI] と表示❽され、アドインが追加される。チェックマークが付いている❾ことを確認し、[閉じる] をクリック❿する

これで、PowerPointを開くたびに、自動的にこのアドインが有効になります。もし将来、アドインを無効にしたい場合は、同様の手順で「使用可能なアドイン」リストからチェックボックスをオフにしてください。

customUI.xmlの正体

Microsoft Officeのリボン（上部のタブメニュー）に「OpenAI」カスタムタブとボタンを追加するためのファイルで、中身はXMLコードとなっています。「OpenAI」タブには4つのグループ（Chat-GPT、DALL-E、Embeddings、OpenAI）を設定しています。それぞれのグループには、レシピを実行するボタンを配置しています。たとえば、Chat-GPTグループには、「会話する」や「-スライド-明細作成」などのボタンを配置し、それぞれに対応するプロシージャ名をtagに記述しています。独自のプロシージャを作成した場合は、このコードを参考にして同様の行を追加することで、新しいグループやボタンを設置することができます。

●customUI.xml の記述内容

```
<?xml version="1.0" encoding="utf-8"?><customUI xmlns="http://schemas.microsoft.com/office/2006/01/customui"><ribbon startFromScratch="false"><tabs><tab id="MyTab1" label="OpenAI">
<group id="Group1" label="Chat-GPT">
<button id="P1-1" label="会話する" imageMso="NewComment" size="large" tag="会話" onAction="リボンからの呼び出し処理" /><button id="P1-2" label="-スライド-明細作成" imageMso="SlideMasterInsertPlaceholderMenu" size="large" tag="明細スライド作成" onAction="リボンからの呼び出し処理" /><button id="P1-3" label="-スライド-要約作成" imageMso="SummarizeSlide" size="large" tag="要約スライド作成" onAction="リボンからの呼び出し処理" /><button id="P1-4" label="アドバイス" imageMso="FileWorkflowTasks" size="large" tag="アドバイス" onAction="リボンからの呼び出し処理" />
</group>
<group id="Group2" label="DALL-E2">
<button id="P2-1" label="画像生成" imageMso="SlideMasterPicturePlaceholderInsert" size="large" tag="画像生成" onAction="リボンからの呼び出し処理" /><button id="P2-1" label="-スライド-ビジュアル化" imageMso="SlideMasterPicturePlaceholderInsert" size="large" tag="スライドビジュアル化" onAction="リボンからの呼び出し処理" />
</group>
<group id="Group3" label="Embeddings">
<button id="P3-1" label="-スライド-類似提示" imageMso="ViewSlideSorterView" size="large" tag="類似スライド提示" onAction="リボンからの呼び出し処理" />
</group>
<group id="Group4" label="OpenAI">
<button id="P4-1" label="作品制作" imageMso="OmsSlideInsert" size="large" tag="作品制作" onAction="リボンからの呼び出し処理" />
</group></tab></tabs></ribbon>
</customUI>
```

第 8 章

Chapter

すぐに使える！ Word マクロと生成 AI の連携レシピ

文書エディターの定番ソフト Word に、OpenAI の最新技術を組み込むことで、文書作成や編集作業がこれまでにない形で進化します。本章では、3 章から 5 章で作成した ChatGPT、DALL-E、Embeddings の各 API 関数を活用したマクロを、実務に役立つレシピ形式で作成します。文章の生成や文体の変更をはじめ、ドキュメントに沿った画像の生成、メモ書きからの議事録作成など、今までに自動化できなかったさまざまなタスクが、Word 上で効率的かつ高度に実行できるようになるのです。最後に、複数の Word や PDF ファイルを要約し、内容類似度を数値スコアで評価する総合的な機能を持つレシピも作成します。生成 AI を Word の業務プロセスに統合することで、文書作成や編集の方法を劇的に変革させましょう。

8-1 レシピを作成する文書ファイルの準備

これからレシピを作成するWordの文書ファイルを作成しましょう。まず3章から5章で説明した各種関数のモジュールをこのファイルにインポートします。次に、本章で作成する新しいマクロ用のモジュールを追加します。本章では、この文書ファイルを対象にレシピの作成を進めます。最終的には、このファイルをWordのアドインとして組み込むことになるため、次の手順に沿ってしっかりと準備を進めましょう。

各関数モジュールを Word 文書へインポートする

サンプル 08.docm

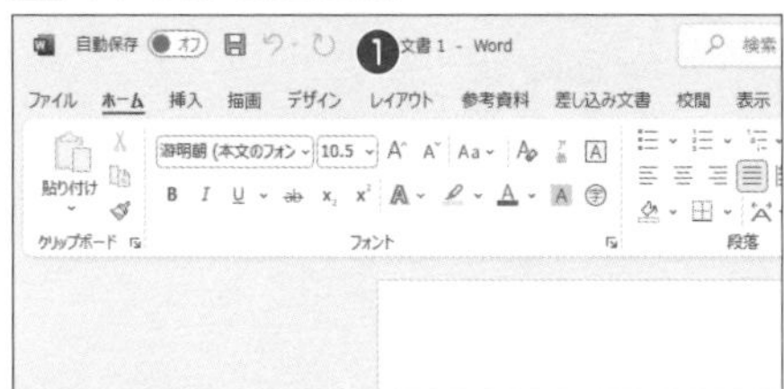

これからレシピを作成していくWordの文書ファイルを作成する。Wordを起動し、「白紙の文書」を選択して新しい文書を作成❶する

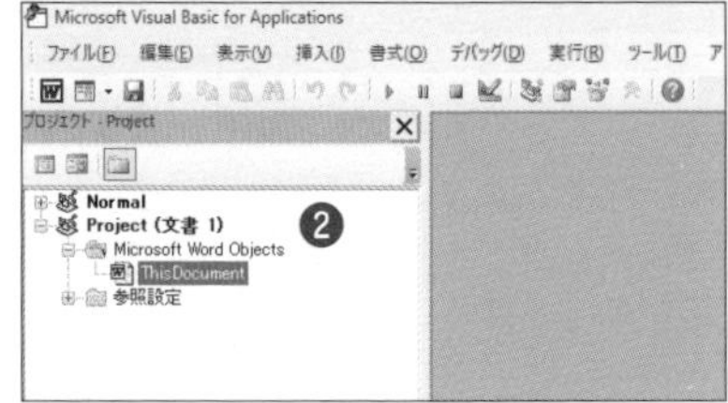

［開発］タブをクリックVisual Basic Editorを起動❷する。［開発］タブがない場合は1章P.18を参考に表示する

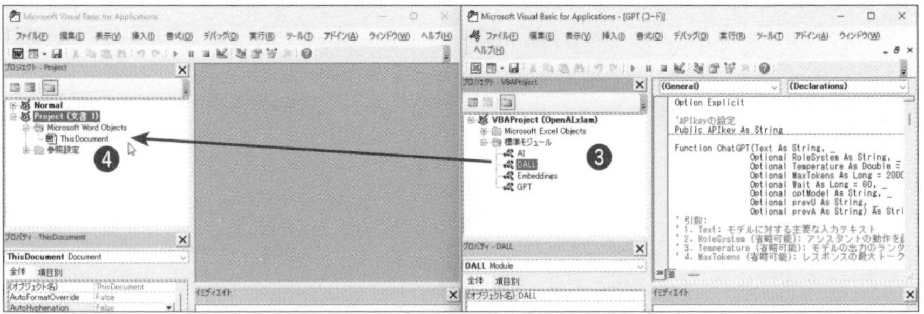

6章P.119で作成したExcelワークブック「OpenAIの基本.xlsm」を開き、Visual Basic Editorを起動❸する。ExcelとWordのVisual Basic Editorを左右に配置し、Excelの［DALL］モジュールをWordのVisual Basic Editorにドラッグアンドドロップ❹する

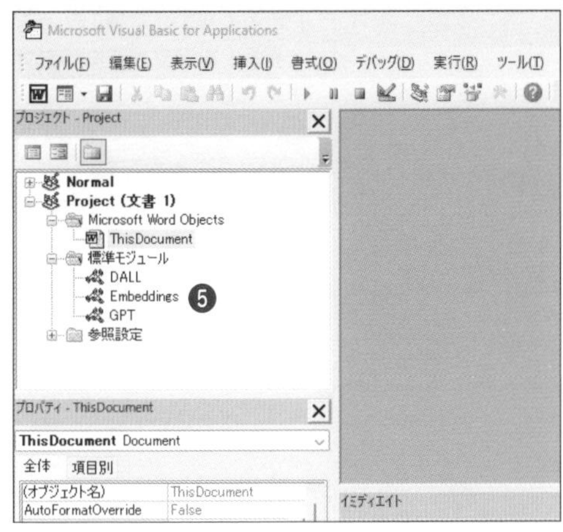

続けて［Embeddings］モジュールと［GPT］モジュールをWordのVisual Basic Edtiorにある標準モジュールにドラッグ&ドロップ❺する。3つのモジュールがインポートできたことを確認したら、Excelを終了する

レシピを追加するAIモジュールの追加

次に、今後レシピとして作成するコードを記述するモジュールを挿入します。モジュールのオブジェクト名は「AI」に変更しましょう。以降、このAIモジュールにコードを記述していきます。最後に、ファイル名を「Open.AI」、形式を「Wordマクロ有効文書(*.docm)」として保存しましょう。次のセクションから、このファイルを利用して生成AIを活用したレシピを作成していきます。

WordのVisual Basic Edtiorにある［挿入］メニューをクリック❶し、［標準モジュール］をクリック❷する

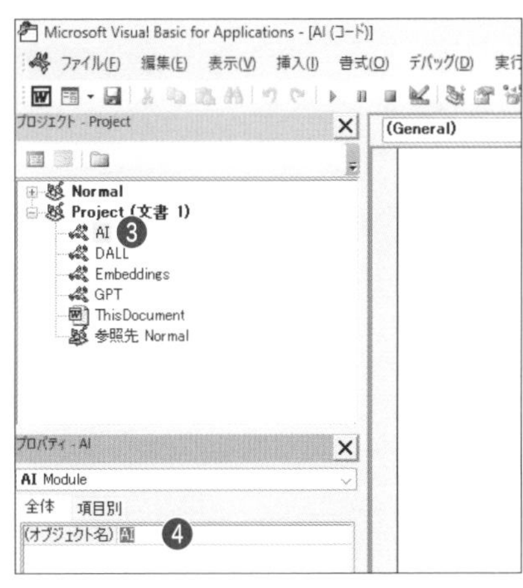

追加された標準モジュール❸をプロパティウィンドウを使って［AI］に変更❹する

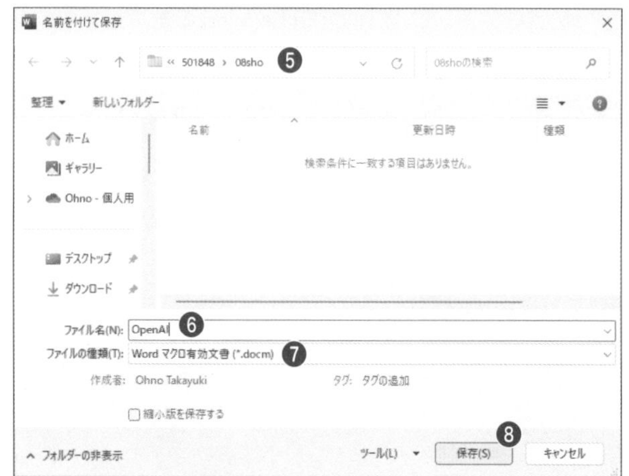

[ファイル]-[文書1の上書き保存]をクリックし、ファイルを保存する場所を選択❺する。ファイル名を「OpenAI」と入力❻し、ここをクリックして[Wordマクロ有効文書]を選択❼する。最後に[保存]をクリック❽して、文書ファイルを保存する

APIで呼び出すモデルの設定

3章で作成したChatGPT関数、4章で作成したDalle関数は、それぞれの複数のモデルがあります。それを切り替えるために3章P.75で作成したSetGPTmodelプロシージャ、4章P.97で作成したSetDALLmodelプロシージャを、この文書ファイル上で呼び出せるようにしておきましょう。7章P.135の手順に沿って、クイックアクセスツールバーに、各プロシージャを登録します。これにより、登録したボタンをクリックするだけで、ChatGPT、DALL-Eのモデルを切り替えることができるようになります。

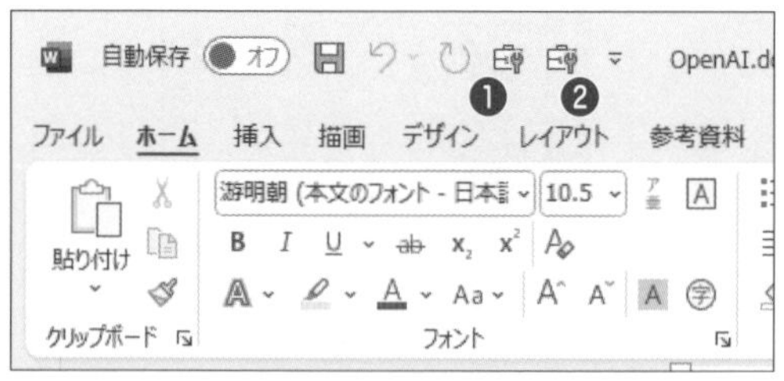

7章P.135を参考にSetGPTプロシージャ❶とSetDALLmodelプロシージャ❷をクイックアクセスツールバーに登録しておく

登録されたボタンをクリックすると、使用するモデルを設定するためのインプットボックスを表示❸される

8-2 ▷ レシピ① Word上でChatGPTと会話する

ここからは、WordとOpenAIのAPIの連携例を具体的なレシピとして紹介していきます。まずはChatGPT関数をWord VBAから呼び出し、幅広いリクエストに柔軟に対応できる汎用的なレシピを作成しましょう。Word作業中に、文書上に直接プロンプトを記述するだけで、その内容をChatGPTに瞬時にリクエストすることができるのです。外部ブラウザーの起動やコピー＆ペーストの手間を省き、簡単な操作でChatGPTを呼び出せるこのレシピは、使い方次第で大いにメリットがあるでしょう。

「Word & ChatGPT ダイレクト連携」レシピの機能と使えるシーン

選択したテキストをそのままプロンプトとしてChatGPTにリクエストし、回答を新しい文書に表示します。

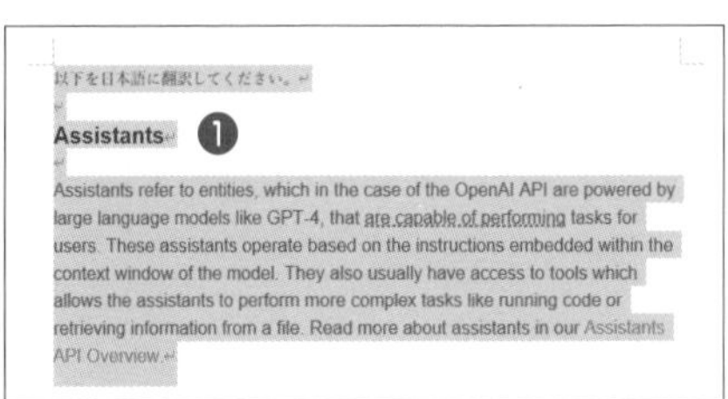

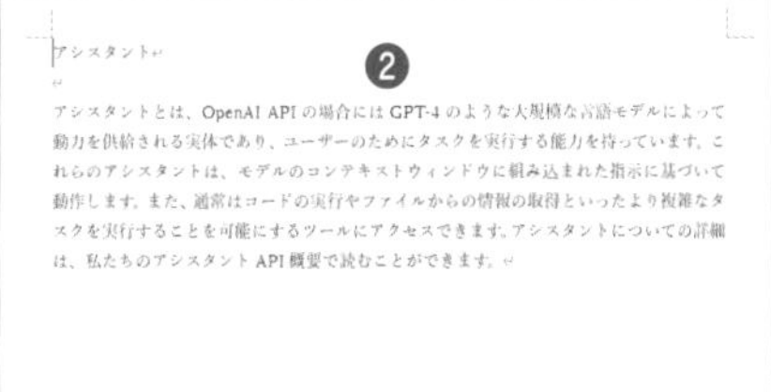

選択されたテキスト❶をChatGPTにリクエストし、新規文書を作成して回答を表示❷する。ChatGPTへのプロンプトもテキストに盛り込んでおくことで汎用的に利用できる

使えるシーン

- **Word操作のレクチャー**
  Wordの機能や行いたい操作について質問し、回答を得たい。
- **リアルタイムの質疑応答**
  講義やセミナー、ワークショップなどの質疑応答の際に、質問をWordに記述し、ChatGPTに適切な回答を求めたい。

- **作成中文書の改善**

  作成したレポートやエッセイの一部をWordに貼り付け、ChatGPTによりよい表現や文章のブラッシュアップを依頼したい。

- **翻訳のアシスト**

  簡単な文章をWordに入力し、ChatGPTに翻訳や文化的背景の説明を求めたい。

- **クリエイティブライティング**

  小説や物語の一部をWordに書き出し、ChatGPTに続きを書かせたり、キャラクターの背景や設定を提案してほしい。

- **文書作成中の調査サポート:**

  Wordで文書を作成中に、不明点や調査したいことを記述し、ChatGPTから詳しい説明や追加情報をもらいたい。

「Word & ChatGPT ダイレクト連携」コード解説

Word上で選択されたテキストを取得し、それをプロンプトとして、ChatGPT関数を使用してリクエストします。生成された文章は、新しい文書に表示します。

サンプル 08-01.txt

```
Sub 汎用生成()
    Dim Text As String
    Text = Selection.Text

    If Len(Text) <= 1 Then
        MsgBox "テキストが選択されていません"
        Exit Sub
    End If

    Dim doc As Document
    Set doc = Documents.Add

    doc.Content.Text = ChatGPT(Text)

End Sub
```

❶…選択されているテキストを取得し、2文字以上のテキストが選択されていなかった場合は終了します。

❷…ChatGPT関数を呼び出し、回答結果を新しい文章に表示します

「Word & ChatGPT ダイレクト連携」レシピを使ってみよう

7章P.135の手順で、マクロ「汎用生成プロシージャ」をクイックアクセスツールバーにボタンを登録します。テキストを選択して、登録したボタンをクリックすると、新しい文書に回答が表示されます。たとえばWordの操作で行いたいことを入力して、テキストを選択して登録したボタンを押します。

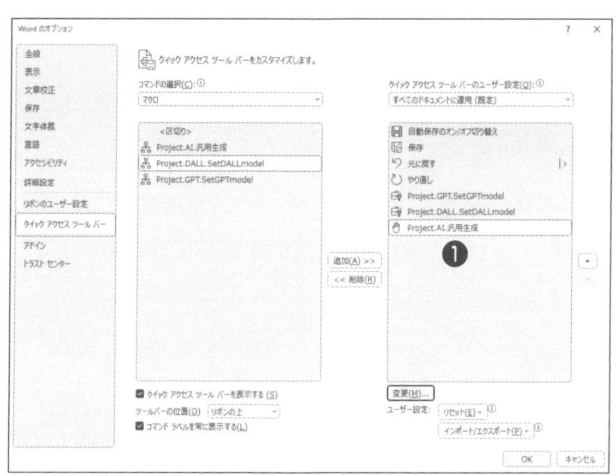

7章P.135を参考に作成した「汎用作成プロシージャ」をクイックアクセスツールバーに登録❶しておく

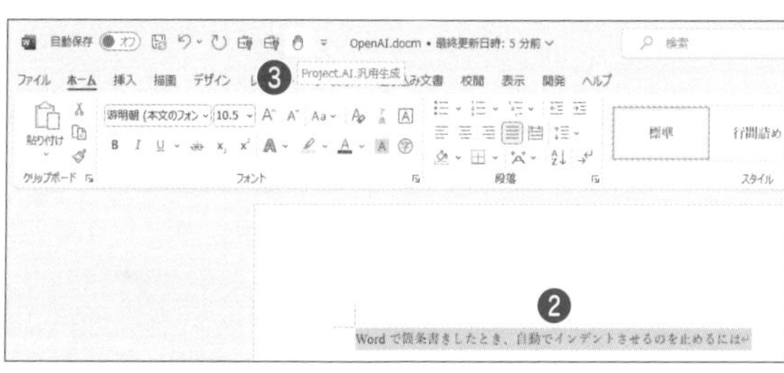

テキストを選択❷し、クイックアクセスツールバーに登録された［汎用生成］をクリック❸する

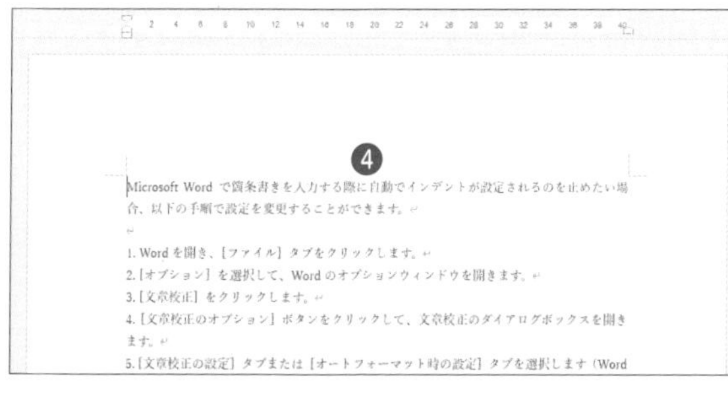

新しい文書が作成され、ChatGPTからの回答が表示❹される

8-3 レシピ② 要約・増量など目的に応じて文章を生成する

選択したテキストを基にして、要約や増量など、目的に合わせた文章を生成するレシピを作成しましょう。ChatGPTが得意とする文章生成機能を、Word上でシンプルかつ多機能に利用することができるレシピです。操作性を重視し、数字の入力で文章生成の目的を、簡単に選択できるように実装します。文章の量や内容を変えたい時や、異なる視点からの文章が必要な場面で、このレシピが役に立つことでしょう。

「Word 文章生成」レシピの機能と使えるシーン

選択したテキストを基に、さまざまな目的に合わせて新しい文章を生成し、新しい文書に表示します。以下のオプションから、希望する目的を選択できます。

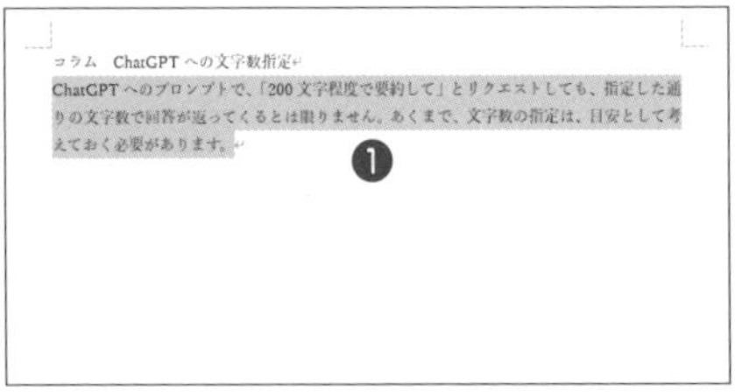
コラム　ChatGPT への文字数指定
ChatGPT へのプロンプトで、「200 文字程度で要約して」とリクエストしても、指定した通りの文字数で回答が返ってくるとは限りません。あくまで、文字数の指定は、目安として考えておく必要があります。
❶

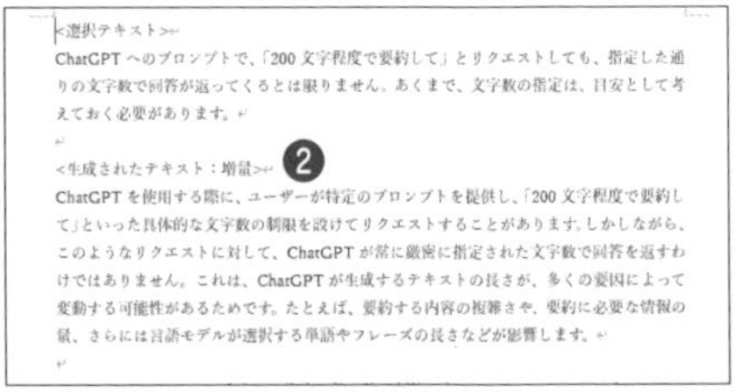
<選択テキスト>
ChatGPT へのプロンプトで、「200 文字程度で要約して」とリクエストしても、指定した通りの文字数で回答が返ってくるとは限りません。あくまで、文字数の指定は、目安として考えておく必要があります。
<生成されたテキスト：増量>
❷
ChatGPT を使用する際に、ユーザーが特定のプロンプトを提供し、「200 文字程度で要約して」といった具体的な文字数の制限を設けてリクエストすることがあります。しかしながら、このようなリクエストに対して、ChatGPT が常に厳密に指定された文字数で回答を返すわけではありません。これは、ChatGPT が生成するテキストの長さが、多くの要因によって変動する可能性があるためです。たとえば、要約する内容の複雑さや、要約に必要な情報の量、さらには言語モデルが選択する単語やフレーズの長さなどが影響します。

選択されたテキスト❶をChatGPTにリクエストし、新規文書を作成して生成された文章を表示❷する。生成する文章の設定は生成前に表示されるインプットボックスで入力できる

● **生成できる文章**

目的	ChatGPTが行う文章生成
1. 文章の要約	文章を短くして、主要な情報だけに整理、再構築します
2. 文章の増量	内容を詳しく説明し、場合によって新しい情報も追加します
3. 続きの文章作成	文脈を理解し、文章や文の続きを自然な形で生成します
4. 箇条書きへの変換	文章の主要な点を、リストや箇条書き形式で表示します
5. 賛成の立場からの文章	賛成の視点や意見を基に文章を生成します
6. 反対の立場からの文章	反対の視点や意見を基に文章を生成します
7. 上記1～6のすべて※	1～6のすべてを順に生成します

※7は1～6までのすべての処理を順にChatGPTにリクエストして実行するため、処理の完了までに相当な時間がかかります。

使えるシーン

● **会議前の月次報告要約**

長文の月次報告書を会議までに読み込む時間がない。主要ポイントを抽出した要約を作成したい。

● **文字数不足レポートのボリュームアップ**

提出期限間近のレポートが、どうしても指定された文字数に達しない。自然な感じで、内容を詳細に説明する文章を作成し、指定文字数を超過したい。

● **ストーリーの続き提案**

執筆中のストーリーの次のシーンやキャラクターの台詞を考えるのに行き詰まってしまった。現在の文章から続くストーリーのヒントや提案が欲しい。

● **新製品の一覧表作成**

新製品の説明をする際のプレゼンテーション資料を作成中。製品の特長や利点を視覚的にわかりやすく箇条書きにしたい。

● **キャンペーン賛同の声を収集**

新しいキャンペーンを立ち上げる際、その取り組みの重要性や意義を強調するための賛同の声や意見を集めたい。

● **ディベート反論の想定**

討論会において、自分の意見への反論を想定し、切り返す論点を明確にしたい。

「Word 文章生成」コード解説

Word上で選択されたテキストを取得し、指定された目的に応じたプロンプトを構築します。ChatGPT関数を使用してリクエストし、生成された文章は、新しい文書に表示します。

サンプル 08-02.txt

```
Sub 文章生成()

  Dim Text As String
```

❶

```
    Text = Selection.Text

    If Len(Text) <= 1 Then
        MsgBox "テキストが選択されていません"
        Exit Sub
    End If
```

❷

```
  Dim MyRtn, StrPrompt As String
    Dim StrType(1 To 6) As String, StrType2(1 To 6) As String, StrType3 As String
    Dim RoleSys(1 To 6) As String
    MyRtn = InputBox("選択されたテキストに対する生成処理を番号で入力してください" & vbCrLf & _
    "(文字数を指定する場合は、, の後に文字数を入力してください)" & vbCrLf & _
    "1：文章要約、2：文章増量、3：継続文章、4：箇条書き変換" & vbCrLf & _
    "5：賛同文章、6：反対文章、7：1-6全て")
    If MyRtn = "" Then
        MsgBox "入力がなかったため終了します"
        Exit Sub
    Else
```

❸

```
            StrType(1) = "次の文章を元の文章より、かなり短くなるよう要約してください。"
            StrType(2) = "次の文章を膨らませてください。"
            StrType(3) = "次の文章の後に続く文章を作成してください。"
            StrType(4) = "次の文章を箇条書きにしてください。"
            StrType(5) = "次の文章に賛同する文章を作成してください。"
            StrType(6) = "次の文章に反対する文章を作成してください。"
            StrType2(1) = "文章要約"
            StrType2(2) = "増量"
            StrType2(3) = "継続文章"
            StrType2(4) = "箇条書き"
            StrType2(5) = "賛同文章"
            StrType2(6) = "反対文章"
            RoleSys(1) = "あなたは与えられた文章を短く要約します"
            RoleSys(2) = "あなたは与えられた文章を多く増量します。"
            RoleSys(3) = "あなたは与えられた文章から次に続く文章を考え、作成します"
            RoleSys(4) = "あなたは与えられた文章をわかりやすく箇条書きにします"
            RoleSys(5) = "あなたは与えられた文章に賛同する文章を作成します"
            RoleSys(6) = "あなたは与えられた文章に反対する文章を作成します"
```

```
        MyRtn = Split(MyRtn, ",")
        Dim MyNo As Long
        MyNo = Val(StrConv((MyRtn(0)), vbNarrow))
        If MyNo < 1 Or MyNo > 7 Then
            MsgBox "有効な番号の入力がなかったため終了します。"
            Exit Sub
        End If

        If UBound(MyRtn) = 1 Then
            If MyNo = 7 Then
                MsgBox "全ての場合は、文字数は指定されずに実行します"
            ElseIf IsNumeric(Val(StrConv((MyRtn(1)), vbNarrow))) Then
                StrType3 = "文字数は" & Val(StrConv((MyRtn(1)), vbNarrow)) & "程度でお願いします。"
            Else
                MsgBox ",の後に有効な文字数が入力されていないため、文字数指定なしで処理します。"
            End If
        End If
    End If

    Dim doc As Document, i As Long
    Set doc = Documents.Add

    With doc.Content
        .Text = "<選択テキスト>" & vbCrLf & Text & vbCrLf

      If MyNo <> 7 Then
            .Text = .Text & "<生成されたテキスト：" & StrType2(MyNo) & ">"
            .Text = .Text & ChatGPT(StrType(MyNo) & StrType3 & vbCrLf & Text, RoleSys(MyNo)) & vbCrLf
        Else

            For i = 1 To 6
                .Text = .Text & "<生成されたテキスト：" & StrType2(i) & ">"
                .Text = .Text & ChatGPT(StrType(i) & StrType3 & vbCrLf & Text, RoleSys(i)) & vbCrLf
            Next i
        End If
    End With
```

```
End Sub
```

❶…選択されたテキストを取得し、Text変数に格納します。テキストが選択されていない場合、メッセージボックスを表示してマクロを終了します。

❷…ユーザーに入力ボックスを表示して、実行したい文章生成処理を番号で選択させます。選択された処理に応じて、適切なプロンプトメッセージを設定します。ここでは、3章P.64のワンポイントで解説した、role:system（Rolesys変数）とrole:user（StrType変数）の両方に同じ内容の指示を入れています。これにより、要約や増量などの目的がより明確にして、適切な生成結果となるようChatGPTを誘導しています。

カスタマイズポイント

> この部分をカスタマイズすることで、新たな目的を追加や、生成の精度を向上させることが可能です。また、role:systemとrole:userのcontentを使い分けて、ChatGPTへ種類の違う指示を行うこともできます。プロンプト全体に影響を与えるrole:system（Rolesys変数）に、たとえば「あなたは関西弁の記者です」や、「あなたは小学校の先生でこどもにもわかるように話します」などの指示を与えても面白いでしょう。

❸…配列StrTypeは、それぞれのプロンプトで使用するChatGPTへのリクエスト用テキストです。配列StrType 2は、プロンプトでは使用せず、レスポンス結果をWord上で表示する際のタイトルとして使用します。

❹…ユーザーが文字数を指定した場合（,の後に数値を入力）、その値を取得します。7のすべての処理か選択された場合には、長いレスポンスとなることが想定されるため、文字数指定を無視するようにします。

❺…新しい文書を開き、選択されていたテキスト（生成の対象となる文章）を表示します。

❻…以前のステップで選択された目的に基づいて、プロンプトを構築、3章で作成したChatGPT関数を使用して文章を生成し、新しい文書の末尾に結合して表示します。すべての場合はループで、1～6までの目的を繰り返します。

たとえば、「1：要約」の場合は次のようなプロンプトとなります。プロンプトの、role:system（役割）とrole:user（質問）の両方に、同様の指示を出すことで、より確実に目的に沿った回答を引き出すようにしています。

```
"messages":[{"role":"system","content":"あなたは与えられた文章を短く要約します。"},{"role":"user","content":"次の文章を要約してください。(改行)(選択されたテキスト)\r"}]
```

「Word 文書生成」レシピを使ってみよう

7章P.135の手順で、マクロ「文章生成プロシージャ」をクイックアクセスツールバーにボタン登録し、文章の題材となるテキストを選択した状態で、登録したボタンをクリックします。新しい文書上に、インプットボックスで選択した目的に沿って生成されたテキストが表示されます。

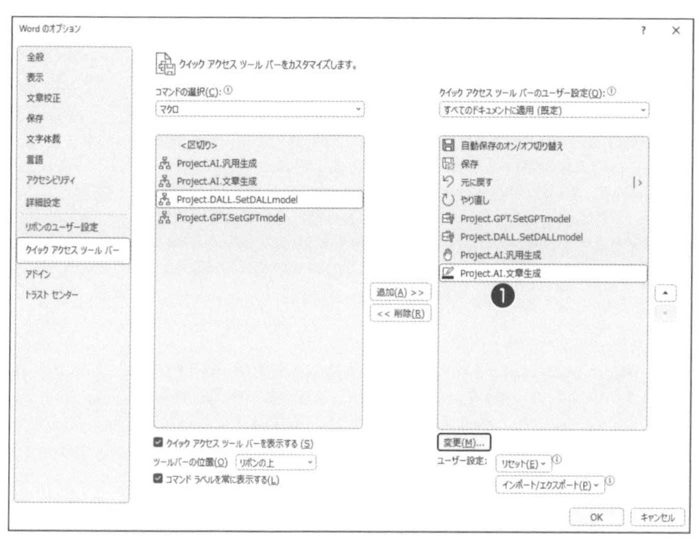

7章P.135を参考に作成した「文章生成プロシージャ」をクイックアクセスツールバーに登録❶しておく

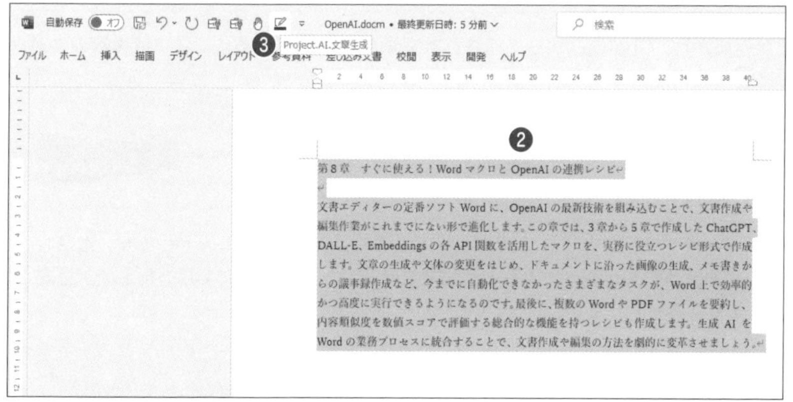

ChatGPTで処理を行う文章を選択❷し、クイックアクセスツールバーに登録された[文章生成]をクリック❸する

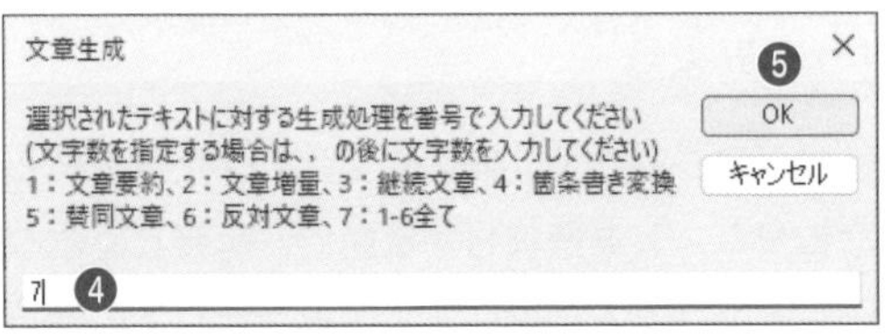

[文章生成] ダイアログボックスが表示される。生成したい文章の目的を選択し番号で入力する。ここでは1から6まですべての文章を生成する「7」を入力❹し、[OK] をクリック❺する

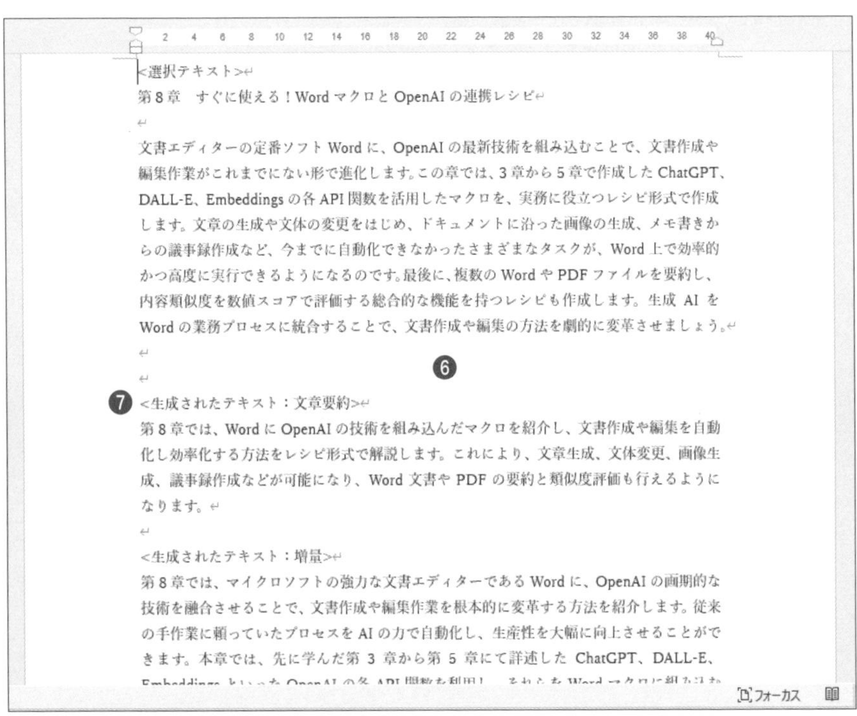

<選択テキスト>
第8章　すぐに使える！Word マクロと OpenAI の連携レシピ

文書エディターの定番ソフト Word に、OpenAI の最新技術を組み込むことで、文書作成や編集作業がこれまでにない形で進化します。この章では、3 章から 5 章で作成した ChatGPT、DALL-E、Embeddings の各 API 関数を活用したマクロを、実務に役立つレシピ形式で作成します。文章の生成や文体の変更をはじめ、ドキュメントに沿った画像の生成、メモ書きからの議事録作成など、今までに自動化できなかったさまざまなタスクが、Word 上で効率的かつ高度に実行できるようになるのです。最後に、複数の Word や PDF ファイルを要約し、内容類似度を数値スコアで評価する総合的な機能を持つレシピも作成します。生成 AI を Word の業務プロセスに統合することで、文書作成や編集の方法を劇的に変革させましょう。

❻

❼ <生成されたテキスト：文章要約>
第 8 章では、Word に OpenAI の技術を組み込んだマクロを紹介し、文書作成や編集を自動化し効率化する方法をレシピ形式で解説します。これにより、文章生成、文体変更、画像生成、議事録作成などが可能になり、Word 文書や PDF の要約と類似度評価も行えるようになります。

<生成されたテキスト：増量>
第 8 章では、マイクロソフトの強力な文書エディターである Word に、OpenAI の画期的な技術を融合させることで、文書作成や編集作業を根本的に変革する方法を紹介します。従来の手作業に頼っていたプロセスを AI の力で自動化し、生産性を大幅に向上させることができます。本章では、先に学んだ第 3 章から第 5 章にて詳述した ChatGPT、DALL-E、

フォーカス

新規文書が作成され、ChatGPTから生成された文章が表示❻される。ここでは複数の文章が見出し付き❼で生成されている

Column

ChatGPTへの文字数指定

ChatGPTへのプロンプトで、「200文字程度で要約して」とリクエストしても、指定した通りの文字数で回答が返ってくるとは限りません。あくまで、文字数の指定は、目安として考える必要があります。

8-4 ▷レシピ③ 文体を変更する

文章の内容はそのままに、文体だけを変更したいと思ったことはありませんか？　たとえば、公式な文書をカジュアルに読みやすくしたい、エッセイをより格式のあるトーンに変更したいなど、このレシピはWord VBAとChatGPTのAPIを組み合わせることで、そうしたニーズに応えます。Word内のテキストを選択し、所望の文体を選ぶだけ。新しい文体の文章が生成されます。さまざまなコンテキストや読み手を意識して文書を調整する必要がある場合に、このレシピは価値ある存在となるでしょう。

「Word 文体変更」レシピの機能と使えるシーン

選択した文章の文体を変更し、新しい文書に表示します。次のようなさまざまな文体を選択可能で、選択リストにない文体も個別のテキストで指定することができます。

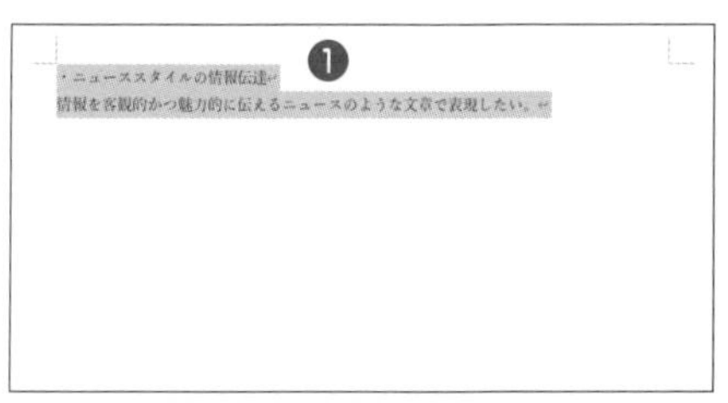

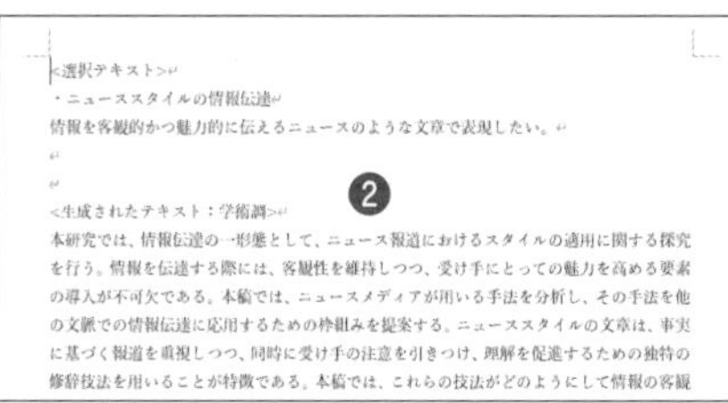

選択されたテキスト❶をChatGPTにリクエストし、新規文書を作成して変更された文章を表示❷する。変更する文体は実行前に表示されるインプットボックスで設定できる

● 生成によって変更できる文章

文体	ChatGPTが行う機能
1. ぞんざい調	少し乱暴で直接的な言い回しに変えます
2. へりくだり調	控えめで謙虚な言葉遣いに修正します
3. 学術調	研究論文や専門的な文献のような堅苦しい文体にします
4. オペラ調	歌劇のような荘重で情熱的なスタイルで表現します
5. カジュアル調	ラフでくだけた言い回しでリラックスした雰囲気を出します

文体	ChatGPTが行う機能
6. ジャーナリスト調	客観的かつ情報提供を重視した文体で文章を再編成します
7. 物語調	小説や物語の一部のように情景を描写する文体で表現します
8. スピーチ調	聴衆にメッセージを伝えるための力強い言葉を選びます
9. 関西弁	面白おかしく、関西の文化を感じられる文章に変わります
10. 自由入力	個別に入力した指示通りの文体になります
11. 1～10すべて※	1～10すべてを順にリクエストして実行します

※11は1～10までのすべての処理を順にChatGPTにリクエストして実行するため、処理の完了までに相当の時間がかかります。

使えるシーン

- **あらゆる層に届く情報発信**

  一つの製品やサービスの情報を、若者向け、消費者向け、研究者や専門家向けに異なるアプローチで伝えたい。

- **専門性を重視した文章作成**

  学術論文や研究報告書で、研究の内容を正確かつ適切な言葉で表現するのに適したスタイルに変換したい。

- **ラフでリラックスした雰囲気の醸成**

  ブログやSNSなど、オンライン上のカジュアルなコンテンツに合わせ、読者にリラックスした印象を与えたい。

- **ニューススタイルの情報伝達**

  情報を客観的かつ魅力的に伝えるニュースのような文章で表現したい。

- **聴衆の心に響くプレゼントーク**

  プレゼンテーションを準備中、聴衆の前で話すためのリズミカルで説得力のある読み原稿を作りたい。

- **地方愛溢れる方言対話**

  地方に出張することになったので、地元の方へ訴求できるよう、地元の方言で語りかけたい。

「Word文体変更」コード解説

文体変更の指示プロンプトと選択されたテキストをChatGPT関数でリクエストし、返ってきたレスポンスを新しい文書に表示します。

サンプル 08-03.txt

```
Sub 文体変更()

    Dim Text As String
    Text = Selection.Text

    If Len(Text) <= 1 Then
        MsgBox "テキストが選択されていません"
        Exit Sub
    End If

    Dim MyRtn, i As Long,MyNo as long
    Dim StrType(1 To 10) As String, StrType2(1 To 10) As String
    Dim StrPrompt(1 To 10) As String

    StrType(1) = "乱暴でぞんざいな感じ"
    StrType(2) = "丁寧で優しく控えめで謙虚な言葉遣い"
    StrType(3) = "研究論文や専門的な文献のような堅苦しい文体"
    StrType(4) = "歌劇のように荘重で情熱的な、オペラ歌手が歌う歌詞"
    StrType(5) = "ラフでくだけた言い回しでリラックスした雰囲気"
    StrType(6) = "新聞記事のような客観的かつ情報提供を重視した文体"
    StrType(7) = "小説や物語の一部のように情景を描写する文体"
    StrType(8) = "聴衆にメッセージを伝えるための力強い言葉を使用したスピーチ"
    StrType(9) = "面白おかしく関西の文化を感じられる関西弁"
    StrType2(1) = "ぞんざい調"
    StrType2(2) = "へりくだり調"
    StrType2(3) = "学術調"
    StrType2(4) = "オペラ調"
    StrType2(5) = "カジュアル調"
    StrType2(6) = "ジャーナリスト"
    StrType2(7) = "物語調"
    StrType2(8) = "スピーチ調"
    StrType2(9) = "関西弁"

```

```
    MyRtn = InputBox("選択されたテキストを変更する文体を番号で入力してください" & vbCrLf & _
                    "(文字数を指定する場合は、,の後に文字数を入力してください)" & vbCrLf & _
                    "1：ぞんざい調、2：へりくだり調、3：学術調、4：オペラ調 " & vbCrLf & _
                    "5：カジュアル調、6：ジャーナリスト調、7：物語調、8：スピーチ調、" & vbCrLf & _
                    "9：関西弁、0:1-9全て" & vbCrLf & _
                    "上記以外に変換する場合は、直接、文体を入力してください")

    If MyRtn = "" Then
        MsgBox "入力がなかったため終了します"
        Exit Sub
    Else
        If IsNumeric(MyRtn) Then
            MyNo = MyRtn
            If MyNo < 0 And MyNo > 9 Then
                MsgBox "有効な番号の入力がなかったため終了します。"
                Exit Sub
            End If
        Else
            MyNo = 10
            StrType(10) = MyRtn
        End If
    End If

    For i = 1 To 10
        StrPrompt(i) = "次の##文章##を、" & StrType(i) & "にしてください。 """
    Next i

    Dim doc As Document
    Set doc = Documents.Add

    With doc.Content
        .Text = "<選択テキスト>" & vbCrLf & Text & vbCrLf
        If MyNo > 0 Then
            .Text = .Text & "<生成されたテキスト：" & StrType2(MyNo) & ">"
            .Text = .Text & ChatGPT(StrPrompt(MyNo) & vbCrLf & "##文章##" & vbCrLf & Text) & vbCrLf
```

```
            Else
                For i = 1 To 9
                    .Text = .Text & "<生成されたテキスト：" & StrType2(i) & ">"
                    .Text = .Text & ChatGPT(StrPrompt(i) & vbCrLf & "##文章##" & vbCrLf & Text) & vbCrLf
                Next i
            End If
        End With

End Sub
```

❶…Wordドキュメント内で選択されているテキストを取得します。選択テキストが1文字以下の場合、メッセージボックスを表示して処理を終了します。

❷…2つの配列 StrType と StrType2 を使用して、9つの異なる文体を定義します。StrTypeはChatGPTへのリクエストに、StrType2は文体変更後のテキストをWord上で表示する際に使用されます。

カスタマイズポイント

> 別の文体を追加したい場合や、変換の精度を向上させたい場合は、StrTypeの文字列を変更することでカスタマイズできます。StrType2は生成文章には影響を与えませんが、後の生成文章表示時にタイトルに使用されますので、StrTypeに合わせて変更します。その際は、次の❸でインプットボックスに表示するメッセージも変更しておきましょう。

❸…インプットボックスを使用して文体を選択させます。選択された番号もしくは文体を直接入力することができます。何も入力がなかった場合、メッセージボックスを表示して処理を終了します。

❹…入力値が有効な数字でなかった場合は終了します。その他の文体が入力された場合は、10番目の文体として、StrType (10) に格納します。

❺…StrPrompt 配列を使用して、選択された文体での変換の指示を生成します。これは、後ほどChatGPT関数に渡すプロンプトとなります。たとえば、「7:物語調」が指定された場合は、プロンプトは次のようになります。

```
"次の##文章##を、小説や物語の一部のように情景を描写する文体にしてください。 \"\r\n##文章##○○○・・・
```

❻…Documents.Add を使用して、新しいWordドキュメントを作成します。

❼…ユーザーが選択した番号に基づいて、ChatGPT関数を呼び出してテキストの文体を変更し、新しい文書に元のテキスト、指定された文体、生成されたテキストを追加して表示します。

「Word文体変更」レシピを使ってみよう

7章P.135の手順で、マクロ「文体変更プロシージャ」をクイックアクセスツールバーにボタン登録します。文体変更の対象となるテキストを選択した状態で、登録したボタンをクリックしてマクロを実行します。

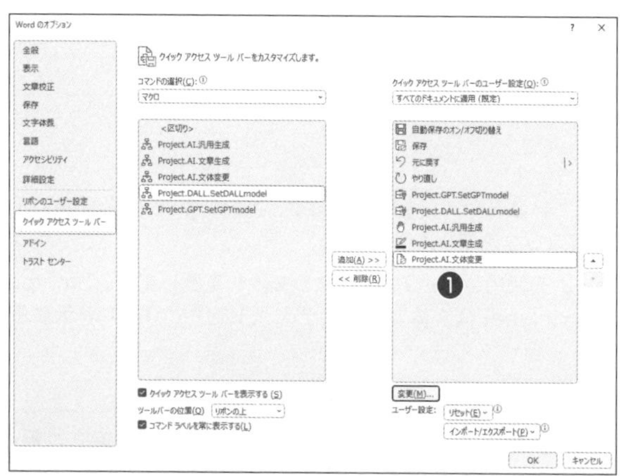

7章P.135を参考に作成した「文体変更プロシージャ」をクイックアクセスツールバーに登録❶しておく

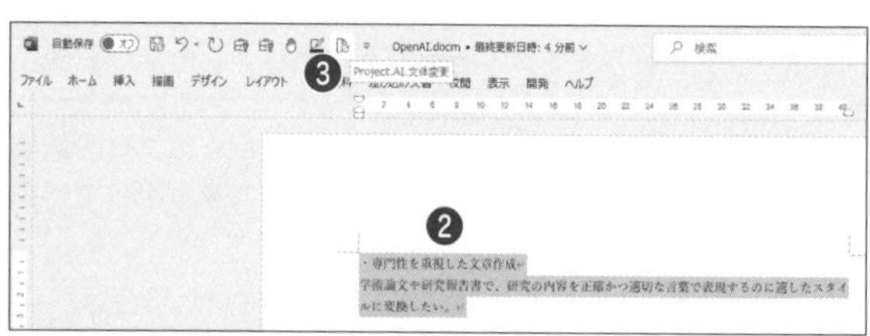

ChatGPTで文体を変更する文章を選択❷し、クイックアクセスツールバーに登録された[文体変更]をクリック❸する

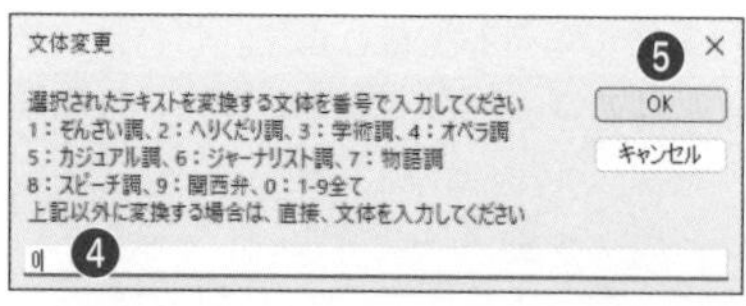

[文体変更]ダイアログボックスが表示される。文体を選択し番号で入力する。ここでは1から9まですべての文章を生成する「0」を入力❹し、[OK]をクリック❺する

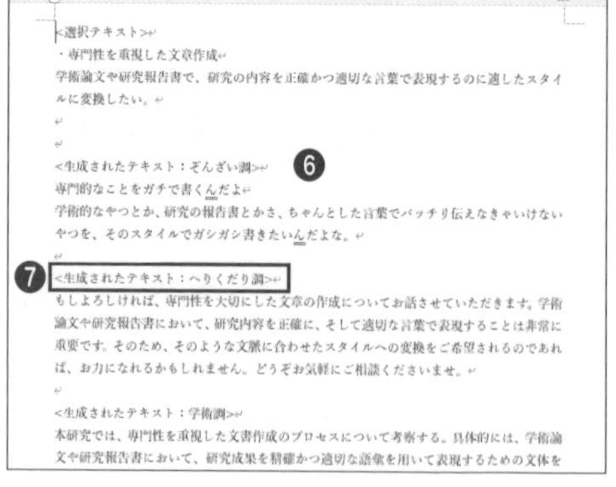

ChatGPTによって文体を変更された文章が表示❻される。ここでは複数の文体が見出し付き❼で生成されている

8-5 ▷ レシピ④ 文章に合った画像を生成する

　視覚的要素は、情報を伝えたり理解を深めたりする上で非常に重要です。DALL-Eを活用し、指定したテキストに基づいて画像を生成するレシピを作成しましょう。画像生成の精度を高めるために、プロンプトはChatGPT関数を使って英文に変換します。イラスト調、写真調など生成する画像のスタイルも指定できるようにしましょう。このレシピを使えば、クリエイティブかつ効率的に、画像を含む文書を作成することができるでしょう。

「Word 画像生成」レシピの機能と使えるシーン

　選択されたテキストを使用し、3章で作成したChatGPT関数を呼び出して画像生成の英文プロンプトを作成します。続いて、4章で作成したDalle関数を使用し、英文プロンプトを基にDALL-Eが生成した画像を、新しいWord文書に挿入します。生成する画像は、次の要素が選択可能です。

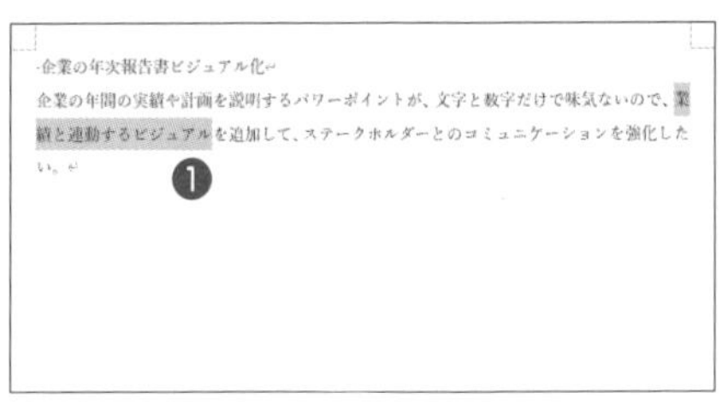

企業の年次報告書ビジュアル化

企業の年間の実績や計画を説明するパワーポイントが、文字と数字だけで味気ないので、業績と連動するビジュアルを追加して、ステークホルダーとのコミュニケーションを強化したい。

選択されたテキスト❶をChatGPTにリクエストし、新規文書を作成して生成された画像を表示❷する。生成される画像の枚数や大きさ、画像のスタイルは実行前に表示されるインプットボックスで設定できる

- **生成枚数：**1 ～ 10（DALL-E3は1枚のみ）
- **画像サイズ：**256×256、512×512、1024×1024（DALL-E2）
  1024×1024、1792x1024、1024×1792（DALL-E3）

● 画像のスタイル

スタイル	具体的な画風
1．イラスト調	カラフルで、アートワークやコミックのようなスタイル
2．写真調	リアルで、実物の写真のようなスタイル
3．水彩画調	水彩画のようなやわらかい色合いと筆の動き
4．油絵調	油絵の特有の厚みと質感
5．スケッチ調	手描きの下書きや鉛筆画のようなスタイル
6．レトロ調	古い、ヴィンテージ風のスタイル
7．未来的調	先進的、またはサイバーパンクのようなデザイン
8．抽象調	抽象的な形やパターンを持つアートワーク
9．アニメ調	アニメやマンガのような特有のスタイル
10．ミニマル調	シンプルで、不要な要素を省いたデザイン
11．木版画調	木の板を刻んで作る伝統的な印刷技法のスタイル
12．ポップアート調	1960年代のアメリカのポップアート風
13．シュール調	現実離れした、夢のようなイメージ
その他	文字で自由に指定

使えるシーン

● 世代に訴求できるポスター・パンフレット

若者向けの商品の訴求力を向上させるため、ポップでアニメーション的なイラストと、利用者をイメージできる人物写真を表示したい。

● 一目瞭然のレポート・論文の作成

研究や分析の結果を文章で説明する際に、原料や素材が一目でわかる画像を加えて、読み手の理解を深めたい。

● わかりやすい手順書・マニュアル

作業手順やガイドラインを文書で作成する際、操作や注意点を喚起するイラストを効果的に使用して、手順のわかりやすさを向上させたい。

● 見映えのするニュースレター

社内や外部向けの情報発信ドキュメントで、それぞれのトピックに合った写真画像を挿入し、注目度を上げたい。

● **学びの視覚的サポート**

教材の内容に合わせて、関連する素材の画像を数多く表示して、学習者の興味や理解を促したい。

● **企業の年次報告書ビジュアル化**

企業の年間の実績や計画を説明する文書が、文字と数字だけで味気ないので、業績と連動するビジュアルを追加して、ステークホルダーとのコミュニケーションを強化したい。

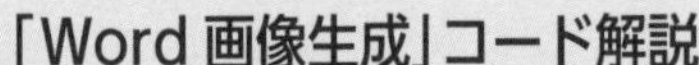

「Word 画像生成」コード解説

Wordで選択されたテキストを基に、ChatGPTが画像生成プロンプトを作成、その指示に基づいたスタイルの画像をDALL-Eで生成し、新しい文書に挿入します。一部、解説が不要と思われるエラー処理等はその旨記載し、当該コードの記述を割愛しています。

サンプル 08-04.txt

```
Sub 画像生成()
    Dim Text As String                                   ❶
    Text = Selection.Text
```

選択テキストのチェック（サンプルファイル参照）

```

    Dim MyRtn                                            ❷
    Const Style = "指定なし,イラスト調,写真調,水彩画調,油絵調,スケッチ調,レトロ調,未来的調,抽象調,アニメ調,ミニマル調,木版画調,ポップアート調,シュール調"
    Dim ArrStyle, i As Long, strInput As String
    ArrStyle = Split(Style, ",")

    For i = 0 To UBound(ArrStyle)                        ❸
        strInput = strInput & i & ":" & ArrStyle(i) & "、"
        If (i + 1) Mod 3 = 0 Then strInput = strInput & vbCrLf
    Next i
    strInput = Left(strInput, Len(strInput) - 1)

```

❹

```
        MyRtn = InputBox("★次の３つの設定を「,」区切りで入力してください" & vbCrLf & vbCrLf & _
        "生成枚数(1～10) , " & vbCrLf & _
        "画像サイズ(1<2<3<4横≒5縦), " & vbCrLf & _
        "画像スタイル" & vbCrLf & vbCrLf & _
        "画像スタイルは以下の番号、または任意の文字で指定" & vbCrLf & strInput, "生成画像の設定", "1,1,0")
```

入力のチェック(サンプルファイル参照)

❺

```

    Dim imgStyle As String
    MyRtn = Split(MyRtn, ",")
    If UBound(MyRtn) <> 2 Then
        MsgBox "入力値が不正のため終了します"
        Exit Sub
```

入力のチェック(サンプルファイル参照)

```
    Else
        If IsNumeric(MyRtn(2)) Then
            imgStyle = ArrStyle(MyRtn(2))
        Else
            imgStyle = MyRtn(2)
        End If
    End If

    Dim PromptGPT As String, PromptDallE2 As String, ArrPath
    Dim imgN As Long, imgSize As String
    imgN = MyRtn(0)
```

❻

```
    Select Case MyRtn(1)
        Case 1
            imgSize = "256x256"
        Case 2
            imgSize = "512x512"
        Case 3
            imgSize = "1024x1024"
        Case 4
            imgSize = "1792x1024"
        Case 5
            imgSize = "1024x1792"
```

```
    End Select

```

❼

```
    PromptGPT = "画像生成AIに与える英語のPromptを作成してください。" & _
    "説明文を要約したうえで、短く端的に区切ってください" & _
    "画像のスタイルは" & imgStyle & "です" & _
    "日本語ではなく英語でPromptを回答してください。" & vbCrLf & _
    "##説明文##" & Text

```

❽

```
    PromptDallE = ChatGPT(PromptGPT)
    ArrPath = Split(Dalle(PromptDallE, imgN, imgSize, "b64_json", Environ("TEMP")), ",")

```

❾

```
    Dim doc As Document
    Set doc = Documents.Add

    Dim rng As Range, shp As InlineShape, shpBottom As Single, shpRight As Single

    Set rng = doc.Range(0, 0)

    For i = 0 To UBound(ArrPath)
        Set shp = doc.InlineShapes.AddPicture(FileName:=ArrPath(i), _
            LinkToFile:=False, SaveWithDocument:=True, Range:=rng)

        shpBottom = shp.Range.Information(wdVerticalPositionRelativeToPage) + shp.Height
        shpRight = shp.Range.Information(wdHorizontalPositionRelativeToPage) + shp.Width

        Set rng = doc.Range
        rng.Start = shp.Range.End

        If shpRight + shp.Width > doc.PageSetup.PageWidth - doc.PageSetup.RightMargin Then
            rng.InsertBreak Type:=wdLineBreak
            rng.Collapse wdCollapseStart
        End If
    Next i

End Sub
```

❶…Selection.Textを使用して、ユーザーがWord内で選択したテキストを取得します。もしも取得したテキストが1文字以下であれば、エラーメッセージを表示してマクロを終了します。

❷…さまざまな画像スタイルを文字列で定義し、それをカンマ区切りで配列に変換します。

カスタマイズポイント

定数Styleに格納されているカンマ区切りの文字列の追加、修正で、画像スタイルをカスタマイズすることができます。必ずしも「○○調」である必要はありません。文脈上、意味が通じればOKです。

❸…画像スタイルが格納された配列から、各スタイルを順に取り出して、インプットボックスに表示するメッセージ文字列を作成します。Uboundを使用して配列の全要素をループしますので、カスタマイズによって画像スタイルの数が変わっても正常に動作します。

❹…インプットボックスを表示し、生成する画像の枚数、サイズ、スタイルの入力を促します。

❺…入力がなかった場合や不適切な入力があった場合はエラーメッセージを表示してマクロを終了します。画像スタイルに数字が指定されていない場合は、入力された文字列をそのまま画像スタイルに設定します。

❻…指定された画像サイズを変数imgSizeにセットします。

❼…選択されたテキストと指定された画像スタイル(imgStyle)を基に、ChatGPT用のプロンプトを作成します。ChatGPTからの回答は、DALL-EのAPIを呼び出すための英語指示プロンプトとして使用します。画像スタイルは次のように構築しています。

```
"画像のスタイルは" & imgStyle & "です"
```

❽…DALL-Eをコールし、生成画像のパスを取得します。生成画像ファイルはWindowsの一時フォルダーとなるようEnviron("TEMP")で指定します。

❾…Dalle関数の戻り値に格納された保存画像のパスを用いて、新しいWord文書に画像を挿入します。各画像が文書のページを縦または横に超えないように、改行や改ページの処理を行います。

「Word 画像生成」レシピを使ってみよう

7章P.135の手順で、マクロ「画像生成プロシージャ」をクイックアクセスツールバーにボタン登録します。画像を生成するための基となるテキストを選択し、登録したボタンをクリックしてマクロを起動します。マクロが実行され、選択された文章を基に画像生成のプロンプトを作成、それを使ってDALL-Eによって生成された画像を、新しいWord文書に挿入します。

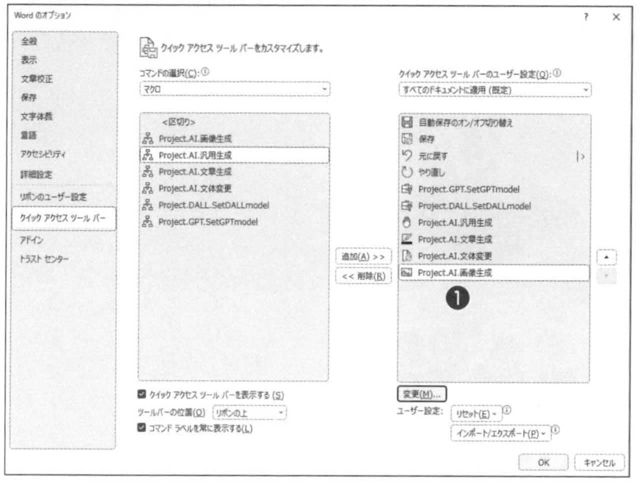

7章P.135を参考に作成した「画像生成プロシージャ」をクイックアクセスツールバーに登録❶しておく

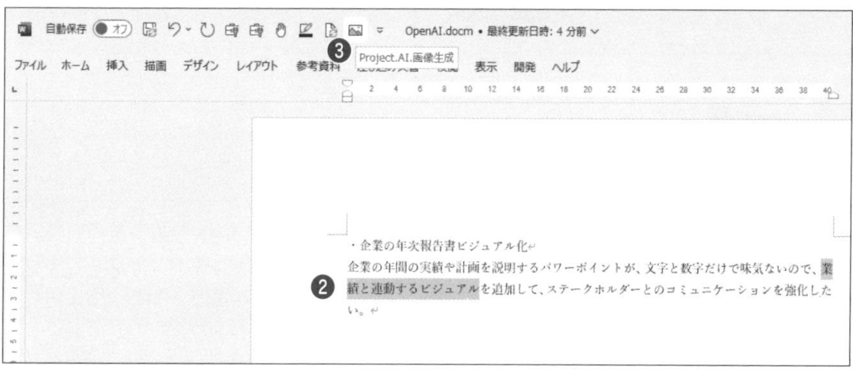

DALL-Eで画像を生成する基になる文章を選択❷し、クイックアクセスツールバーに登録された［画像生成］をクリック❸する

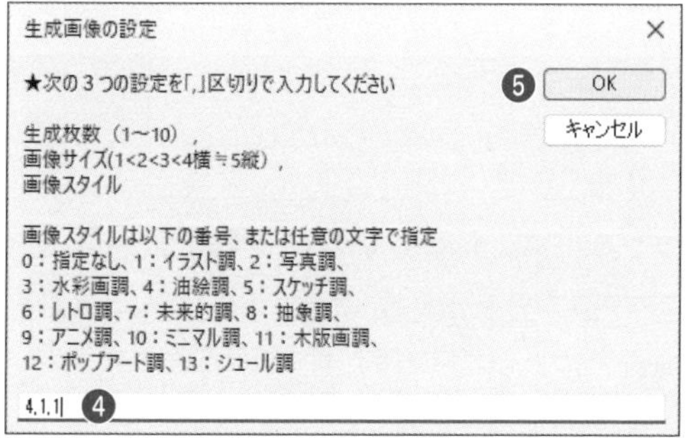
生成画像の設定
★次の3つの設定を「,」区切りで入力してください
生成枚数（1～10），
画像サイズ(1<2<3<4横≒5縦)，
画像スタイル
画像スタイルは以下の番号、または任意の文字で指定
0：指定なし、1：イラスト調、2：写真調、
3：水彩画調、4：油絵調、5：スケッチ調、
6：レトロ調、7：未来的調、8：抽象調、
9：アニメ調、10：ミニマル調、11：木版画調、
12：ポップアート調、13：シュール調
4,1,1

［生成画像の設定］ダイアログボックスが表示される。生成する画像の枚数、画像のサイズ、画像スタイルを番号で入力する。ここでは生成する画像を4枚（「4」と入力）、画像サイズを最も小さく（「1」と入力）、画像スタイルをイラスト調（「1」と入力）と入力❹する。入力が完了したら［OK］をクリック❺する

新しい文書が作成され、生成された画像が表示❻される

ワンポイント

画像生成に利用するモデルを変更できる

画像生成の精度は高いがコストも高いDALL-E3、精度はDALL-E3より劣るもののコストは半額以下のDALL-E2、これらのモデルはP.204で登録したボタンをクリックし、切り替えることが可能です。普段はDALL-E2で生成し、ここぞという場面でDALL-E3に切り替えるなど、ニーズに応じて画像生成モデルを指定するとよいでしょう。

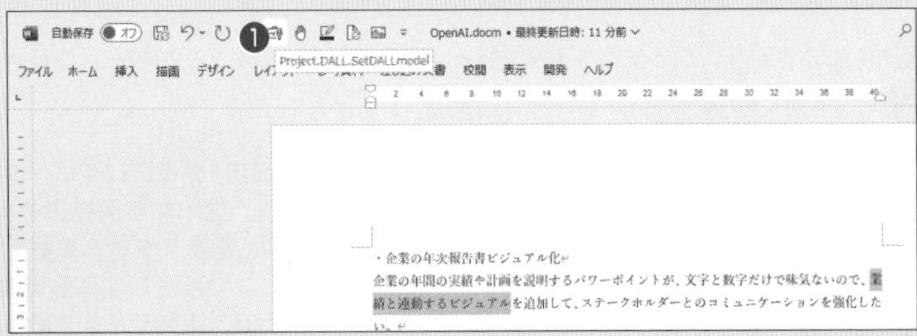

クイックアクセスツールバーに登録された［SetDALLmodel］をクリック❶する

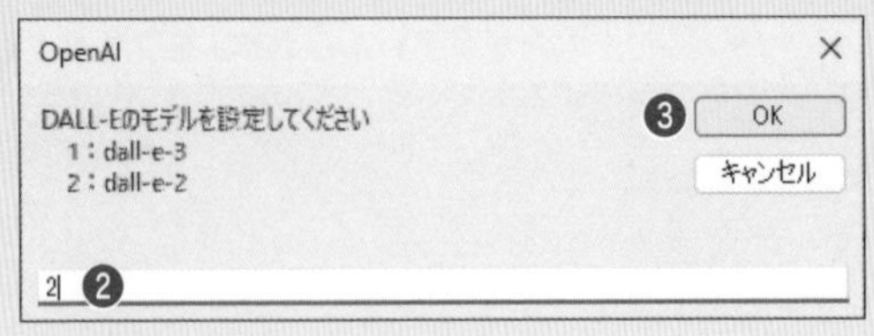

［OpenAI］ダイアログボックスが表示される。利用するモデルを数字で入力❷し、［OK］をクリック❸する

レシピ⑤ docx、PDF、txt ファイルの要約レポートを作成する

大量の文書ファイルを指定するだけで、自動で要約レポートが作成されれば、どれほど便利でしょうか。3章の最後となる本セクションでは、3章で作成したChatGPTとGetEmbeddingsの 2 つの関数を組み合わせ、docx、pdf、txt形式のファイル内容を一括要約する革新的なレシピを作成します。ファイルサイズや数にかかわらず、その内容を凝縮した要約レポートを生成、さらに、文書間の類似度をExcelで可視化する機能も搭載します。これにより文書の読解や情報収集が大幅に効率化され、迅速な意思決定や情報共有が可能となるでしょう。本レシピは、大量のファイルを理解し、見比べる必要があるビジネスにおいて欠かせないツールとなるはずです。

「Word 要約レポート生成」レシピの機能と使えるシーン

選択した文書ファイル（docx、pdf、txtなど）を自動で要約し、レポートとして出力します。元文書が数万字以上の長文で要約結果がA4サイズを超える場合、さらに簡潔な「要約の要約」も提供します。さらに、文書同士の内容の類似度を評価し、それをExcelのマトリクス形式のスコアシートで表示します。たとえば「1000文字程度で」や「内容を省略することなく」、「箇条書きで」など要約の仕方に関しての指示も可能です。その場合は、Word上に指示を入力して、そのテキストを選択した状態でマクロを実行します。

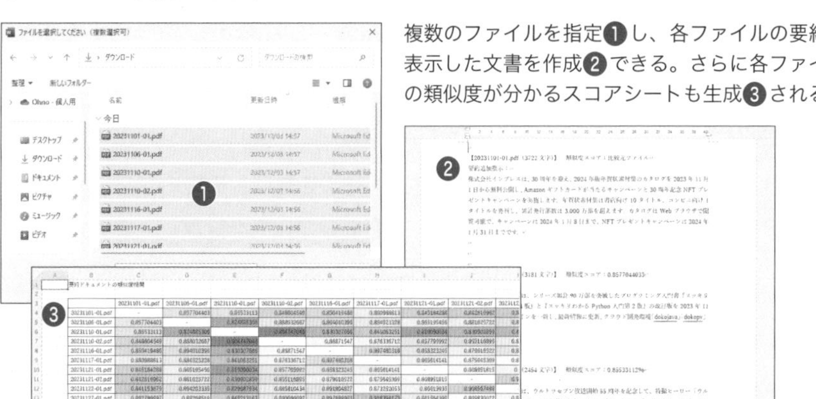

複数のファイルを指定❶し、各ファイルの要約を表示した文書を作成❷できる。さらに各ファイルの類似度が分かるスコアシートも生成❸される

使えるシーン

● **会議の前夜準備**

明日の会議のために、100ページ以上の資料を読む時間がない。資料の要点を短時間でキャッチしたい。

● **研究の時短ショートカット**

膨大な数の関連論文を読むのは難しい。論文を要約し、関連する情報や論文間の類似性を迅速に把握、研究のトピックごとの関連性や傾向を一目で確認したい。

● **法的ドキュメントの迅速ナビ**

膨大な契約書や判例などの法的文書の内容を早急に把握し、さらに類似するドキュメントを抽出したい。

● **競合の調査**

複数の競合製品のドキュメントやガイドを一括して要約し、その特徴や類似度から傾向を把握したい。

● **学生レポートのクイックスキャン**

教授や教員が学生たちから提出されるレポートや論文を要約し、オリジナリティの有無や、類似しているレポートを確認したい。

● **企業の年次報告書比較**

異なる企業の年次報告書を要約し、概要を把握するとともに、業績の推移や戦略の変化に類似性がある企業群を見つけたい。

「Word 要約レポート生成」コード解説

ファイル選択ダイアログを使用して文書ファイルを選び、その内容を読み込んでChatGPT関数を用いて要約します。次に、文書間の類似度を計算し、要約されたテキストと類似度スコアを新しいWord文書に出力します。複数の文書が指定された場合は、それらの間の類似性を評価する相関表をExcelで表示します。

サンプル 08-05.txt

```
Sub ファイル要約()

    Dim dlg As FileDialog, Files() As String, i As Long, addPr as String
    addPr = Replace(Replace(Selection.Text, vbCr, ""), vbLf, "")

    Set dlg = Application.FileDialog(msoFileDialogOpen)
    With dlg
        .Title = "ファイルを選択してください(複数選択可)"
        .Filters.Clear
        .Filters.Add "Document Files", "*.docx; *.pdf; *.txt"
        .AllowMultiSelect = True
        If .Show <> -1 Then
            MsgBox "ファイルが選択されなかったため終了します"
            Exit Sub
        End If
        ReDim Files(1 To .SelectedItems.Count)
        For i = 1 To .SelectedItems.Count
            Files(i) = .SelectedItems(i)
        Next i
    End With

    Dim Rtn, strMsg As String, ps As Long, MyNo As Long,FN as Long
    Dim arrVec() As String, arrScore()
    FN = UBound(Files)
    ReDim arrVec(1 To FN)
    ReDim arrScore(1 To FN)

    For i = 1 To FN
        ps = InStrRev(Files(i), "\")
        strMsg = strMsg & vbLf & i & ":" & Mid(Files(i), ps + 1, Len(Files(i)) - ps)
    Next i
    MyNo = 1

    If FN > 1 Then
        Rtn = InputBox("類似文書の比較元となるファイルを指定してください" & vbLf & _
        "(未入力や不正文字の場合、比較元は1となります)" & vbCrLf & strMsg)
```

```
        If StrPtr(Rtn) = 0 Then Exit Sub

        If IsNumeric(Rtn) Then
            If Rtn >= 1 Or Rtn <= FN Then
                MyNo = Rtn
                Dim TempFile As String
                TempFile = Files(1)
                Files(1) = Files(MyNo)
                Files(MyNo) = TempFile
            End If
        End If

    End If

    Dim Prompt As String
    Prompt = "次の文章を" & Selection.Text & "要約してください。" & _
    "要約した文章のみ回答してください##文章##"

    Dim doc As Document, docTemp As Document
    Set doc = Documents.Add
    doc.Activate
    Application.Activate

    Dim Text As String, Part As String
    Dim Summary As String, Title As String, AllSummary As String
    Dim L As Long, N As Long, M As Long, j As Long
    Dim docName() As String
    ReDim docName(1 To FN)

    For i = 1 To FN
        Set docTemp = Application.Documents.Open(Files(i))
        Text = docTemp.Content.Text
        Text = Replace(Replace(Text, vbCr, ""), vbLf, "")
        Text = Replace(Replace(Text, "　", ""), " ", "")
        L = Len(Text)
        docName(i) = docTemp.Name
        Title = "【" & docName(i) & "(" & L & "文字)】"
        docTemp.Close SaveChanges:=wdDoNotSaveChanges
        doc.Content.Text = doc.Content.Text & Title & vbCrLf
```

❽
```
        Do
            AllSummary = ""
            N = Int(L / 13000) + 1
            M = Int(L / N)
            For j = 1 To N
                If j < N Then
                    Part = Mid(Text, (j - 1) * M + 1, M)
                Else
                    Part = Mid(Text, (j - 1) * M + 1, L - M * (N - 1))
                End If
                doc.Content.Text = doc.Content.Text & "・・・ChatGPTが要約中・・・"
                Summary = ChatGPT(Prompt & Part)
                doc.Content.Text = Replace(doc.Content.Text, "・・・ChatGPTが要約中・・・", Summary)
                AllSummary = AllSummary & Summary
            Next j
```

❾
```
            If Len(AllSummary) <= 1300 Then
                arrVec(i) = GetEmbeddings(AllSummary)
                arrScore(i) = CosineSimilarity(Split(arrVec(1), ","), Split(arrVec(i), ","))
                If i = 1 Then arrScore(i) = "比較元ファイル"
                doc.Content.Text = Replace(doc.Content.Text, Title, Title & _
                "  類似度スコア：" & Format(arrScore(i), "0.0000000000") & vbLf & _
                "要約追加指示：" & addPr)
                Exit Do
            End If
```

❿
```
            Text = AllSummary
            L = Len(Text)
            doc.Content.Text = doc.Content.Text & vbCrLf
            doc.Content.Text = doc.Content.Text & "【" & Title & "の要約をさらに要約】" & vbCrLf

        Loop
```

⓫
```
    doc.Content.Text = doc.Content.Text & vbLf
```

```
    Next i
    Set doc = Nothing: Set dlg = Nothing: Set doc = Nothing
⓬  If FN > 2 Then
       Dim arrVal, arrIndex, r As Long, c As Long
       ReDim arrVal(1 To FN, 1 To FN): ReDim arrIndex(1 To FN)

⓭      For r = 1 To FN
           arrIndex(r) = docName(r) 'ファイル名
           For c = 1 To FN
               arrVal(r, c) = CosineSimilarity(Split(arrVec(r), ","), Split(arrVec(c), ","))
           Next c
       Next r
⓮      Call Excelマトリクス(arrVal, arrIndex, "要約ドキュメントの類似度相関")
    End If

⓯  MsgBox "要約レポートを作成しました", , "OpenAI"
```

❶…FileDialogを使用してファイル選択ダイアログを表示、要約したい文書ファイルを選択します。選択されたファイルのパスを配列Filesに格納します。

❷…文書のベクトル値やコサイン類似度を格納する変数を用意します。

❸…ファイルが複数選択された場合は、比較の基準となる文書を選択します。この文書と他の文書との類似度を後で計算します。

❹…選択されたファイルが最初に処理されるよう、配列Files(1)と入れ替えて格納します。

❺…ChatGPTにリクエストする要約のプロンプトを構築します。Word上で選択されたテキストがある場合はそれをプロンプトに加えます。たとえば「1000文字程度で」というテキストが選択されていた場合は、「次の文章を1000文字程度で要約してください」というプロンプトになります。

❻…レポート表示用の新しい文書を作成します

❼…選択された文書ファイルを順次開き、その内容を読み込んで、ChatGPT関数を呼び出して要約を行います。

❽…文章が13000文字以上の場合は、トークンオーバーとなる可能性が高いので、分割します。均等な文章量となるよう、文章量を13000で除算した商+1で分割します。たとえば、40000文字の場合、40000÷13000＝3.07･･･なので、4分割して10000文字ずつリクエストします。

❾…要約されたテキストがA4の1枚に収まる目安である1300文字以内なら、読み込んだ文書と選択した基準文書との類似度を計算します。まず、5章で作成したGetEmbeddings関数を呼び出し、テキストをベクトル変換し配列ArrVecに格納、その後、同じく5章で作成したCosineSimilarity関数を呼び出して計算した類似度スコアをArrScoreに格納します。そして、要約レポートのタイトルを置換しスコアを追記表示します。最後にWord上でテキスト選択されていた要約の追加指示内容を表示します。

⑩…要約が1300字を超える場合は、再度要約を行い、さらに短縮された要約を生成します。

⑪…新しいWord文書に、各文書の要約結果と、比較元文書との類似度スコアを出力します。

⑫…2つ以上の文書ファイルを要約した場合、それらの文書間の類似性を評価する相関表を作成、配列に格納します。

⑬…ループにより、すべての文書の組み合わせに対してコサイン類似度を算出します。

⑭…3章P.76で作成したExcelマトリクスプロシージャを呼び出し、作成し相関表の配列を引き渡してExcel上で相関表を表示します。

⑮…最後に完了のメッセージを表示して終了します。

「Excelマトリクス」プロシージャの準備

相関表には、その際に7章P.171で作成した「Excelマトリクス」プロシージャを使用します。そのプロシージャのコードをWordのAIモジュールに貼り付けておいてください。

「Word 要約レポート生成」レシピを使ってみよう

相関表には、7章P.135の手順で、マクロ「ファイル要約プロシージャ」をクイックアクセスツールバーに登録します。登録したボタンをクリックしてマクロを起動し、要約するファイルを選択（複数選択可）して、OKボタンをクリックします。ここでは、インプレス社の出版ニュースリリースのPDFを複数選択します。

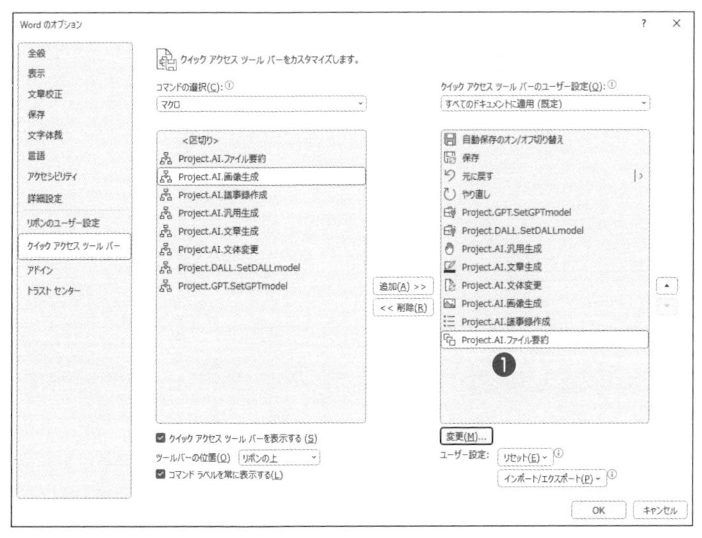

7章P.135を参考に作成した「ファイル要約プロシージャ」をクイックアクセスツールバーに登録❶しておく

クイックアクセスツールバーに登録された［ファイル要約］をクリック❷する

要約するファイルを選択する。ファイルを選択❸して［開く］をクリック❹する

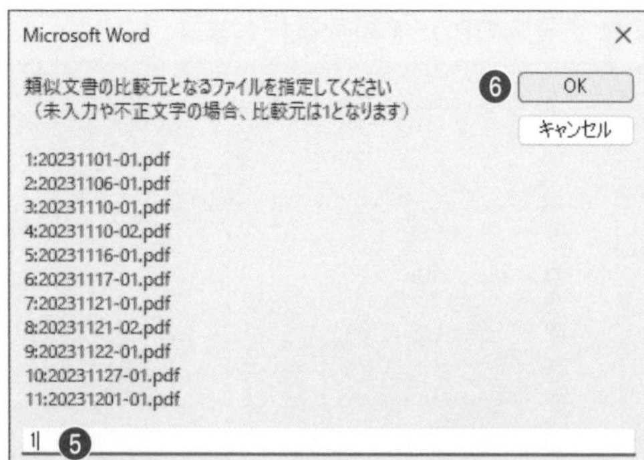

比較元になるファイルを設定する。選択されたファイルに対応した番号を入力❺して、［OK］をクリック❻する

ファイルの変換を確認する画面が表示される。［今後このメッセージを表示しない］をクリックしてチェックマークを付け❼、［OK］をクリック❽する。ここでは要約するファイルとしてPDFを選択したため、変換のダイアログボックスが表示されているが、選択するファイルによっては表示されない

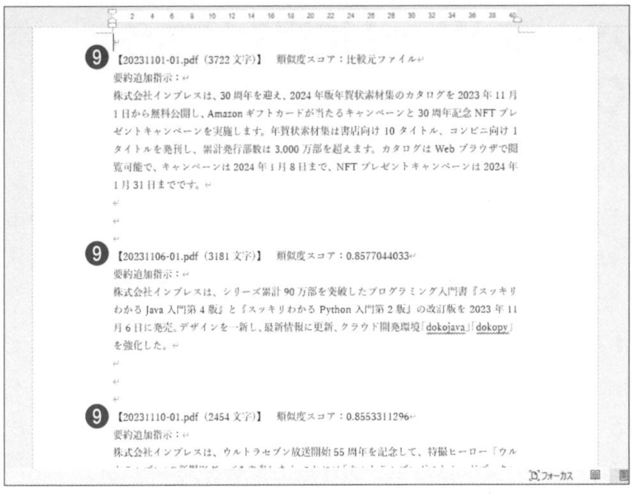

【20231101-01.pdf（3722文字）】　類似度スコア：比較元ファイル
要約追加指示：
株式会社インプレスは、30周年を迎え、2024年版年賀状素材集のカタログを2023年11月1日から無料公開し、Amazonギフトカードが当たるキャンペーンと30周年記念NFTプレゼントキャンペーンを実施します。年賀状素材集は書店向け10タイトル、コンビニ向け1タイトルを発刊し、累計発行部数は3,000万部を超えます。カタログはWebブラウザで閲覧可能で、キャンペーンは2024年1月8日まで、NFTプレゼントキャンペーンは2024年1月31日までです。

【20231106-01.pdf（3181文字）】　類似度スコア：0.8577044033
要約追加指示：
株式会社インプレスは、シリーズ累計90万部を突破したプログラミング入門書『スッキリわかるJava入門第4版』と『スッキリわかるPython入門第2版』の改訂版を2023年11月6日に発売。デザインを一新し、最新情報に更新、クラウド開発環境「dokojava」「dokopy」を強化した。

【20231110-01.pdf（2454文字）】　類似度スコア：0.8553311296
要約追加指示：
株式会社インプレスは、ウルトラセブン放送開始55周年を記念して、特撮ヒーロー「ウル

処理が完了すると［要約レポートを作成しました］ダイアログボックスが表示されるので［OK］をクリックしておく。対象となるファイル名、文字数、類似度スコアが記載❾された文書が作成される

❿

要約ドキュメントの類似度相関

	20231101-01.pdf	20231106-01.pdf	20231110-01.pdf	20231110-02.pdf	20231116-01.pdf	20231117-01.pdf	20231121-01.pdf	20231121-02.pdf	2023112
20231101-01.pdf	-	0.857704403	0.85533113	0.848604549	0.850419486	0.880988813	0.845184288	0.842616962	0.8
20231106-01.pdf	0.857704403	-	0.824885306	0.888032667	0.894010396	0.884523328	0.865195456	0.881625722	0.8
20231110-01.pdf	0.85533113	0.824885306	-	0.804747046	0.830307666	0.841063251	0.819090034	0.830902859	0.8
20231110-02.pdf	0.848604549	0.888032667	0.804747046	-	0.86871547	0.876336712	0.857795992	0.855116895	0.8
20231116-01.pdf	0.850419486	0.894010396	0.830307666	0.86871547	-	0.897460318	0.858323245	0.879616522	0.8
20231117-01.pdf	0.880988813	0.884523328	0.841063251	0.876336712	0.897460318	-	0.865614141	0.875645369	0.8
20231121-01.pdf	0.845184288	0.865195456	0.819090034	0.857795992	0.858323245	0.865614141	-	0.868951815	0.
20231121-02.pdf	0.842616962	0.881625722	0.830902859	0.855116895	0.879616522	0.875645369	0.868951815	-	0.9
20231122-01.pdf	0.841153679	0.894203335	0.829687934	0.885810434	0.891804827	0.873252053	0.86615935	0.908567498	
20231127-01.pdf	0.892786997	0.88268519	0.845213163	0.890066092	0.897689903	0.918394173	0.861564399	0.869830022	0.8
20231201-01.pdf	0.875856982	0.880235716	0.841306677	0.872271539	0.898393887	0.962421414	0.857326136	0.878093562	0.8

Excelが自動で起動し、類似度スコアをマトリクス状に表示したスコアシート❿が表示される

要約され過ぎてしまう場合は

ChatGPTの要約が非常にあっさりとした短い文章となることも多いと感じます。さらに要約された文章には、要約元の項目のみ記述されていて、肝心の内容そのものが要約されていないケースも多くあるようです。そういう場合は、次のような指示を加えてみましょう。「内容を省略することなく詳細に長文で、ダイジェストではなく内容そのものを正確に」。これをWord上で入力して選択した状態で実行すると、良い結果が得られるようになるでしょう。ChatGPTはリクエストごとに毎回異なるレスポンスを返します。安定して望んだ要約が得られるよう、追加指示をいろいろと変更して試してみてください。

8-7 ▷ レシピをWordに組み込もう（OpenAIアドインの登録）

「OpenAI.docm」のモジュールに記述したマクロは、そのファイルを開いているときだけ動作します。Wordを起動している間にいつでもレシピを使えるようにするには「リボンの追加」と「マクロ有効テンプレート」としての保存を行い、アドインとしてWordに登録する必要があります。その手順は7章P.193で詳しく紹介しています。ここでは、PowerPointとの違いを主に解説します。また、既にリボンを追加し「マクロ有効テンプレート」として保存した「OpenAI.dotm」ファイルも用意しています。こちらは、次のカスタムリボンの作成の手順をスキップし、Wordに登録するだけでレシピが使用できるようになるので、必要に応じてご活用ください。

Wordへの「OpenAI」カスタムリボン作成のポイント

基本的な操作は、7章P.193で解説した手順と同様です。ここでは7章の手順と異なる点をピックアップして解説します。

リボンのタブとボタンを追加する

サンプルファイルとして提供している次のフォルダーとファイルを使用して、リボンのタブとボタンを追加します。

[08sho] - [08-07]フォルダー内サンプルファイル

- **customUI フォルダー（customUI.xmlが保存されている）**
- **.relsに追記するテキスト.txt**

OpenAI.docmの拡張子をzipに変更し、7章P.188と同様に沿ってファイルの編集作業を行った後、拡張子をdocmに戻します。

OpenAI.docmのコードを追加する

OpenAI.docmを開くとリボン上にOpenAIタブとレシピのボタンが設置されています。次に、各プロシージャがリボンから呼ばれて動作するよう、7章P.196に記載されているコードをOpenAI.docmのAIモジュールの先頭に追記します。

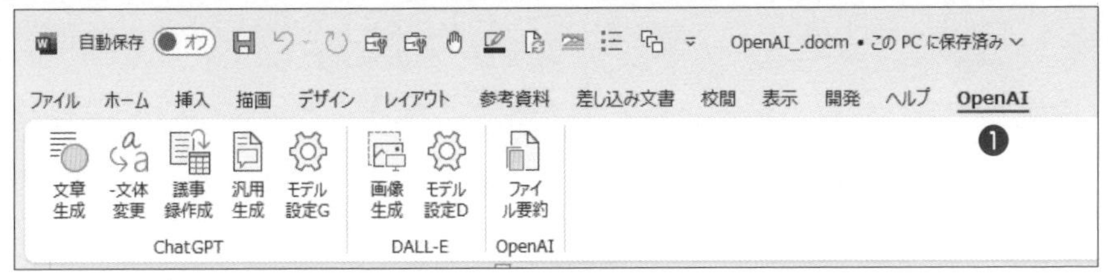

「OpenAI.docm」を開き、[OpenAI] タブが追加❶されていることを確認する

OpenAI.docmのアドイン化とWordへの登録

次の手順に沿って、OpenAI.docmをマクロ有効テンプレート(*.docm)として保存し、アドインとしてWordに登録します。その後は、Wordを開くたびに自動的にテンプレートがアドインとして有効となります。もし将来、アドインを無効にしたい場合は、同様の手順で「アドインとして使用できるテンプレート」リストからチェックボックスをオフにしてください。

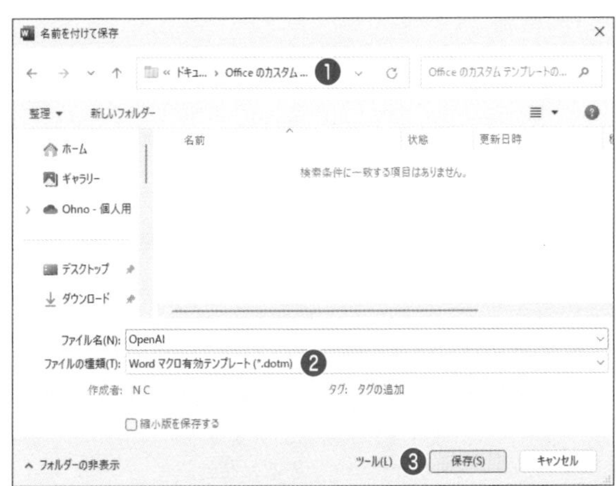

OpenAI.docmを開き、[名前を付けて保存] ダイアログボックスを表示する。ファイルの保存場所を指定❶し、ここをクリックして [Wordマクロ有効テンプレート (*.dotm)] を選択❷する。最後に [保存] をクリック❸する

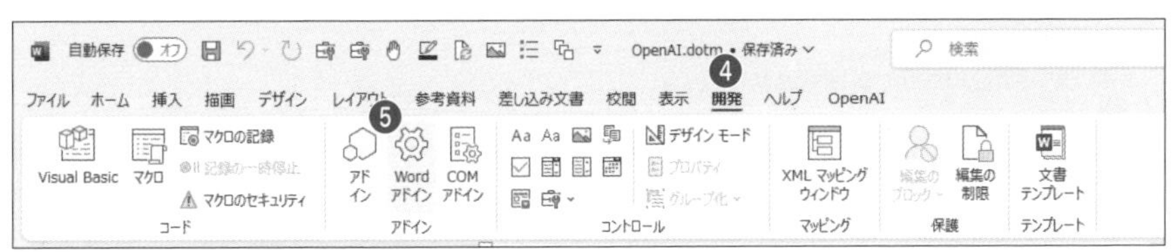

[開発] タブをクリック❹し、[Wordアドイン] をクリック❺する

Word

Chap 8 すぐに使える! Word マクロと OpenAI の連携レシピ

[テンプレートとアドイン]ダイアログが表示される。[追加]をクリック❻する

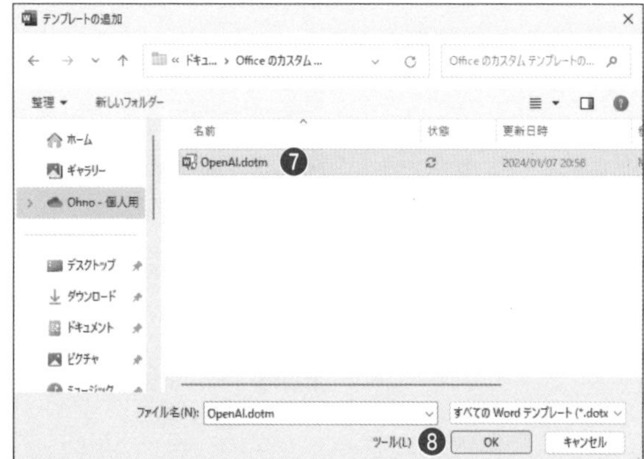

[テンプレートの追加]ダイアログボックスが表示される。保存した「OpenAI.dotm」を選択❼し、[OK]をクリック❽する

[アドインとして使用できるテンプレート]に「OpenAI.dotm」が表示❾される。チェックマークが付いていることを確認し、[OK]をクリック❿する

第 9 章

Chapter

9

▽

すぐに使える！ Outlook マクロと生成 AI の連携レシピ

本章では、多くの方が日々使用している Outlook を、OpenAI の生成 AI 技術と統合することで、従来のメール機能を大幅に拡張していきます。3～5章で作成した OpenAI の API を呼び出す関数を利用した、7、8章と同様の「レシピ形式」で分かりやすく解説、ChatGPT を利用して返信メールの自動生成や、DALL-E を使ってメールに彩りを添えるレシピを作成します。さらに Embeddings を使用して文の意味や文脈を理解する自然言語処理に基づいた高度な検索方法も取り上げます。本章で紹介するOutlook と生成 AI の連携により、メール管理と作成が大きく変わり、ビジネスコミュニケーションがより効率的かつスムーズになるでしょう。

9-1 ▷レシピを作成する準備

Outlookでのマクロの取り扱いは、他のOfficeアプリと少し異なります。Outlook以外の他のOfficeアプリでは、マクロを記述するモジュールが個別のファイルに保存されるため、そのマクロは当該ファイルが開いている間以外は使用できません。そこで、7章、8章、10章の最後のセクションでは、アドイン化という手法で、作成したマクロをアプリケーション全体で使用できるようにしています。

Outlookでは、マクロを記述するモジュールがOutlook自体に組み込まれます。これにより、Outlookのモジュールに記述されたプロシージャは、Outlookを起動している間はいつでも使えるため、アドイン化を行う必要はありません。クイックアクセスツールバーにマクロ（プロシージャ）を登録する際は、今後も利用することを念頭に置き、分かりやすいアイコンや名称を設定するとよいでしょう。

各関数モジュールを Outlook へインポートする

まず、6章P.119で作成した、DALL、Embeddings、GPTの各モジュールを、次の手順に沿ってOutlookにインポートしましょう。これにより、Outlook VBAから各関数が呼び出せるようになります。

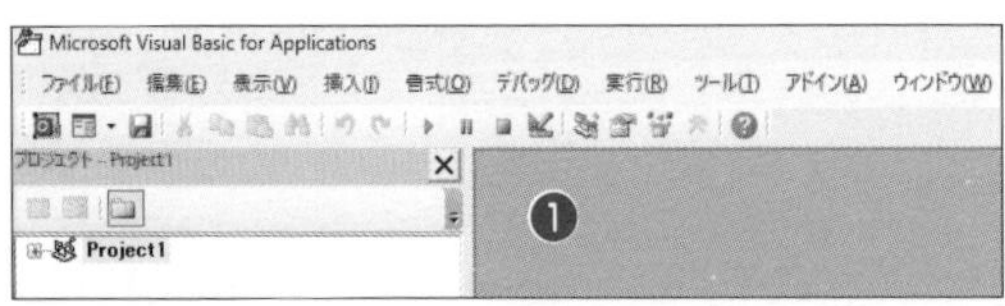

Outlookを起動し、[開発] タブからVisual Basic Editorを起動❶しておく。[開発] タブが表示されていないときは1章P.18を参考に表示する

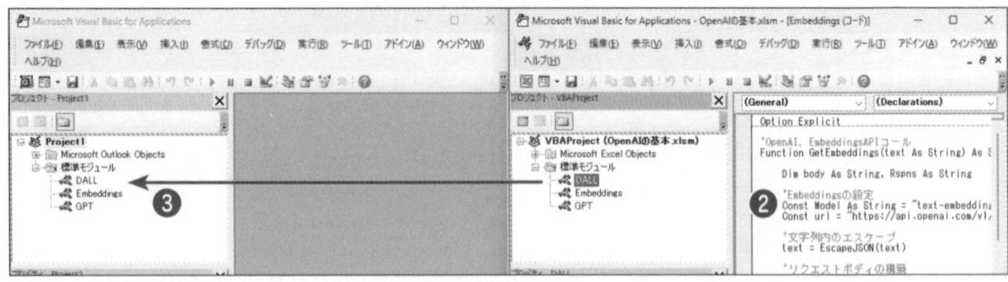

6章P.119で作成したExcelワークブック「OpenAIの基本.xlsm」を開き、Visual Basic Editorを起動❷しておく。ExcelとOutlookのVisual Basic Editorを左右に並べて配置し、Excelの[DALL] [Embeddings] [GPT] の各モジュールをOutlookのVisual Basic Editorにドラッグアンドドロップ❸する

AI モジュールを作成する

次に、この章で作成するマクロコードを記述する「AI」モジュールを挿入します。Outlookを起動している間、インポートしたOpenAIのAPI関数や、「AI」モジュールに記述するマクロが動作します。次のセクションから、生成AIを活用したレシピを作成していきます。

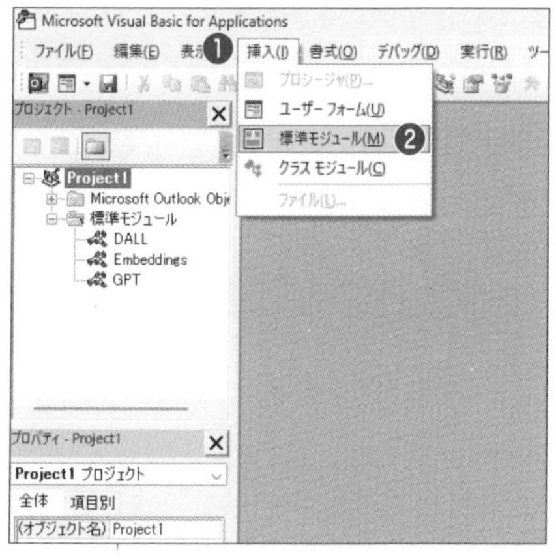

OutlookのVisual Basic Editorの［挿入］メニューをクリック❶し、［標準モジュール］をクリック❷する

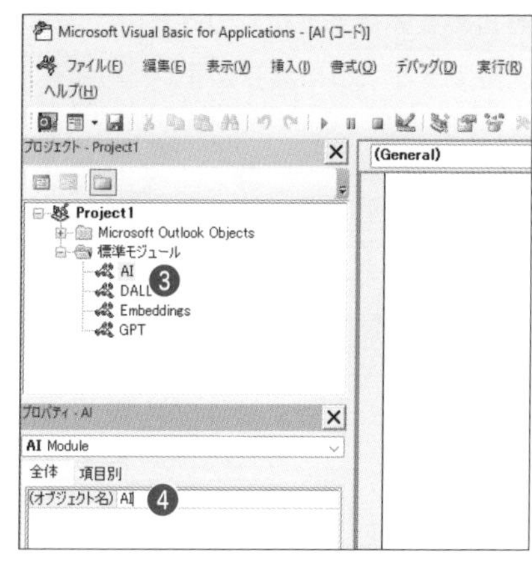

追加された標準モジュール❸をプロパティウィンドウを使って［AI］に変更❹する

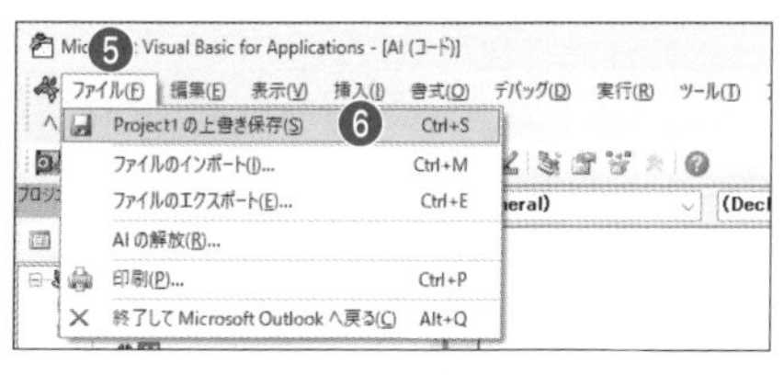

［ファイル］をクリック❺し、［「プロジェクト名」の上書き保存］をクリック❻する

［開発］タブを表示する設定画面が表示できないときは

リボンが表示されず、［ホーム］［表示］［ヘルプ］のタブだけが表示されているときは、Outlookが「新しいOutlook」に切り替わっている可能性があります。その場合は、以下のように右上に表示された［新しいOutlook］をクリックして、オフにすることで従来のOutlookに戻せます。

1章P.18を参考に［Outlookのオプション］が表示できないときは、右上に表示された［新しいOutlook］をクリック❶し、新しいOutlookから戻す

マクロのセキュリティを設定する

Outlookのマクロ設定は、他のOfficeアプリとは異なります。Outlookでは、個々のファイルを開く際にマクロを有効または無効にするのではなく、アプリケーション全体の設定を通じてこれを制御します。次の手順に沿って、「すべてのマクロに対して警告を表示する」設定を行いましょう。この設定を適用すると、マクロを初めて実行する際にのみ警告が表示されるため、マクロをより安全かつ効率的に利用できるようになります。

[開発] タブをクリック❶し、[マクロのセキュリティ] をクリック❷する

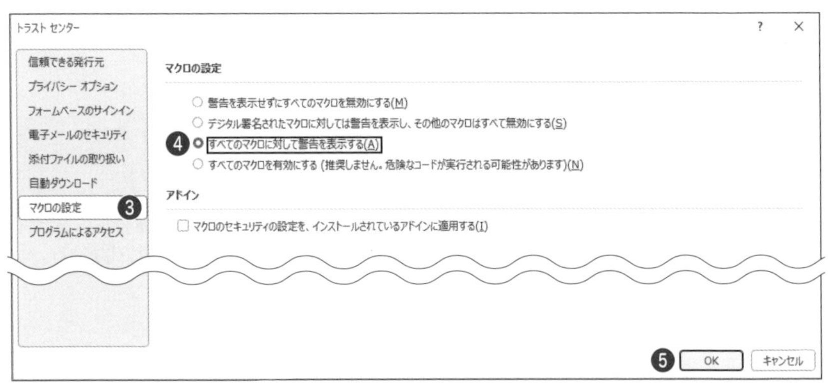

[マクロの設定] をクリック❸する。[すべてのマクロに対して警告を表示する] をクリック❹し、[OK] をクリック❺する

APIで呼び出すモデルの設定

3章で作成したChatGPT関数、4章で作成したDalle関数は、それぞれの複数のモデルがあります。それを切り替えるために3章P.75で作成したSetGPTmodelプロシージャ、4章P.97で作成したSetDALLmodelプロシージャを、Outlookから呼び出せるようにしておきましょう。7章P.135の手順に沿って、クイックアクセスツールバーに、各プロシージャを登録します。

9-2 ▷レシピ① メールを要約する

早速、3章で作成したChatGPT関数をOutlookから使用していきましょう。まずは、選択したメールの本文を簡潔に要約するレシピを作成します。VBAでChatGPT関数を呼び出すだけで、この機能を簡単に実現できるのです。このレシピの活用により、多くのメールから必要な情報だけをすばやく抽出できるようになり、メールの整理や管理がぐっと楽になるでしょう。

「メール要約」レシピの機能と使えるシーン

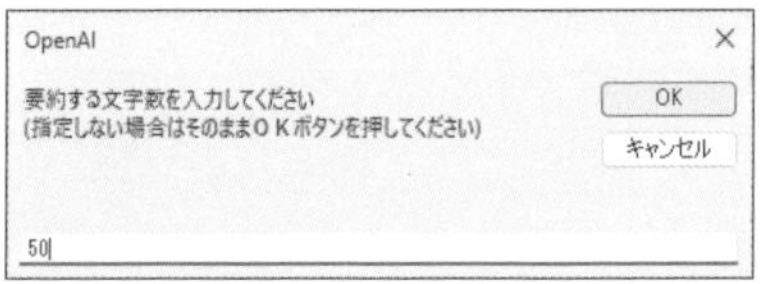

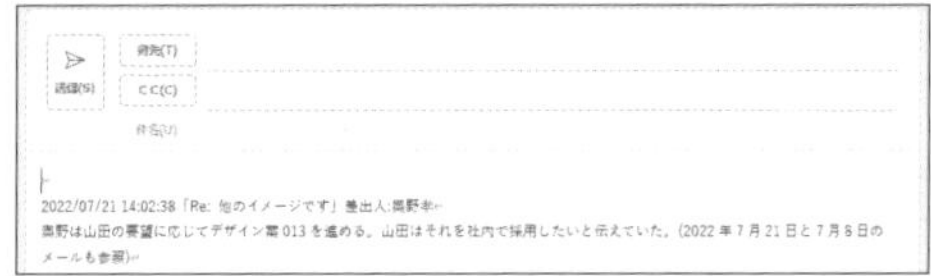

選択したメールを対象に本文を要約できる。インプットボックスを表示し、要約する際の文字数も指定できる

使えるシーン

● **プロジェクト進捗を一目で理解**

プロジェクトに関する多数の進捗報告やフィードバックメールが頻繁に届くので、要点を素早く把握し、効率的にプロジェクトの状況を理解したい。

● **素早いエグゼクティブサマリー作成**

上司やステークホルダーに報告する際、多数の関連メールから要点をまとめたエグゼクティブサマリーを作成したい。

● **カスタマーサポートを加速**

大量の顧客からのフィードバックや問い合わせメールを効率良く処理する必要があり、各メールの主要な内容をすばやく把握し、優先度に応じて対応したい。

- **緊急事態発生中に一瞬で状況把握**

  緊急を要する事態が発生した際、関連する多数のメールを高速にスキャンして、緊急度や対応が必要なポイントを素早く把握したい。

- **ニュースレター速読で情報収集**

  ビジネスに関連する多数のニュースレターや自動生成レポートを購読しているが、それらの要点を短時間でつかみたい。

- **研究開発のボトルネック解消**

  多数の研究報告や文献、プロジェクトの進捗状況などがメール本文で送られてきて読み込む時間が取れない。それらの要点を短時間で把握し、研究や開発をより効率的に進めたい。

「メール要約」コード解説

選択されたメールから順次本文テキストを取得して、3章で作成したChatGPT関数を呼び出して内容を要約します。要約結果は新規メールを作成して表示します。

サンプル 09-01.txt

```
Sub 選択されたメールを要約()

    Dim mItem As Object, N As Long
    Dim selectedItems As Selection

    Set selectedItems = ActiveExplorer.Selection
    If selectedItems.Count = 0 Then
        MsgBox "選択されているメールがありません", , "OpenAI"
        Exit Sub
    End If

    For Each mItem In selectedItems
        If Not TypeOf mItem Is mailItem Then
            MsgBox "メール以外のアイテムが選択されているため終了します", , "OpenAI"
            Exit Sub
        End If
```

```
    Next

    Dim MyRtn, strFront As String
    MyRtn = InputBox("要約する文字数を入力してください" & vbCrLf & _
                    "(指定しない場合はそのままOKボタンを押してください)")
    If StrPtr(MyRtn) = 0 Then
❹        Exit Sub
    ElseIf MyRtn <> "" Then
        MyRtn = Val(StrConv(MyRtn, vbNarrow))
        If IsNumeric(MyRtn) Then strFront = MyRtn & "文字程度で"
    End If

    strFront = "次のメール本文を" & strFront & "要約してください。前のメールが引用されている場合は、" & _
❺    "引用されたメールごとにメール受信日も入れて要約してください。" & vbCrLf & _
    "文字数指定がある場合は、引用されたメールよりメール本文を優先して要約してください。"

    Dim objMail As mailItem
    Set objMail = Application.CreateItem(olMailItem)
❻    With objMail
        .BodyFormat = olFormatPlain
        .Display
    End With

❼    Dim strTitle As String, strPrompt As String, strText As String
❽    For Each mItem In selectedItems

❾        strTitle = mItem.ReceivedTime & "「" & mItem.Subject & "」差出人:" & mItem.SenderName
❿        strPrompt = strFront & Left(mItem.body, 12000)
        strText = ChatGPT(strPrompt)

⓫        objMail.body = objMail.body & vbCrLf & strTitle & vbCrLf & strText & vbCrLf & vbCrLf
        N = N + 1
    Next mItem

⓬    MsgBox N & "件のメールを要約しました"

End Sub
```

❶…メールアイテム、要約文字数、選択されたメールなど、必要な変数を定義します。

❷…ActiveExplorer.Selectionは、Outlookのメインウィンドウやメール一覧が表示されるエクスプローラーウィンドウで現在選択中のアイテム群を参照するOutlook VBA独自のオブジェクトです。これを用いて選択されているメール群を取得し、選択中のアイテムの総数を示すCountプロパティを参照します。もしメールが一つも選択されていない場合、処理を終了します。

❸…選択されているアイテムの種類ループで一つずつ取り出し、メール以外のアイテムが選択されている場合は、メッセージボックスで警告を出して処理を終了します。

❹…StrPtr関数の引数にInputBox関数の戻り値を設定すると、キャンセルボタンがクリックされた場合「0」(ゼロ)が返ることを利用してキャンセルを判定、その場合はプロシージャを終了します。要約する文字数を指定し、指定がある場合はChatGPTのプロンプトに入れ込みます。

カスタマイズポイント

このプロンプトを修正することで、要約の条件を変更することができます。現在は、引用メール単位に要約するように指定していますが、たとえば「引用メールもまとめて要約」するよう指定すると、引用メールの内容が含まれた要約となります。

❺…ChatGPTにリクエストするプロンプトを構築します。

❻…要約を書き込む新規メールを作成します。ChatGPTからのレスポンスに合わせてテキスト形式にします。

❼…メールのタイトル、プロンプト、そしてChatGPTの応答を保持するための3つの文字列変数を宣言します。

❽…選択されたメールアイテムすべてに対して処理を繰り返します。

❾…受信した日時 (mItem.ReceivedTime)、件名 (mItem.Subject)、および差出人の名前 (mItem.SenderName) を組み合わせて、メールのタイトルを作成します。

❿…作成したメールタイトルとメール本文を用いてChatGPTに要約をリクエストします。メール本文はトークンオーバーとならないよう12000文字までとします。

カスタマイズポイント

gpt-4-1106-previewを指定する場合は、128Kトークンまでリクエスト可能です。その場合は90000文字程度までに変更してもよいでしょう。

⓫…新規メールに、作成したメールタイトルとChatGPTからのレスポンスである要約を追加し、変数Nに要約処理した件数をカウントします。

⓬…すべての選択されたメールを要約したら、その件数をメッセージボックスで表示して終了します。

「メール要約」レシピを使ってみよう

さっそく、レシピを使ってみましょう。まず、要約したいメールを選択し、7章P.135の手順で事前に登録しておいたボタンをクリックします。すると、要約された内容が新しいメールとして画面に表示されます。この要約には、受信日時、メールのタイトル、差出人の名前が、テキストの上部に見出しとして加えられます。また、インプットボックスに要約する文字数を入力することも可能です。特に文字数を指定しなければ、ChatGPTが自動的に適切な長さで要約を行います。

7章P.135を参考に作成した「選択されたメールを要約」プロシージャをクイックアクセスツールバーに登録❶しておく

注 意 P.244の手順通り、マクロのセキュリティ設定を「すべてのマクロに対して警告を表示する」にしている場合、クイックアクセスツールバーにマクロを登録する際に警告がポップアップします。この警告は予想される通常の動作なので、心配する必要はありません。表示された警告画面で「マクロを有効にする」をクリックして続行しましょう。

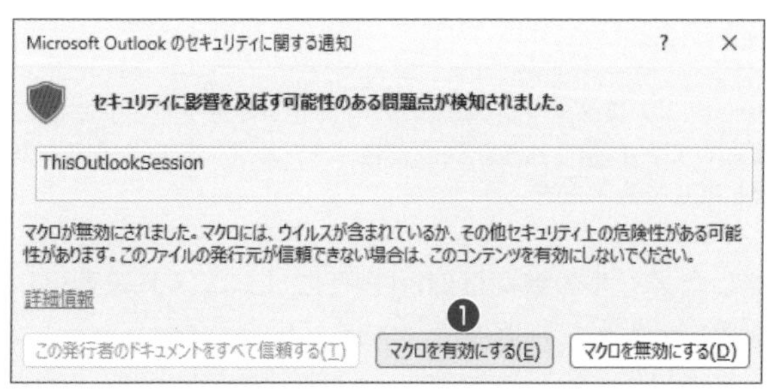

[マクロを有効にする]をクリック❶すると、マクロを許可できる

要約するメールを選択❷し、クイックアクセスツールバーに登録された［選択されたメールを要約］をクリック❸する

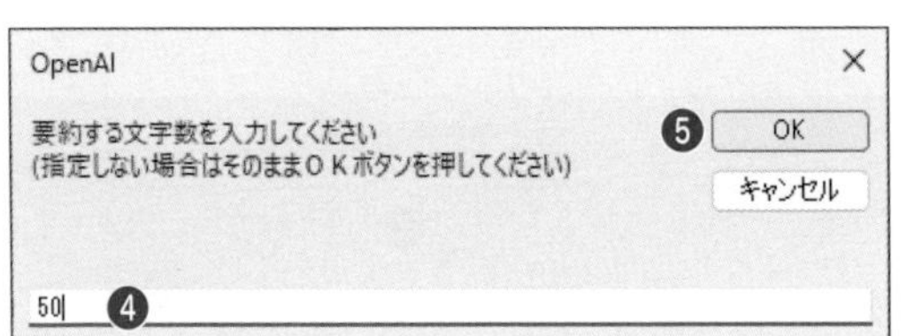

要約する文字数を入力するインプットボックスが表示される。要約する文字数を入力❹し、［OK］をクリック❺する

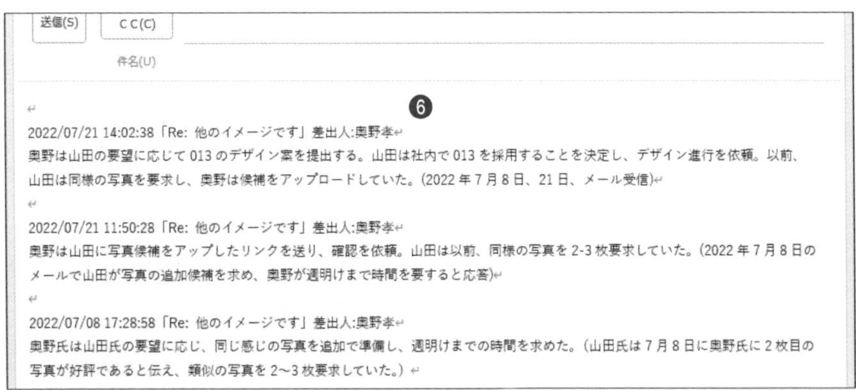

「要約が完了しました」というダイアログボックスが表示され、［OK］をクリックすると要約されたテキストが新規メールとして表示❻される。受信日時、メールタイトル、差出人の名前が要約テキストの上部に見出しとして表示さる

注意 本レシピは、選択したメールの数だけChatGPTにリクエストを実行します。多くのメールを選択して実行した場合は、それに応じた時間とコスト（課金）とがかかりますので、ご注意ください。

クイックアクセスツールバーのボタン名を変更できる

クイックアクセスツールバーにマクロを登録する際、デフォルト設定ではマクロ名が長く表示されています。7章P.135の手順に沿って［変更］ボタンをクリックし、表示名やアイコンをカスタマイズしましょう。この設定はクイックアクセスツールバーに直接反映されるため、表示名を短くして、マクロの機能を直感的に理解できるアイコンを選ぶと、使いやすさが向上します。

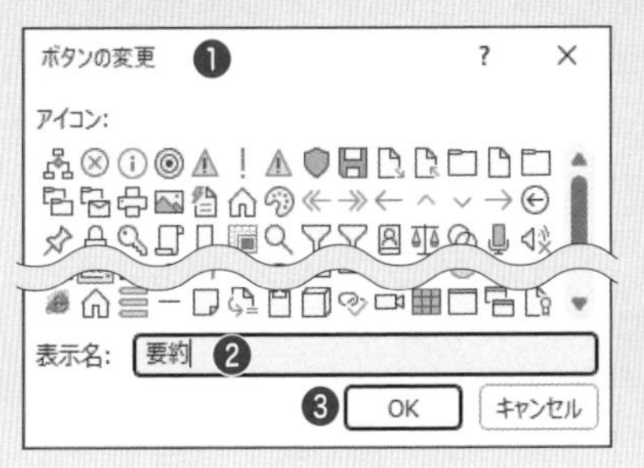

7章P.135を参考に、［ボタンの変更］ダイアログボックスを表示❶しておく。［表示名:］にボタンに表示する文字を入力❷し、［OK］をクリック❸する

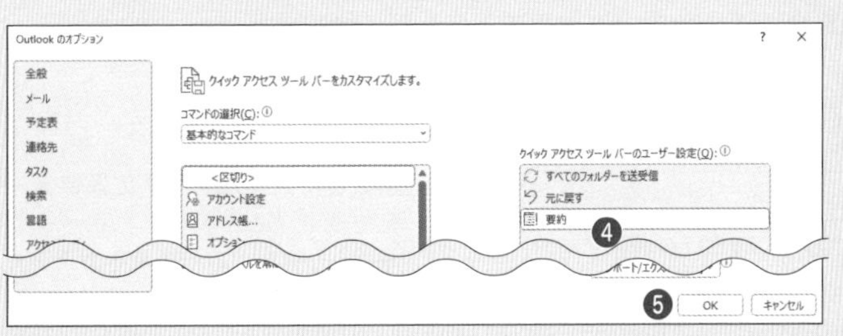

変更されたボタン名が表示❹されるので、［OK］をクリック❺する

クイックアクセスツールバーに登録されるボタンの表示名が変更❻される

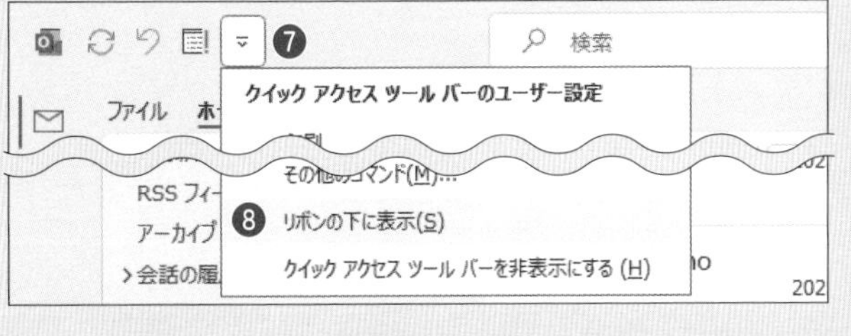

［クイックアクセスツールバーのユーザー設定］をクリック❼し、［リボンの下に表示］をクリック❽する

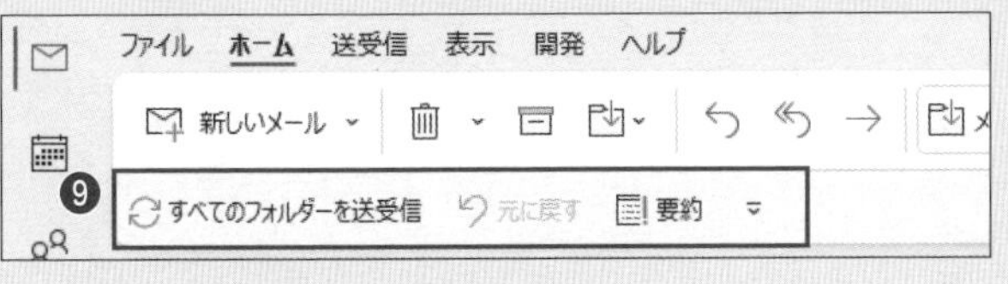

クイックアクセスツールバーがリボンの下に表示❾される

9-3 レシピ② 多様な返信メールを生成する

返信メールを自動生成するレシピを作成しましょう。あらかじめ定められたいくつかの返信タイプ（例：「御礼」、「承諾」、「拒否」など）を選択できるようにして、多様な返信ニーズに応えられるように作成します。さらに、選択肢にない特定の趣旨や注意点を自由に入力する機能も実装します。このレシピは、よくある一般的な返信をする際や、下書きが欲しい場合にも役立ちます。

「返信メール生成」レシピの機能と使えるシーン

指定したタイプの返信メールを生成します。タイプは以下の7つから選択できます。または、趣旨や注意点を自由に入力することができます。

1:御礼　2:承諾　3:拒否　4:賛成　5:反対　6:賞賛　7:抗議

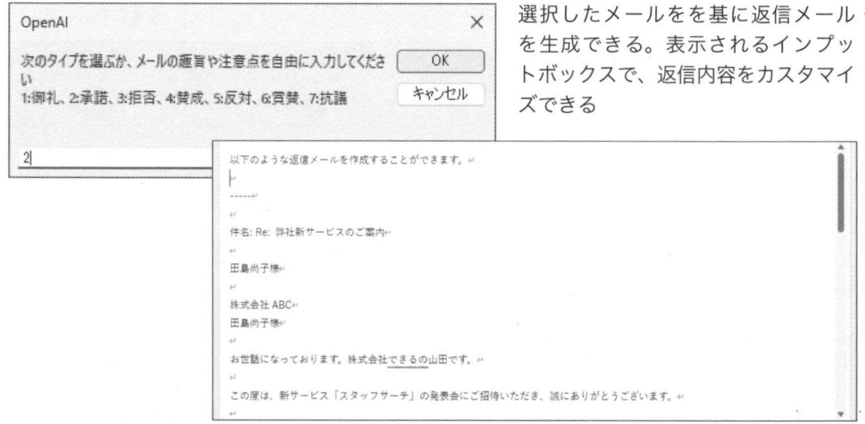

選択したメールをを基に返信メールを生成できる。表示されるインプットボックスで、返信内容をカスタマイズできる

使えるシーン

● 即時のメール返信

上司や関係部署からのプロジェクト承認メールに即座に「承諾」または「賛成」で返信、他部署や外部からの提案に対して、素早く「御礼」を伝えたい。

● **迅速な受付返信で信頼アップ**

顧客からの質問に、即座に「承諾」で受け付けたことを伝えたい。

● **漏れのない感謝の一言**

イベントやセミナーの参加者やスポンサーへ即座に「御礼」のメールを作成したい。

● **きめ細かな営業フォローアップ**

新しい取引先や既存のクライアントに対する進捗確認のメールに「承諾」で返信、完了したプロジェクトや取引に対して「御礼」の返信メールを作成したい。

● **一言先行の円滑コミュニケーション**

即座の返信が困難なケースでも、いったん「賞賛」で感謝を示したり、「反対」で取り急ぎの意思を伝えて、コミュニケーションをスムーズに行いたい。

● **混乱を防ぐクリアな伝達**

進行しているプロジェクトをすぐに止めなくてはならない状況となった際、直近のメールに「拒否」で返信することで、至急、中止の意思を伝えたい。

「返信メール生成」コード解説

Outlookでメールを1つ選択した状態で実行します。目的別の返信を作成するプロンプトを構築し、本文テキストとともに、3章で作成したChatGPT関数を呼び出しリクエストします。ChatGPTからのレスポンスを利用して返信メールを自動生成します。

サンプル 09-02.txt

```
Sub 選択されたメールを返信()

    Dim mItem As Object
    Dim selectedItems As Selection

    Set selectedItems = ActiveExplorer.Selection
    If selectedItems.Count = 0 Then
        MsgBox "選択されているメールがありません", , "OpenAI"
        Exit Sub
```

```
    ElseIf selectedItems.Count > 1 Then
        MsgBox "複数のアイテムが選択されています。" & vbCrLf & _
                "メールを一つ選択して実行してください", , "OpenAI"
        Exit Sub
    End If

    Set mItem = selectedItems(1)

    Dim objReply As mailItem
❸    Set objReply = mItem.Reply
    objReply.Display

❹    Dim strPrompt As String, strBody As String, strType As String, MyRtn
    strBody = left(objReply.body, 3000)

    MyRtn = InputBox("次のタイプを選ぶか、メールの趣旨や注意点を自由に入力してください" & vbCrLf & _
    "1:御礼、2:承諾、3:拒否、4:賛成、5:反対、6:賞賛、7:抗議", "OpenAI")
    Select Case Val(StrConv(MyRtn, vbNarrow))
        Case 1
            strType = "御礼"
        Case 2
            strType = "承諾"
        Case 3
❺            strType = "拒否"
        Case 4
            strType = "賛成"
        Case 5
            strType = "反対"
        Case 6
            strType = "賞賛"
        Case 7
            strType = "抗議"
        Case Else
            strType = MyRtn
    End Select

❻    strPrompt = "あなたは次のメールを受信しました。" & strType & "する返信メール作成してください。" & _
    "メールは次の通りです。#以下メール#" & vbCrLf & strBody
    objReply.body = ChatGPT(strPrompt) & vbCrLf & objReply.body
```

```
End Sub
```

❶…メールアイテムと選択されたアイテムの変数を定義しています。

❷…ActiveExplorer.Selectionを用いて、現在選択されているメールを取得しています。選択されているメールがない、または複数選択されている場合にはエラーメッセージを表示して処理を終了します。

❸…選択されたメール（mItem）に対して、Replyメソッドで返信用の新規メール（objReply）を生成します。

❹…ChatGPTにリクエストする、返信メール本文を最大3000文字として構築します。

❺…インプットボックスを用いて、返信のタイプを選択します。選択された番号（または入力されたテキスト）に基づいて、返信のタイプ（strType）を決定します。

カスタマイズポイント

StrTypeに設定した、御礼、承諾、拒否、賛成、反対、賞賛、抗議を変更することで、さまざまな趣旨の返信メールを生成することができます。「質問」「新たな提案」など別の要素で試してみるのもよいでしょう

❻…ChatGPTに、生成すべき返信の内容をリクエストします。結果をobjReply.bodyにセットして、返信メール上に表示します。たとえば、御礼の場合、次のようなプロンプトとなります。

● プロンプト例

あなたは次のメールを受信しました。"御礼する返信メール作成してください。メールは次の通りです。#以下メール# ～

カスタマイズポイント

strPromptの内容を変更することで、返信メール生成の精度が上がる可能性があります。思ったような返信が生成されない場合は、たとえば、「丁寧な口調で」や「厳しく指摘するように」など具体的に表現方法を入れ込むなど工夫してみましょう。

「返信メール生成」レシピを使ってみよう

7章P.135の手順に沿って、作成したマクロ（プロシージャ）をクイックアクセスツールバーにボタン登録します。返信を生成したいメールを選択して、登録したボタンをクリックします。

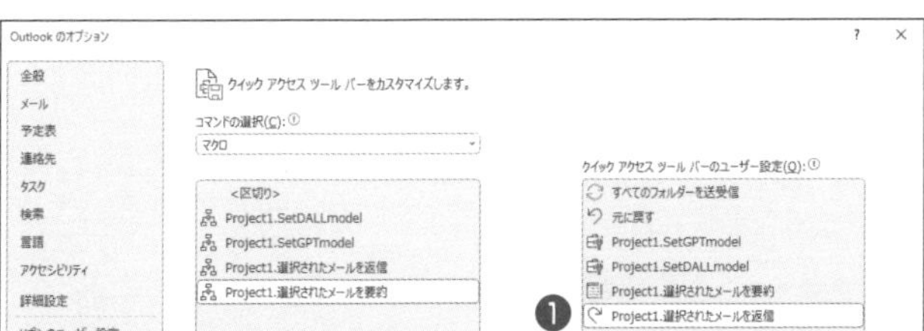

7章P.135を参考に作成した「選択されたメールを送信」プロシージャをクイックアクセスツールバーに登録❶しておく

返信メールを生成する基になるメールを選択❷し、クイックアクセスツールバーに登録された[選択されたメールを送信] をクリック❸する

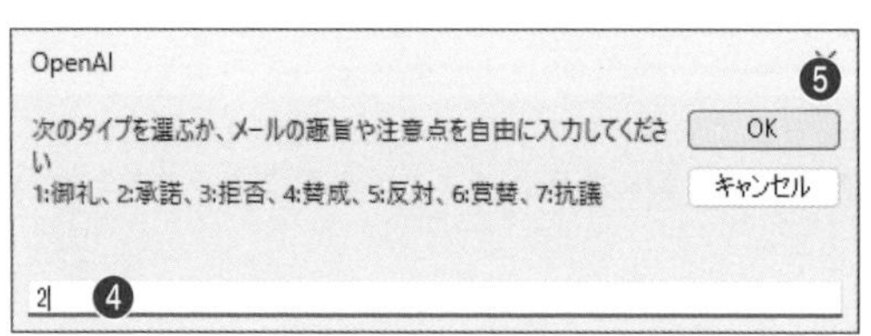

返信内容を指定するインプットボックスが表示される。ここでは承諾する返信文を生成する「2」を入力❹し、[OK] をクリック❺する

生成された返信文が挿入された新規メールが作成❻される

9-4 ▷ レシピ③ 作成中のメールのイメージに沿った画像を挿入する

Outlookでメールを作成する際、単なる文字だけでは感情や雰囲気をうまく伝えきれないと感じることはありませんか？ あるいは、シンプルなテキストでは物足りず、おしゃれなワンポイントや視覚的な要素が欲しいと思ったことはないでしょうか。そんな願いを叶えるレシピを作成します。3章、4章で作成したChatGPT関数とDalle関数を組み合わせることで、選択したテキストに基づいたイメージ画像やアイコンを生成し、メール本文に挿入することができます。

「メール画像追加」レシピの機能と使えるシーン

開いているメール上で選択されたテキストのイメージに沿う画像を生成し、そのテキストの直後に挿入します。

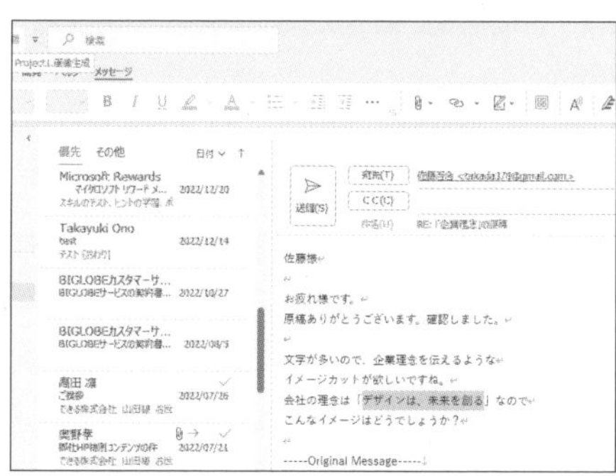

メール内のテキストを基に、画像を生成してメールに挿入できる

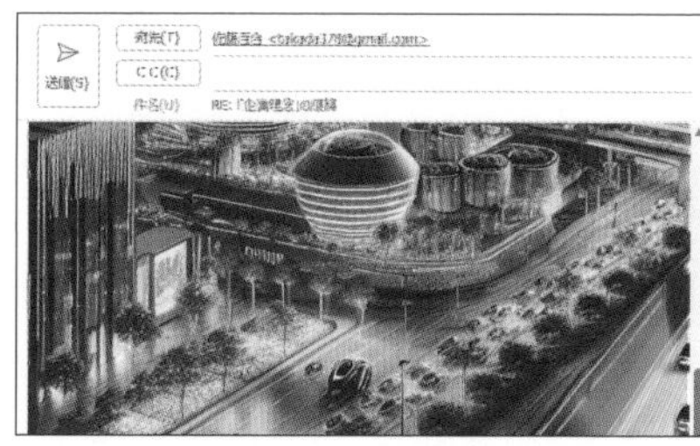

使えるシーン

- **心からの感謝メール**

  「ありがとう」だけでは物足りないので、メール本文に「感謝」の気持ちをビジュアル化した画像を加えたい。

- **クリスマスや年末のご挨拶**

  雪景色やクリスマスツリーの美しい画像を、「素敵な年末を」というメール本文の最後に添えたい。

- **プロジェクト完了報告**

　「成功」や「完了」を伝えるメールに、華々しい打ち上げ花火やゴールテープを切る瞬間の画像を表示し、メンバー全員で成果を称えたい。

- **一目瞭然なキャンペーン案内**

　新しいキャンペーンの特徴をイメージできる画像を生成し、一目で分かる案内メールを作成したい。

- **会議のアジェンダのワンポイント**

　時計や砂時計を使ったシンボリックな画像を生成しメールに挿入、「効率的な議論」を促したい。

- **一瞬で印象を伝えるビジュアルメール**

　高品質、楽しい時間、便利なサービスなど、メールのアピールポイントをイメージできる画像を活用して、ミュニケーションレベルを高めたい。

「メール画像追加」コード解説

3章で作成したChatGPT関数を使用して、Outlookのメール作成画面で選択されているテキストから画像生成のためのプロンプトを作成します。このプロンプトを利用し、4章で作成したDalle関数を呼び出して画像を生成した後、その画像を選択したテキストの直後に追加します。なお、画像生成処理に関する具体的なコードは7章のPowerPointセクションで取り上げているため、ここでは割愛しています。詳しい説明が必要な場合、7章P.141をご参照ください。

サンプル 09-03.txt

```
Sub 画像生成()

    Dim olApp As Outlook.Application
    Dim olInspectors As Outlook.Inspectors
    Dim olExplorer As Outlook.Explorer
    Dim olInspector As Outlook.Inspector
    Dim wdEditor As Object
```

```
    Dim i As Long, n As Integer
    Dim mItem As mailItem

    Set olApp = New Outlook.Application
    Set olInspectors = olApp.Inspectors
    Set olExplorer = olApp.ActiveExplorer

    For i = 1 To olInspectors.count
        Set olInspector = olInspectors.Item(i)
        Set mItem = olInspector.CurrentItem
        If mItem.Class = olMail And Not mItem.Sent Then
            If olInspector.EditorType = olEditorWord Then
                n = n + 1
                If n > 1 Then
                    MsgBox "複数の作成中のメールが開いています。1つだけ開いてください。", , "OpenAI"

                Else
                    Set wdEditor = olInspector.WordEditor
                End If
            End If
        End If
    Next i
    If n = 0 And Not olExplorer Is Nothing Then
        If olExplorer.Selection.count = 1 Then
            Set mItem = olExplorer.ActiveInlineResponse
            If mItem.Class = olMail And Not mItem.Sent Then
                n = 1
                Set wdEditor = mItem.GetInspector.WordEditor
            Else
                MsgBox "選択されたアイテムは作成中のメールではありません。", , "OpenAI"
                Exit Sub
            End If
        Else
            MsgBox "選択されたメールがないか、複数選択されています。", , "OpenAI"
            Exit Sub
        End If
    End If

```

❹

```
    If n = 0 Then
        MsgBox "作成中のメールが開いていません。", , "OpenAI"
        Exit Sub
    End If

```

❺

```
    On Error Resume Next
    wdEditor.Application.Selection.TypeText text:=""
    If Err.Number <> 0 Then
        MsgBox "選択されたメールは編集不可な状態です。" & _
        "ポップアウトさせてから再度実行してください", , "OpenAI"
        Exit Sub
    End If
    On Error GoTo 0

```

❻

```
    Dim text As String
    text = wdEditor.Application.Selection.text
    If text = "" Then
        MsgBox "テキストが選択されていません", , "OpenAI"
        Exit Sub
    End If
```

画像生成プロシージャ　7章P.144　11～26行参照

❼

```
    MyRtn = InputBox("画像スタイルを以下の番号、または文字で指定してください" & vbCrLf & strInput, "生成画像の設定", "1")
```

画像生成プロシージャ　7章P.145　34～37行参照

```
    Dim imgStyle As String
    If IsNumeric(MyRtn) Then
        imgStyle = ArrStyle(MyRtn)
    Else
        imgStyle = MyRtn
    End If

    Dim PromptGPT As String, PromptDallE As String, Path As String
```

画像生成プロシージャ　7章P.145～P.146　60～87行参照

```
    Path = Dalle(PromptDallE, 1, "256x256", "b64_json",
Environ("TEMP"))

    With wdEditor.Application.Selection
        .Collapse Direction:=0
        .TypeParagraph
        .InlineShapes.AddPicture Path
    End With

    Set olApp = Nothing:Set olInspectors = Nothing: Set
olInspector = Nothing
    Set olExplorer = Nothing: Set mItem = Nothing
    MsgBox "生成した画像をメールに挿入します。", , "OpenAI"

End Sub
```

❶…必要なオブジェクト変数を定義します。

● **変数**

変数	説明
olApp	Outlookのアプリケーションオブジェクトを参照します
olInspectors	Outlook内で現在開かれているすべてのアイテムウィンドウ(メール、カレンダー、タスクなど)を参照するOutlook.Inspectorsコレクションを格納します。この変数olInspectorsで複数のウィンドウを一括して管理・操作できます
olInspector	Outlookの各アイテムウィンドウ(メール、カレンダーなど)を個別に参照するInspectorオブジェクトを格納し、特定のウィンドウを操作します。これにより、現在開かれているメールウィンドウの内容を取得や編集が可能となります
olExplorer	Outlookのエクスプローラーウィンドウを表すOutlook.ActiveExplorerを格納します。エクスプローラーは、メールボックス内のフォルダーやアイテム(メール、カレンダー項目、連絡先など)を表示するためのインターフェースです
wdEditor	この変数は、Outlookのメール編集ウィンドウが内部的に使用しているWordエディタ機能のオブジェクト参照するための変数です

❷…現在ポップアウトして開いているOutlookのアイテムを調べます。そのアイテムがメールで、かつ未送信状態であれば、それを「作成中のメール」とみなし、変数nのカウントを1増やします。もしnが1を超えると、複数のメールが作成中であると判断し、警告メッセージを表示し、プロシージャを終了します。wdEditorにolInspector.WordEditorをセットします。WordEditorは、Outlookがメールアイテムを作成編集するエンジンとして使用しているオブジェクトで、これを通じてWordの強力なテキスト編集機能をOutlookで利用することができます。

❸…ポップアウトした作成中のメールがない場合は、選択されたアイテムのActiveInlineResponseを参照し、メインウィンドウの読み取りペイン内で返信や転送などの操作を行っているメールアイテムを取得します。それが未送信であれば、そのメール

アイテムのWordEditorを取得します。選択メールがない場合、複数のメールが選択されている場合は、警告メッセージを表示し、終了します。

❹…作成中のメールがない場合は終了します。

❺…取得した作成中メールが編集可能な状態か判定し、編集不可の場合（下書きフォルダーのメールを選択しているだけの状態など）は終了します。

❻…WordEditorのApplication.Selection.Textで選択されているテキストを取得します。テキストが選択されていない場合、警告メッセージを表示し終了します。

❼…入力された画像スタイルに沿って、Dall-Eに画像生成をリクエストします。Outlookの作成中メールのワンポイントとして挿入するため、画像数は1枚、サイズは256×256に固定しています。dall-e-3モデルを指定している場合は、Dalle関数内の処理で1024×1024に変更されます。

❽…Wordエディタの機能を使用し、選択されているテキストの末尾にカーソルを移動、改行を挿入後、生成した画像を挿入します。

❾…使用したオブジェクトを解放します。

❿…処理自体は画像を挿入する部分まで完了していますが、この画像が実際に作成中のメールに表示されるのは、このプロシージャが終了した後です。そのため、ユーザーに「生成した画像をメールに挿入します」というメッセージを表示しています。

「メール画像追加」レシピを使ってみよう

7章P.135の手順に沿って、作成したマクロ（プロシージャ）をクイックアクセスツールバーにボタン登録します。生成したい画像のイメージを表すテキストを選択して、登録したボタンをクリックします。

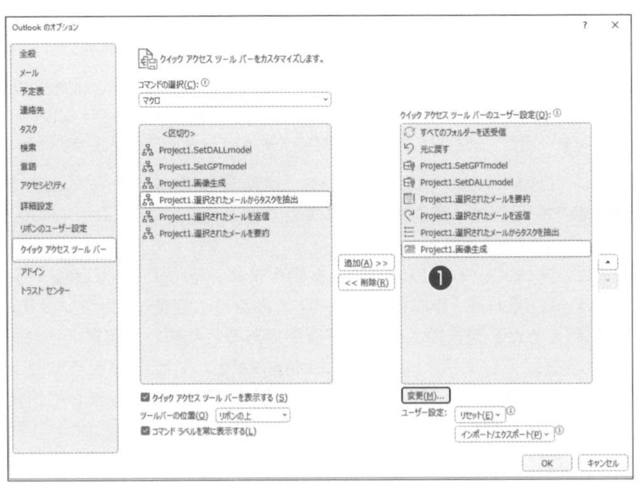

7章P.135を参考に作成した「画像生成」プロシージャをクイックアクセスツールバーに登録❶しておく

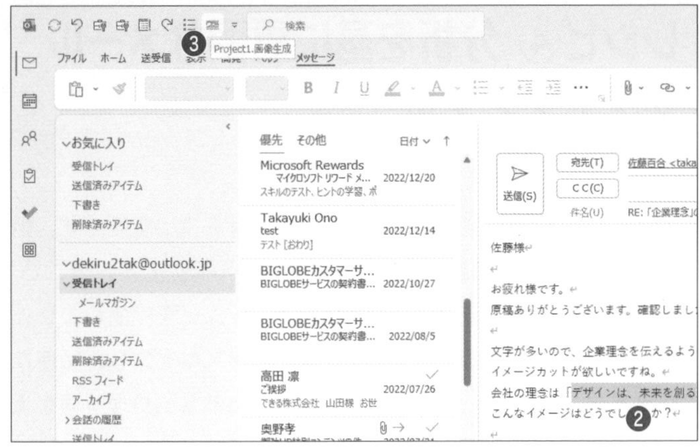

画像生成の基となるテキストを選択❷し、クイックアクセスツールバーに登録された［画像生成］をクリック❸する

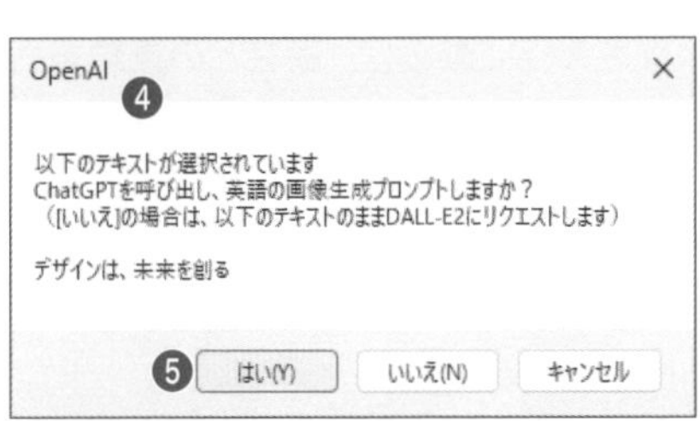

画像生成のプロンプトとして送信されるテキストを確認するダイアログボックスが表示❹される。［はい］をクリック❺する。［いいえ］をクリックすると、選択されたテキストがそのままプロンプトとして送信される

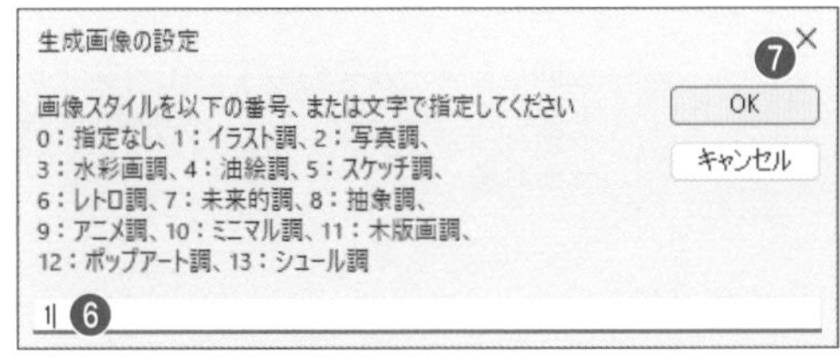

生成する画像のスタイルを指定するインプットボックスが表示される。ここではイラスト調（「1」と入力）を指定❻し、［OK］をクリック❼する

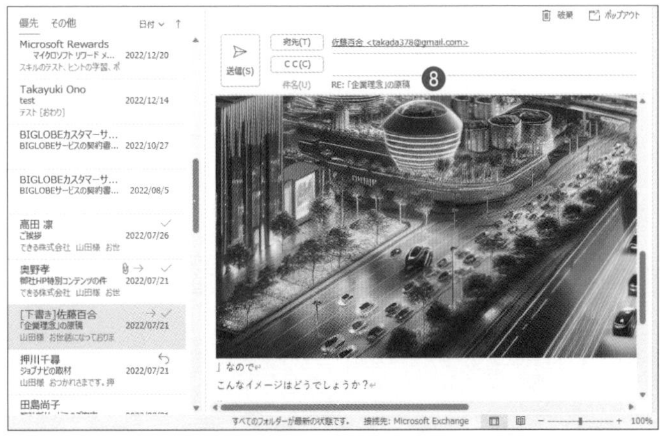

「生成した画像をメールに挿入します」というダイアログボックスが表示され、［OK］をクリックすると、メールに生成された画像が挿入❽される

9-5 レシピ④ 分析を基に重要なメールをキャッチする

ビジネスにおいて顧客やパートナーからのフィードバックは非常に重要です。特に苦情への速やかで適切な対応は、信頼関係を維持するために不可欠です。そこで、5章で作成したGetEmbeddings関数を活用した「文脈検索」レシピを作成しましょう。指定したキーワード（例：「不満」「緊急」など）でメールをスキャンし、関連性の高いものを自動でリスト化します。このレシピの魅力は、自然言語処理技術を活用しているため、明示的な苦情はもちろん、暗黙の不満もキャッチできる点です。これにより、重要なメールが見逃されるリスクを大幅に減らし、顧客との信頼を高めることができます。「苦情」だけでなく、「感謝」や「がっかり」「驚き」など、さまざまな感情や状況にも対応するので、顧客からのポジティブなフィードバックや、その逆もしっかりと把握することができるでしょう。

「メール文脈検索」レシピの機能と使えるシーン

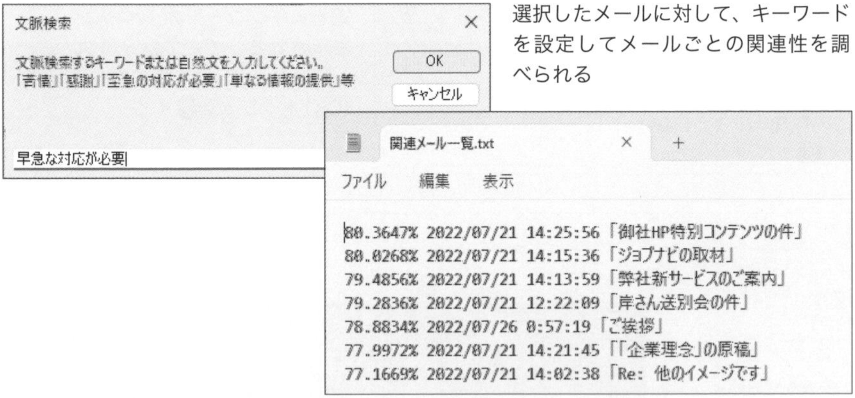

文脈検索

文脈検索するキーワードまたは自然文を入力してください。
「苦情」「感謝」「至急の対応が必要」「単なる情報の提供」等

OK

キャンセル

早急な対応が必要

関連メール一覧.txt

ファイル　編集　表示

```
80.3647% 2022/07/21 14:25:56「御社HP特別コンテンツの件」
80.0268% 2022/07/21 14:15:36「ジョブナビの取材」
79.4856% 2022/07/21 14:13:59「弊社新サービスのご案内」
79.2836% 2022/07/21 12:22:09「岸さん送別会の件」
78.8834% 2022/07/26 0:57:19「ご挨拶」
77.9972% 2022/07/21 14:21:45「「企業理念」の原稿」
77.1669% 2022/07/21 14:02:38「Re: 他のイメージです」
```

選択したメールに対して、キーワードを設定してメールごとの関連性を調べられる

使えるシーン

● **自然言語処理による顧客の声分析**

表面的なキーワード検索とは異なる手法で、顧客からの潜在的な苦情や質問を、文脈まで考慮して素早く識別したい。

- **見逃さない優先処理**

　メールの文脈に存在する背景や心情表現を捉えて、重要なメールや、優先的に処理すべきメールを抽出したい。

- **ニュアンスを理解したマーケティング分析**

　「素晴らしい」や「がっかり」といったニュアンスで、顧客のテキストを解析してフィードバックやレビューを集約、市場の声をより深く理解したい。

- **見えない含意をキャッチ**

　キーワード検索では見つけることができない含意も考慮しながら関連するメールを効率的に処理したい。

- **センシティブな表現を可視化**

　「違反」や「リスク」など、法的にセンシティブなキーワードだけでなく、それに近い文脈のメールも高精度で抽出し、リスクヘッジに役立つ情報を可視化したい。

「メール文脈検索」コード解説

5章で作成したGetEmbeddings関数を呼び出し、入力されたテキストと、選択されている複数のメールのテキストをベクトル変換します。入力テキストとメールの関連度を測るため、同じく5章で作成したCosineSimilarity関数を使用してコサイン類似度を算出し、そのスコアが高い順にメールをソートします。メモ帳を起動し、結果スコア、受信日、メールタイトルを一覧で表示します。

サンプル 09-04.txt

```
Sub 文脈検索()
    Dim myInspectors As Inspectors, selectedItems As Selection
    Dim Rtn, tVec As String  '比較元テキスト
    Dim sMails() As mailItem    '選択されているMails
    Dim arrMail() 'メール選択番号、ベクトル、コサイン類似度格納用
    Dim i As Long, j As Long

    Dim M  As Long
```

```
    Set selectedItems = ActiveExplorer.Selection
    M = selectedItems.count
    If M = 0 Then
        MsgBox "選択されているメールがありません。", , "OpenAI"
        Exit Sub
    End If

    Dim n As Long
    For i = 1 To M
        If TypeOf selectedItems(i) Is mailItem Then
            n = n + 1
            ReDim Preserve arrMail(1 To 3, 1 To n)
            arrMail(1, n) = n
            ReDim Preserve sMails(1 To n)
            Set sMails(n) = selectedItems.Item(i)
        End If
    Next i

    Rtn = InputBox("文脈検索するキーワードまたは自然文を入力してください。" & vbCrLf & _
                        "「苦情」「感謝」「至急の対応が必要」「単なる情報の提供」等", "文脈検索")
    If Rtn = "" Then
        MsgBox "入力がなかったため終了します", , "OpenAI"
        Exit Sub
    End If

    tVec = GetEmbeddings(Left(Rtn, 5000))
    For i = 1 To n
        arrMail(2, i) = GetEmbeddings(Left(sMails(arrMail(1, i)).body, 5000))
        arrMail(3, i) = CosineSimilarity(Split(tVec, ","), Split(arrMail(2, i), ","))
    Next i

    Dim arrMail2()
    ReDim arrMail2(1 To n, 1 To 3)
    For i = 1 To n
        For j = 1 To 3
            arrMail2(i, j) = arrMail(j, i)
        Next j
```

```
    Next i
    Call Qsort(arrMail2, 1, n, 3)

```

❼

```
    Dim Str As String
    For i = n To n - 20 Step -1
        If i = 0 Then Exit For
        With sMails(arrMail2(i, 1))
            Str = Str & Format(arrMail2(i, 3), "##.0000%") &
" " & .ReceivedTime & " 「" & .Subject & "」" & vbCrLf
        End With
    Next i

```

❽

```
    Call OpenMemo(Str, "関連メール一覧")
End Sub
```

❶…各種変数とオブジェクトを定義します。

❷…選択されているメールを取得し、選択されたメールがない場合はエラーメッセージを表示してマクロを終了します。

❸…選択されたメールの数をカウントして、その数を変数Nに保存します。これが後で配列のインデックス番号として使われます。Nの数に応じて、配列arrMailのサイズをRedimPreserveで動的に拡張します。そして、各メールに対応するインデックス番号NをarrMail(1, N)に格納します。さらに、選択された各メールの情報（オブジェクト）をsMails配列に保存します。この操作により、sMails(番号)で特定のメール情報を簡単に参照できるようになります。

❹…キーワードまたはフレーズを入力し、入力がない場合は終了します

❺…Rtnの最初の5000文字を取り出し、それをベクトルに変換し、tVecに保存します。5章で作成したGetEmbeddings関数を使用して、テキストをベクトルに変換します。Forループで、sMails配列内のメール本文をベクトルに変換しarrMail(2, i)に格納します。続いて、同じく5章で作成したCosineSimilarity関数でtVecと各メール本文のベクトルとのコサイン類似度を計算しarrMail(3, i)に格納します

❻…arrMailの行と列を入れ替えて新しい配列arrMail2に格納し、5章で作成したQsort関数でソートします。

❼…類似度が高い上位20のメールの情報（受信時刻、件名、類似度）を文字列Strに追加します。

❽…OpenMemo関数を使って、類似度の高いメールのリストを"関連メール一覧"というタイトルでメモ帳を開いて表示します。

「メール文脈検索」レシピを使ってみよう

7章P.135の手順に沿って、作成したマクロ（プロシージャ）をクイックアクセスツールバーにボタン登録します。文脈検索する基となるメールを開きます。このとき、開くメールは1通だけにしてください。

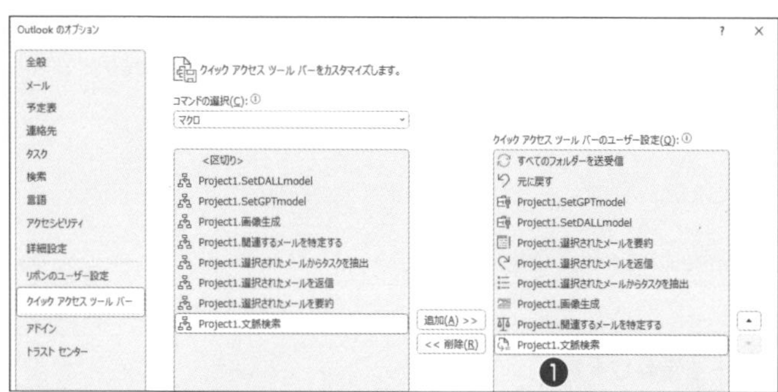

7章P.135を参考に作成した「文脈検索」プロシージャをクイックアクセスツールバーに登録❶しておく

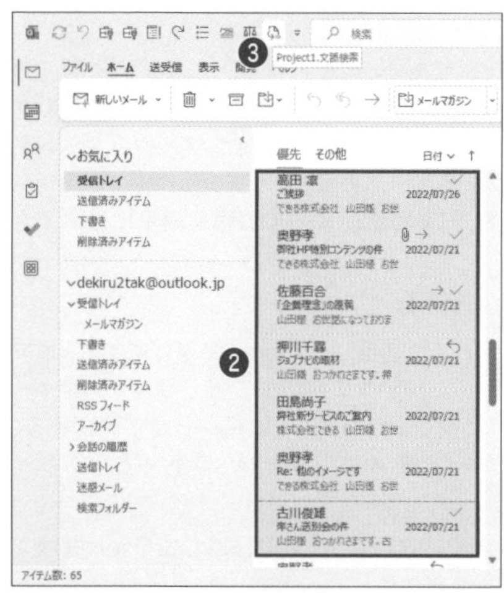

調べる対象のメールを選択❷し、クイックアクセスツールバーに登録された［文脈検索］をクリック❸する

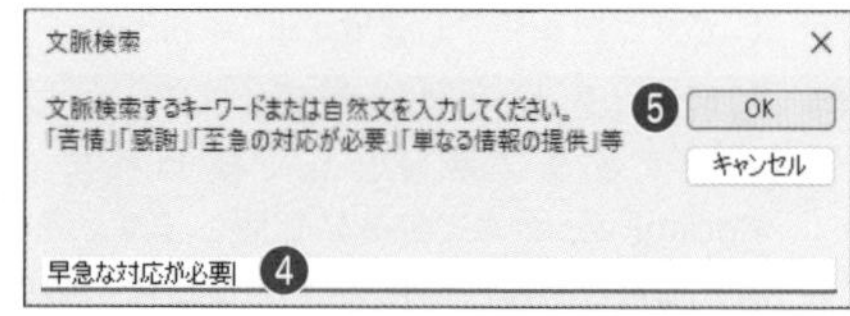

調べるキーワードを入力する［文脈検索］インプットボックスが表示される。キーワードを入力❹し、［OK］をクリック❺する

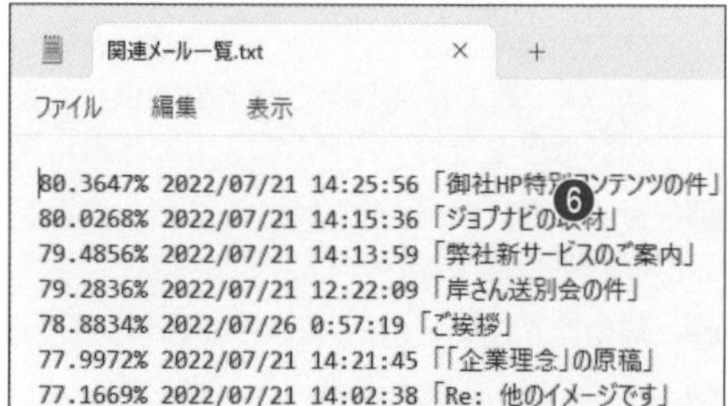

メモ帳が自動的に起動し、選択したメールごとにキーワードとの関連性を算出した結果が表示❻される

第 10 章

Chapter

10

▽

すぐに使える!
Excel マクロと
生成 AI の連携レシピ

この章の前半では、3 章と 4 章で作成した OpenAI の先進的な生成 AI、ChatGPT 関数、Dalle 関数を Excel に取り入れ、クイックアクセスツールバーのボタンから関数を起動して汎用的な処理を行う機能を実装します。セクション 10-5 では、それらをアドインとしてリボンのボタンへ登録し開いているどのワークブックでも使用する手法を解説します。後半では、ワークブックと一体となって動作する特別なレシピを作成、顧客からのフィードバックインタビュー自動生成や、性格や役割を与えたチャットボットの作成に挑戦します。さらに最終セクションでは独自の知識や計算能力を持つ MyGPTs をワークシート上で再現します。これらレシピを活用して Excel の機能を革新的に進化させましょう。

10-1 ▷ レシピ① 1クリックでChatGPTと会話する

この章の前半部分では、他の章と同様に「レシピ形式」で具体的な使用例に基づきマクロを作成していきます。まず、基本的なレシピとして、選択したセルの内容をChatGPTにリクエストできるようにしましょう。ChatGPTからのレスポンスは、選択したセルのメモとしてわかりやすく表示される仕組みとします。

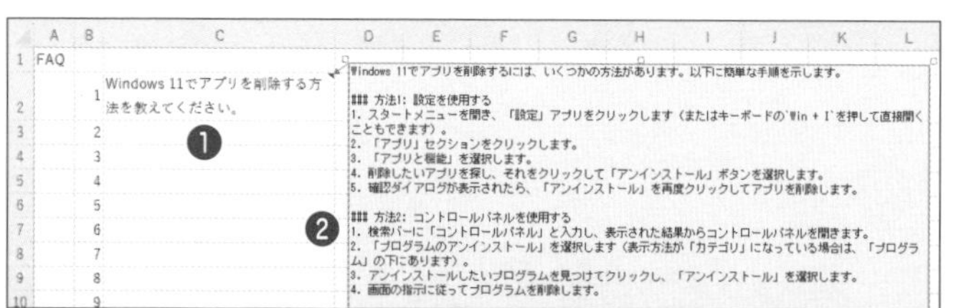

セルに入力されたテキスト❶を基に、ChatGPTの回答が生成❷できる。回答はExcelのメモとして追加される

レシピを作成するワークブックの準備

この章のP.270 ～ 292で作成するレシピ①、②、③、④は、すべての開いているワークブック上で動作するように、最終的にアドイン化します。次のサンプルファイルにP.133のPowerPointやP.203のWordの手順を参考にして、「OpenAIの基本.xlsm」の標準モジュール内の「DALL」、「Embeddings」、「GPT」モジュールを、ひとつずつ、Excelの標準モジュールにドラッグ&ドロップしてください。標準モジュールの中に、この3種類のモジュールが表示されればインポート完了です。その後、1章P.19を参考に「AI」モジュールを挿入します。それを「OpenAI.xlsm」として保存しましょう。本セクションのレシピ①、②、③、④のコードは、このワークブック「OpenAI.xlsm」の「AI」モジュールに記述していきます。

サンプル 10.xlsm

7章P.132を参考に「DALL」「Embeddings」「GPT」の3つのモジュールをインポートしておく。本章のレシピ記述用に1章P.19を参考に標準モジュールを挿入し、「AI」に名前を変更❶しておく

「Excel & ChatGPT ダイレクト連携」レシピの機能と使えるシーン

選択されたセルのテキストからChatGPTを呼び出し会話します。会話はセルのメモに表示されます。

使えるシーン

- **ChatGPTと商品企画**

  次々とアイデアをセルに入力し、ボタンを押すたびに、AIによるブレインストーミングセッションが行いたい。

- **カスタマーサポート補助**

  セルに顧客からのよくある質問を記録し、ボタンを押すとその回答を自動生成、これを参考にすることで、FAQページやカスタマーサポートの効率を向上させたい。

- **キーワード解説メモ自動作成**

  難解なキーワードがあった場合、欄外のセルに入力、セルのメモとして、自動注釈コメントを作成したい。

- **翻訳メモ自動作成**

  日本語が入力されたセルの横に英訳メモを表示したい。翻訳したいテキストが入力されたセルを選択し、テキストの最後に「英訳して」と追加して、ボタンを押すだけで実現したい。

- **旅行タイムテーブルに解説付箋メモ**

  旅行先の地名やキーワードが入力されたセルの情報から、ChatGPTによるおすすめの場所や活動を取得し、旅行の計画の際のメモとして活用したい。

「Excel & ChatGPT ダイレクト連携」コード解説

セルの値をChatGPTにリクエストし、レスポンスをセルのメモに表示します。ChatGPTにリクエスト処理している間は、それがわかるようExcelのステータスバーに「ChatGPTにリクエスト中」と表示します。

サンプル 10-01.txt

```
Sub 会話()

    Dim Rng As Range
    Set Rng = ActiveCell
    Dim Rsps As String

    With Rng
        If Not .Comment Is Nothing Then .Comment.Delete
        Application.StatusBar = "ChatGPTにリクエスト中..."
        Rsps = ChatGPT(Rng.Value)
        Rsps = 改行挿入(Rsps, 100)
        .AddComment Rsps
        .Comment.Visible = True
        .Comment.Shape.Select True
        Selection.AutoSize = True
        Application.StatusBar = False
    End With

End Sub
```

❶…選択されているセルにメモがある場合は削除します。

❷…アプリケーションステータスバーに"ChatGPTにリクエスト中..."と表示します。

❸…ChatGPT(Rng.Value)で、アクティブセルの値をChatGPTに送り、そのレスポンスをRspsに格納します。

❹…改行挿入(Rsps, 100)で、レスポンス内で100バイトごとに改行を挿入します。

❺…コメントを追加し、そのコメントを表示します。

❻…アプリケーションステータスバーの制御を開放しExcelに返します。

改行挿入関数の作成

ChatGPTからの回答が一行で長く表示されることがある場面で、この改行挿入関数が役立ちます。Excelのメモ機能は「シェイプのサイズの自動調整」に対応していますが、改行されていない長い一文があった場合は横に長くなり、画面からはみ出てしまいます。このような状況を防ぐため、この関数は適切な場所に改行を挿入し、文章が見やすく表示されるようにします。

単純に文字数で改行すると、半角文字が多い場合に行が短くなってしまうので、各文字の「データサイズ」(バイト数)を一つずつカウントしています。具体的には、半角文字を1バイト、全角文字を2バイトとして数えます。この工夫により、文章内で全角と半角文字が混在していても、１行の長さが均等になるように改行できます。

サンプル 10-02.txt

```
Function 改行挿入(Str As String, N As Long) As String
    Dim Arr, i As Long, j As Long, Sn As Long, Tn As Long
    Dim Str2 As String
    Arr = Split(Str, vbLf)
    For i = 0 To UBound(Arr)

        Tn = 0
        Sn = 1
        For j = 1 To Len(Arr(i))
            Tn = Tn + LenB(StrConv(Mid(Arr(i), j, 1), vbFromUnicode))
            If Tn > N Then
                Str2 = Mid(Arr(i), Sn, j - Sn + 1)
                Str = Replace(Str, Str2, Str2 & vbLf)
                Tn = 0
                Sn = j + 1
            End If
        Next j
    Next i

    改行挿入 = Str
End Function
```

❶…改行で分割し、配列Arrに格納します。

❷…分割された各行に対してループで処理します。

❸…内側のループで各行を1文字ずつ処理します。各文字のバイト数を計算し、指定されたバイト数Nを超えた場合、対象の文字列を抽出し改行を挿入します。

❹…最終的に改行が挿入された文字列を返します。

「Excel & ChatGPT ダイレクト連携」を使ってみよう

7章P.135の手順で、会話プロシージャをクイックアクセスツールバーにボタン登録します。会話したい内容を入力したセルを選択して登録したボタンをクリックすると、ChatGPTからの回答がセルのメモとして表示されます。リクエスト中は、アプリケーションステータスバーにメッセージが表示されますので、この間は他の操作を控えましょう。

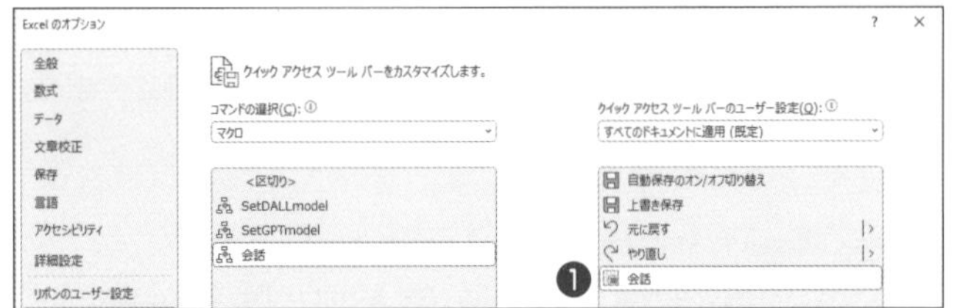

7章P.135を参考に作成した「会話」プロシージャをクイックアクセスツールバーに登録❶しておく

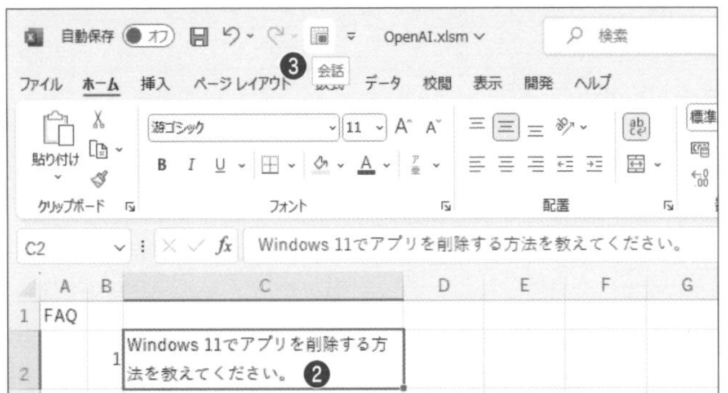

ChatGPTへの質問となるテキストが入力されたセルを選択❷して、クイックアクセスツールバーに登録された[会話]をクリック❸する

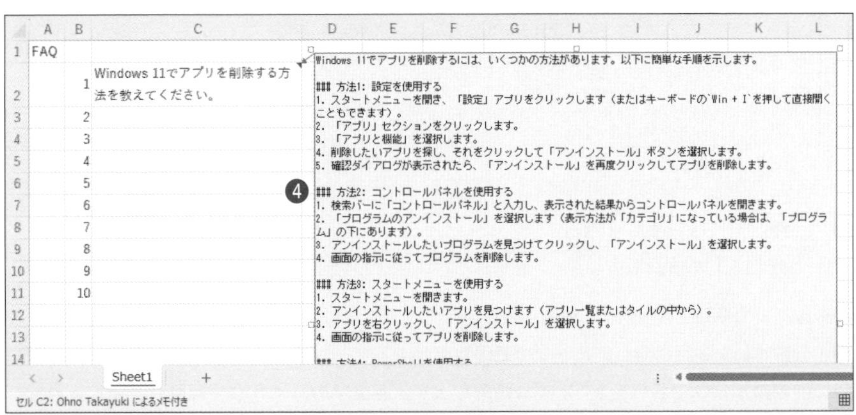

ChatGPTから生成された回答がセルのメモとして追加❹される。

クイックアクセスツールバーからモデルを切り替えられるようにする

3章で作成したChatGPT関数、4章で作成したDalle関数は、それぞれの複数のモデルがあります。このタイミングで、それらを切り替えられよう設定しておきましょう。3章P.75で作成したSetGPTmodelプロシージャ、4章P.97で作成したSetDALLmodelプロシージャを、7章P.135の手順に沿ってExcelのクイックアクセスツールーバーにボタン登録しましょう。

10-2 レシピ② 1クリックでChatGPTが数式を解説する

Excelでの作業中、複雑な数式の理解に手間取った経験はありませんか？特に新しい関数や長い計算式において、その意味や動作を迅速に理解することは難しいものです。3章で作成したChatGPT関数を利用して、そんなときに役立つレシピを作成します。手順は簡単、解説を希望する数式が書かれたセルを選択し、専用のボタンをクリックすると、その数式の隣のセルには詳しい解説メモが自動的に表示されます。これにより、数式の意味や役割に関する疑問をすばやく解消し、作業の効率と正確性を高めることができるでしょう。

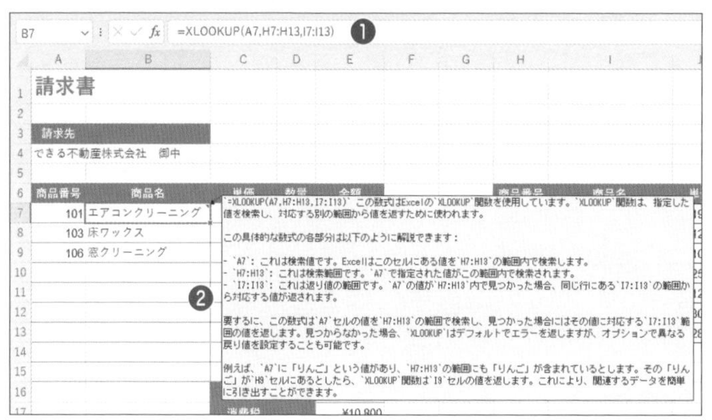

セルに入力された数式❶を基にChatGPTを使って数式の解説を生成し、メモとして追加❷できる

「数式解説」レシピの機能と使えるシーン

選択されたセルに入力されている数式を、ChatGPTが解説します。解説内容はセルのメモとしてわかりやすく表示されます。

使えるシーン

● **数式のチェック**

数式の入力されたセルを選択して、ボタンを押すだけで、数式の解説をセルのメモとして表示したい。数式に誤りがあった場合はそれを指摘したい。

- **チーム作業の数式説明メモ**

  複数人で一つのExcelシートを使用する際、各人が入力した数式が何を意味しているのか、その解説をセルのメモとして自動生成することで、メンバー間の理解が深めたい。

- **数式解説付きの教育資料作成**

  Excelの教材やマニュアルに数式が含まれているので、その数式の解説を自動生成しメモとして表示することで教材自体の価値を高めたい。

- **テンプレートの共有と再利用**

  業務で使うExcelテンプレートを他の部署やチームメンバーと共有する際、数式の解説メモを残しておきたい。

- **新規メンバーのオンボーディング**

  新しいチームメンバーや部署のメンバーが、既存のExcelファイルを取り扱う際、すばやくキャッチアップできるよう、数式の解説メモでサポートしたい。

「数式解説」コード解説

「会話する」プロシージャと同一のコードは割愛し、異なる箇所のみ解説します。

サンプルコード 10-03.txt

```
   Sub 数式解説()
       Dim Rng As Range
       Set Rng = ActiveCell
       Dim Rsps As String
❶      Const Prompt As String = "次のExcelの数式を日本語で解説してください。"
       With Rng
           If Not .Comment Is Nothing Then .Comment.Delete
           Application.StatusBar = "ChatGPTにリクエスト中..."
❷          Rsps = ChatGPT(Prompt & Rng.Formula)
           Rsps = 改行挿入(Rsps, 100)
           .AddComment Rsps
           .Comment.Visible = True
           .Comment.Shape.Select True
           Selection.AutoSize = True
```

```
            Application.StatusBar = False
        End With
End Sub
```

❶…RoleSystemでChatGPTに与える役割を指定します。この指定がなくても、数式を問えば、解説をしてくれますが、英語だけの数式の場合、英語で回答される可能性があるため、設定しています。

❷…RangeのFomulaプロパティで数式を取得、ChatGPTに数式の解説をリクエストします。

「数式解説」レシピを使ってみよう

数式が入力されたセルを選択し、「数式解説」プロシージャを登録したボタンをクリックします。アプリケーションステータスバーに「Chat-GPTにリクエスト中・・・」のメッセージが表示され、リクエストが完了すると、数式の解説がセルのメモとして表示されます。

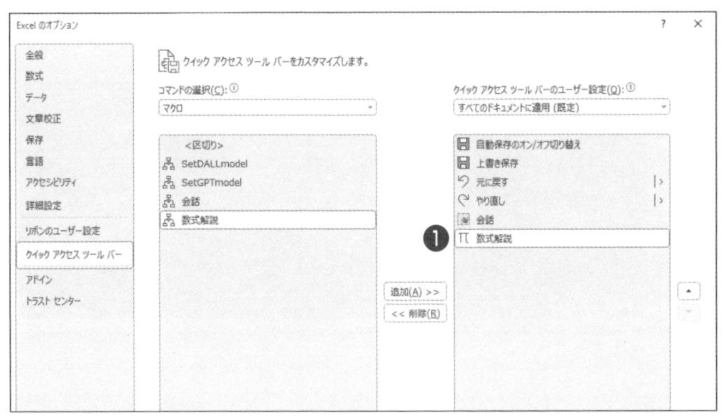

7章P.135を参考に作成した「数式解説」プロシージャをクイックアクセスツールバーに登録❶しておく

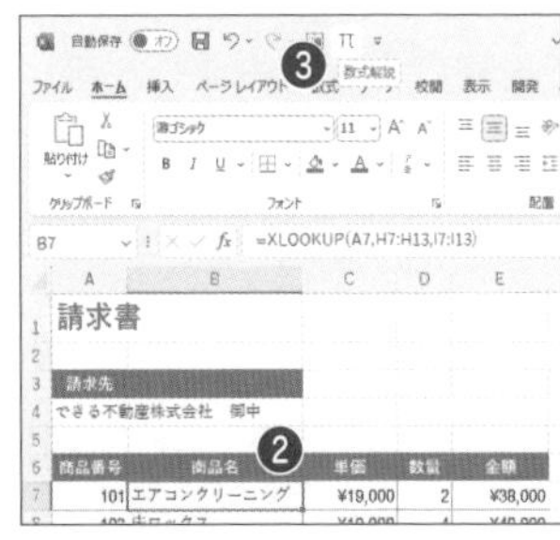

数式が入力されたセルを選択❷して、クイックアクセスツールバーに登録された［数式解説］をクリック❸する

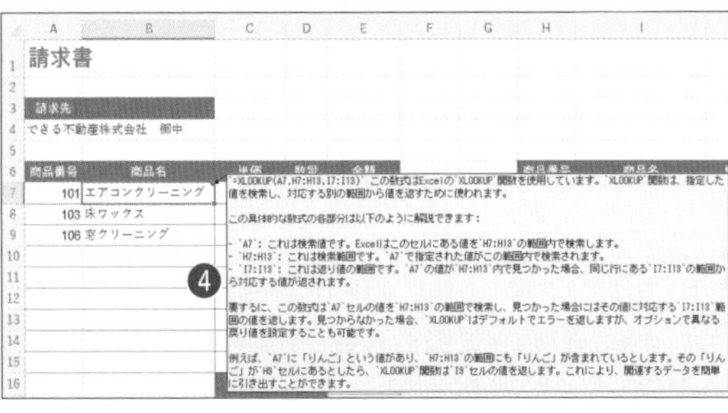

ChatGPTから生成された数式の解説がセルのメモとして追加❹される

10-3 ▷ レシピ③ 1クリックで生成画像を挿入する

Excelワークシートに画像を生成し挿入するレシピを作成しましょう。4章で作成したDalle関数を活用し、ボタン一つのクリックで高品質な画像を作成できます。このレシピの最大の魅力は、Excelでの直感的な操作が可能であることです。4章のサンプルから一歩進んで、選択したセルのデータを基に画像生成のプロンプトを作成するように改良しましょう。そして、P.293で説明するアドイン化を通じて、このレシピをどのワークブックでも利用可能な汎用機能にしていきます。

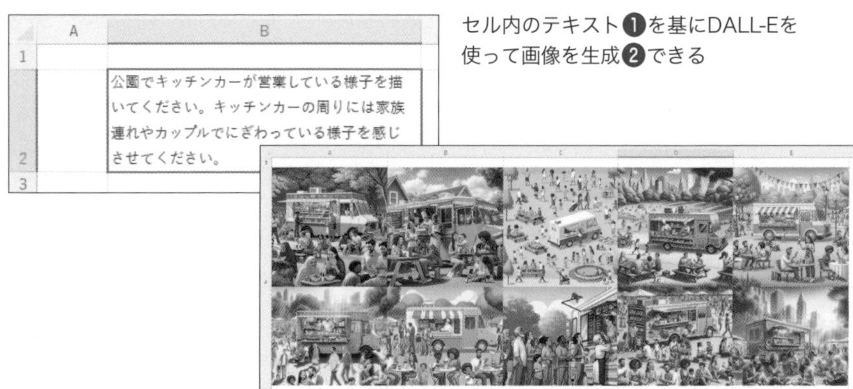

セル内のテキスト❶を基にDALL-Eを使って画像を生成❷できる

「画像生成」レシピの機能と使えるシーン

選択されたセルのテキストに沿った画像を、DALL-Eを呼び出して生成し、新しいシート上に一覧表示します。他の章のレシピと同様、画像枚数、サイズ、画像スタイルを指定することが可能です。

使えるシーン

- **数式のイメージ化**

  数式をイメージした画像を生成して、ワークシートをアカデミックな雰囲気に仕上げたい

● リサーチ&データ分析

セルに入力した調査や分析の結果を用い、そのデータを基にしたインサイトや視覚的な表現を自動生成したい。

● 視覚的な報告シート作成

数値やテキストのみの報告ではなく、関連する画像を含めて視覚的な情報を提供したい。

● インタラクティブな商品カタログ

新商品のリストを作成している際に、入力した商品名やキーワードに関連する画像を自動生成し、仮のカタログやビジュアルガイドとして活用したい。

● セミナー参加者への瞬時フィードバック

セミナーやワークショップで参加者からのフィードバックや感想を収集し、それに関連する画像を自動生成して、視覚的なサマリーとして利用したい。

「画像生成」コード解説

Office VBAの大きな魅力の一つは、他のOfficeアプリで作成したコードがそのまま利用できる点です。ここでは、7章P.142のPowerPoint VBAを用いた画像生成のコードをそのまま活用しています。生成された画像は、新たに作成したシートに並べて表示されます。

サンプル 10-04.txt

```
Sub 画像生成()

    Dim text As String
    text = ActiveCell.Value
    If text = "" Then
        MsgBox "アクティブセルにテキストがありません", , "OpenAI"
        Exit Sub
    End If

```

❶ (04～08行)

7章　画像生成プロシージャ（P.144）08 ～ 88行目

```
    If Left(Path, 5) = "error" Then
        MsgBox "画像を生成できませんでした", , "OpneAI"
        Exit Sub
    End If

    Dim arrPath
    arrPath = Split(Path, ",")

    Worksheets.Add
    Columns("A:E").ColumnWidth = 39
    Rows("4:5").RowHeight = 236.25

    Dim Rng As Range
    Dim img As Shape

    For i = 0 To UBound(ArrPath)
        Set rng = Cells(Int(i / 5) + 4, i Mod 5 + 1)
        With rng
            Set img = ActiveSheet.Shapes.AddPicture(fileName:=ArrPath(i), LinkToFile:=msoFalse, _
            SaveWithDocument:=msoTrue, Left:=.Left, Top:=.Top, Width:=.Width, Height:=.Height)
        End With
    Next i

    MsgBox "画像生成が完了しました", , "OpenAI"

End Sub
```

❶…選択されたセルの値を取得し、変数textに格納します。値がない場合は終了します。

❷…生成された画像のパスを、配列に格納します

❸…画像を挿入表示するワークシートを新たに追加します。

❹…画像を表示するセルのレイアウトを整えます。2行5列の範囲を指定して最大10枚の画像表示に備えます。

❺…画像の枚数分ループして画像を挿入し、セルにぴったりと収まるようサイズを調整します。

「画像生成」レシピを使ってみよう

7章P.135の手順で、画像生成プロシージャをクイックアクセスツールバーにボタン登録します。生成したい画像の説明が入力されたセルを選択し、登録したボタンをクリックすると、生成された画像が表示されます。

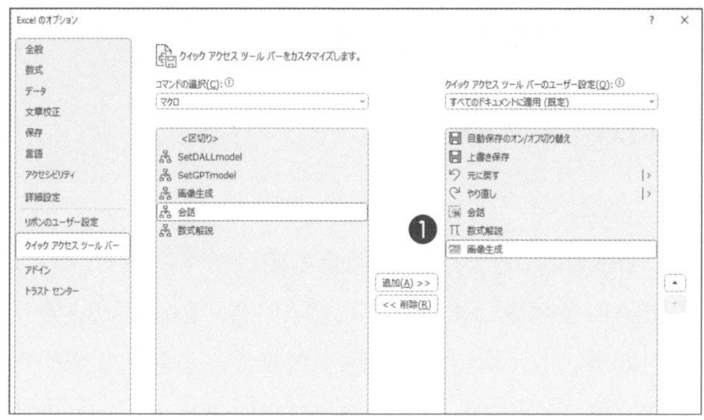

7章P.135を参考に、作成した「画像生成」プロシージャをクイックアクセスツールバーに登録❶しておく

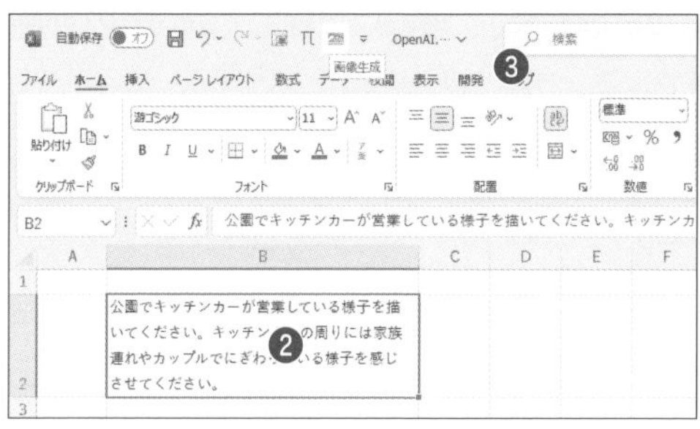

画像の生成元となるテキストが入力されたセルを選択❷し、クイックアクセスツールバーに登録された[画像生成]をクリック❸する

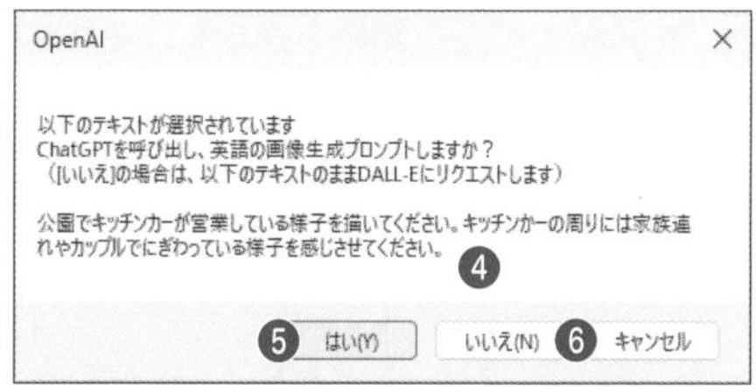

選択されたテキストが表示❹されるので[はい]をクリック❺する。[いいえ]をクリック❻するとChatGPTを経由せずに、選択されたテキストが画像生成のプロンプトとしてDALL-Eにリクエストされる

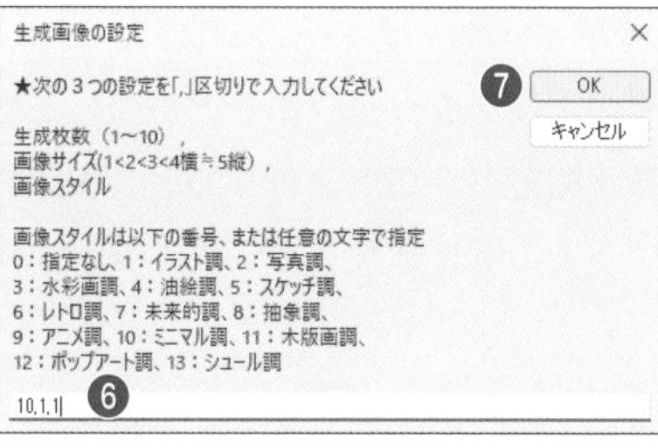

ここでは10枚（「10」と入力）生成し、最も小さいサイズ（「1」と入力）のイラスト調（「1」と入力）を指定❻する。[OK]をクリック❼する

新しいシートが作成され、生成した画像が挿入される

10-4 レシピ④ GPT-4Vで画像を解析する

2023年11月、OpenAI社は「DevDay」という初の開発者向けイベントで、新しい画像解析モデル「GPT-4V」のAPIを発表しました。このAPIも、Excel VBAで呼び出すことができます。これを活用して、指定した画像を解析できる便利な機能を作成しましょう。画像は、写真、絵、イラスト、グラフ、フローチャート、Webサイト画面、手書き、何でもOKです。この「画像解析」機能によって、ChatGPTが画像を分析し、有益なアドバイスを提供できるようになります。

「画像解析」レシピの機能と使えるシーン

クリップボードに保存された画像を解析し、解析結果をメモ帳に表示します。画像をクリップボードに取り込むには、2つの方法があります。一つ目は、シート上のイメージを選択してコピーする方法です。二つ目は、Print Screenキーを押すか、またはShift+⊞+Sキーのショートカットを使って画面上の矩形範囲を選択し、その範囲の画像をクリップボードにコピーする方法です。クリップボードに画像が存在する状態でマクロを実行すると、表示されるダイアログボックスに質問を入力した後に、その解析結果がメモ帳に表示されます。

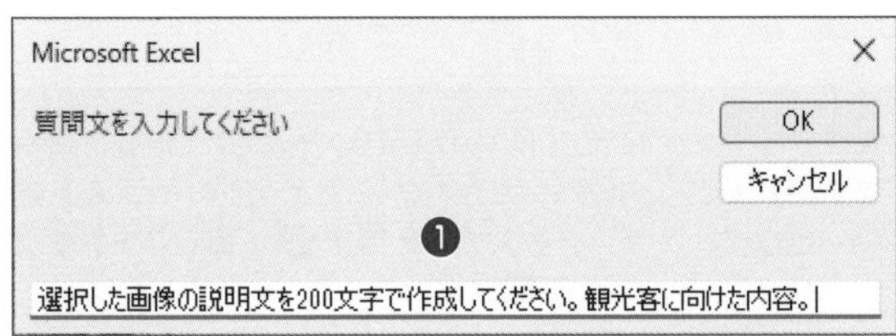

クリップボードにある画像に対して、質問文を入力❶してChatGPTからの回答をメモ帳に表示❷できる

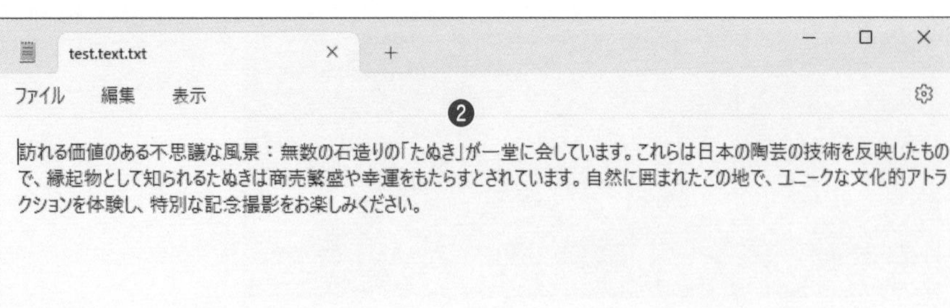

使えるシーン

- **セルやグラフの分析**
  ワークシート上に表示されたセルやグラフから特徴や傾向を解析し、関連するアドバイスや回答がほしい

- **パワポスライドのレイアウトチェック**
  画像を含むPowerPointのスライドのスクリーンショットを撮り、ChatGPTにレイアウトの観点からの改善点を教えてもらいたい

- **画像からのコード生成**
  ウェブサイトやアプリ画面の画像を分析し、HtmlやCSS、JavaScriptなど対応するプログラミングコードを生成したい

- **手書き内容のテキスト化**
  手書きの文書や複雑な数学の方程式などの画像を入力し、テキストに変換したい。複雑で専門的な図をわかりやすく平易な言葉で説明してほしい

- **知識の補完**
  歴史的な建造物、絵画や彫刻など、あらゆるものについて作者や由来、特徴などを知りたい。

- **食事や料理のお供**
  1日の食事の画像を指定し、カロリー計算を行ったり、冷蔵庫の中の写真を撮り、カロリー計算を元に適切な食事を提示してもらいたい。

「画像解析」コード解説

API「GPT-4V」を呼び出すFuntionプロシージャ「ChatGPTV」と、APIレスポンスの解析、ユニコードのエスケープ処理、画像データのBase64エンコードを行う関数を作成します。これらは他のOfficeアプリにも容易にインポートできるよう、1章P.19の手順を参考に、新たに「GPTV」モジュールに挿入し、そこに記述します。

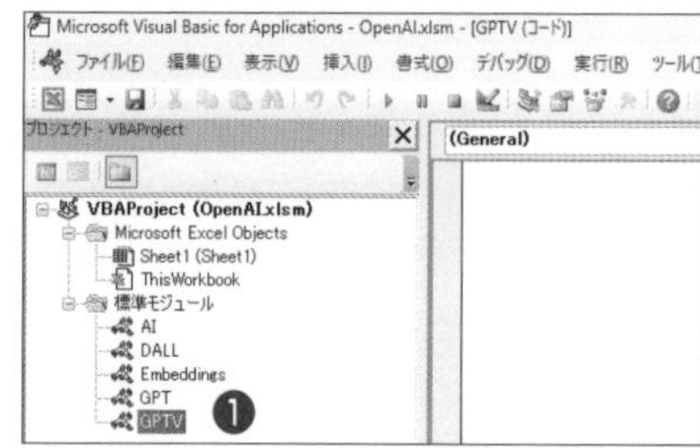

1章P.19を参考に「画像解析」レシピ用に標準モジュールを新たに挿入し、「GPTV」に名前を変更❶しておく

ChatGPTV Functionプロシージャの作成

質問文と画像データを受け取り、GPT-4Vへのリクエストを実行、解析結果を返す関数です。受け取る画像の形式は、URLとBase64文字列の2種類に対応しています。

サンプル 10-05.txt

```
Function ChatGPTV(Text As String, imageFormat As String, imageInputs As String, _
                    Optional resolution As String) As String
    Dim Url As String, Body As String, imageArray() As String
    Dim i As Long, imagePart As String, base64Prefix As String

   Url = "https://api.openai.com/v1/chat/completions"
    imageArray = Split(imageInputs, ",")
    If imageFormat <> "url" Then base64Prefix = "data:image/" & imageFormat & ";base64,"

    imagePart = ""
    For i = 0 To UBound(imageArray)
        imagePart = imagePart & IIf(i > 0, ",", "") & _
                    "{""type"": ""image_url"", ""image_url"": {""url"": """ & _
                    base64Prefix & imageArray(i) & """}}"
    Next i

    Dim detailPart As String
    If resolution = "low" Then
        detailPart = """detail"": ""low"","
    ElseIf resolution = "high" Then
        detailPart = """detail"": ""high"","
    End If

```

```
    Body = "{" & _
            """model"": ""gpt-4-vision-preview""," & _
            """messages"": [{" & _
            """role"": ""user""," & _
            """content"": [{" & _
            """type"": ""text""," & _
            """text"": """ & Text & """" & _
            "}" & IIf(imagePart <> "", ", ", "") & imagePart & _
            "]}" & _
            "], " & detailPart & _
            """max_tokens"": 4096" & _
            "}"

    Dim xmlHttp As Object
    Set xmlHttp = CreateObject("MSXML2.XMLHTTP")
    With xmlHttp
        .Open "POST", Url, False
        .setRequestHeader "Content-Type", "application/json"
        .setRequestHeader "Authorization", "Bearer " & apiKey
        .send Body
    End With

    Debug.Print xmlHttp.responseText
    ChatGPTV = UnescapeJSON(UnescapeUnicode(getContent(xmlHttp.responseText)))

End Function
```

❶…引数としてテキスト、画像形式、画像入力、およびオプションで解像度を受け取ります。GPT-4Vは、base64 エンコード形式または画像 URL の両方で複数の画像入力を取り込んで処理できます。そのため、画像情報はカンマ区切りの文字列として受け取るよう設計します。

● **変数**

引数	説明	省略
Text	画像を解析する際のリクエストプロンプト、指示文	不可
imageFormat	urlまたは画像フォーマット（png、jpeg、jpg、webp、gif）	不可
imageInputs	urlの場合はURL文字列、ローカルに保存された画像の場合はファイルをBase64でエンコードした文字列。複数の場合はカンマ区切り	不可
resolution	Lowまたはhigh	可

❷…OpenAIのAPIエンドポイントURLを設定します。

❸…画像入力の処理: 画像入力をカンマで区切り、配列に分割します。

❹…画像形式がurl以外の場合は、ファイルタイプを指定するプレフィックス文字列を構築します。

❺…URL文字列、または、Base64文字列の画像データを含むJSON部分を構築します。Base64文字列の場合は、④で構築したプレフィックス文字列を挿入します。

❻…解像度が指定されていれば、それに応じてJSONの詳細部分を設定します。

❼…画像データを組み込んだJSON形式のリクエストボディを生成します。

❽…XMLHTTPオブジェクトを使用して、設定されたAPIエンドポイントにリクエストをPOSTし、レスポンスを取得します。

❾…取得したレスポンスをデバッグ出力し、適切にフォーマットして関数の戻り値として設定します。

❿…レスポンスは、ユニコードの文字列として返ってきます。まず、GetContentで画像解析テキストであるContentを抽出します。その後、UnescapeUnicode関数を使用し、ユニコード文字列を通常のテキストに変換します。最後に、UnescapeJSON関数で特殊文字を置換し、ChatGPTV関数の戻り値にセットします。本セクションで作成するGetContent関数と UnescapeUnicode関数は、この後で解説します。

getContent Functionプロシージャの作成

GPT-4Vからのレスポンス文字列を受け取り、画像解析テキストの文字列を抽出して返す関数です。

サンプル 10-06.txt

```
Function getContent(strJson As String) As String

    Dim p1 As Long, p2 As Long
    Dim str1 As String, str2 As String

    If InStr(strJson, Chr(34) & "error" & Chr(34) & ": {") > 0 Then
        str1 = "message" & Chr(34) & ": " & Chr(34)
        str2 = Chr(34) & "," & vbLf
    Else
        str1 = "content" & Chr(34) & ": " & Chr(34)
        str2 = Chr(34) & "},"
    End If

    p1 = InStr(strJson, str1) + Len(str1)
    p2 = InStr(p1 + 1, strJson, str2) - p1
    getContent = UnescapeJSON(Mid(strJson, p1, p2))
```

```
End Function
```

❶…目印となる文字列を設定します。レスポンステキストに「"error": {」の文字列が存在する場合は、「message": "」と「",改行」を、そうでない場合は正しくコンテンツが返ってきているので、「content": "」と「"},」を設定します。

❷…目印にはさまれた文字列を抽出し、戻り値に設定します。

UnescapeUnicode Functionプロシージャの作成

GPT-4Vのレスポンスは、ユニコードエスケープシーケンス（例: \uXXXX 形式）として返ってきます。そのままで解釈できないためテキストに置換する必要があり、そのための関数です。ユニコード文字列を受け取り、該当するテキストを返します。

サンプル 10-07.txt

```
Function UnescapeUnicode(Str As String) As String
    Dim i As Long
    Dim unicodeChar As String
    Dim charCode As Integer

    i = 1
    Do While i <= Len(Str)
        If Mid(Str, i, 2) = "¥u" Then
            unicodeChar = Mid(Str, i + 2, 4)
            charCode = Val("&H" & unicodeChar)
            UnescapeUnicode = UnescapeUnicode & ChrW(charCode)
            i = i + 6
        Else
            UnescapeUnicode = UnescapeUnicode & Mid(Str, i, 1)
            i = i + 1
        End If
    Loop
End Function
```

❶…受け取ったユニコード文字列 Str の長さ分だけループを実行します。

❷…¥u で始まるシーケンスを探します。これはユニコードエスケープシーケンスの開始を示します。

❸…¥u に続く4桁の16進数（ユニコード文字を表す）を取得します。

❹…16進数の文字コードを整数値に変換します。

❺…ChrW 関数を使用して、得られた文字コードに対応する文字に置換します。置換した文字

を結果の文字列に追加します。

❻…ユニコードシーケンスを処理した後は、6文字分進めます。それ以外の場合は1文字分進め、次の文字列処理に進みます。

Base64FromFile Functionプロシージャの作成

ローカルに存在する画像ファイルのデータは、Base64でエンコードした文字列として、GPT-4Vに渡す必要があります。受け取ったパスから、画像ファイルをバイナリで読み込み,Base64でエンコードした文字列を返す関数です。ChatGPTV関数を呼び出す際に、必要となります。

サンプル 10-08.txt

```
Function Base64FromFile(filePath As String) As String

    Dim stream As Object
    Set stream = CreateObject("ADODB.Stream")
    With stream
        .Type = 1 ' adTypeBinary
        .Open
        .LoadFromFile filePath
        Base64FromFile = EncodeBase64(.Read)
        .Close
    End With
    Set stream = Nothing
End Function
```

❶…ADODB.Stream オブジェクトを作成します。これは、ファイルの内容を読み込むために使用するオブジェクトで、4章P.95で詳しく解説しています。

❷…ストリームをバイナリモード(.Type = 1)で操作します。これによりファイルの内容をバイナリで扱うことができます。

❸…指定されたパスのファイルをストリームに読み込み、その内容を、後述する EncodeBase64 関数を呼び出して、Base64形式にエンコードします。

❹…使用したストリームを閉じ、オブジェクトを解放します。

EncodeBase64 Functionプロシージャの作成

EncodeBase64 は、バイナリデータをBase64形式の文字列にエンコードします。前述のBase64FromFile関数から呼び出されます。

サンプル 10-09.txt

```
Function EncodeBase64(arrData) As String
    Dim Xml As Object
    Dim Node As Object

    Set Xml = CreateObject("MSXML2.DOMDocument")
    Set Node = Xml.createElement("base64")

    With Node
        .DataType = "bin.base64"
        .nodeTypedValue = arrData
        EncodeBase64 = .Text
    End With

    Set Node = Nothing
End Function
```

❶…MSXML2.DOMDocument オブジェクトを作成し、その中に新しいノード base64 を作成します。

❷…作成したノードの DataType を "bin.base64" に設定します。これにより、このノードはバイナリデータをBase64形式にエンコードする機能を持ちます。

❸…引数として受け取ったバイナリデータ arrData をノードの nodeTypedValue に設定します。すると、自動的にBase64エンコードされ、その結果がノードの Text プロパティに格納されます。

❹…関数の戻り値として、エンコードされたBase64文字列を返します。

❺…使用したノードオブジェクトを解放します。

画像解析プロシージャの作成

GPT-4VのAPIを呼び出し、画像からテキストを返す「ChatGPTV」関数と、その動作に必要な各種の関数が完成しました。これらのコードは、GPTVモジュールに記述してあるので、Excelから使用するだけでなく、他のOfficeアプリにインポートし、活用することも可能です。

最後に、Excelレシピ.xlsmに新しく「画像解析」シートを挿入し、そこから「ChatGPTV」関数と呼び出して画像解析を実行するChatGPTVプロシージャを作成します。コードは他のレシピと同様、AIモジュールに記述します。

サンプル 10-10.txt

```
Sub 画像解析()

    Select Case Application.ClipboardFormats(1)
        Case 2, 9
❶       Case Else
            MsgBox "クリップボードに画像がありません"
            Exit Sub
    End Select

    Dim Sht As Worksheet
    Dim Shp As Object, objChart As Object
    Dim img As Object, filePath As String

❷   filePath = Environ("temp") & "\temp.png"
    Application.ScreenUpdating = False
❸   Worksheets.Add
    Set Sht = ActiveSheet

❹   Sht.PasteSpecial Format:="ビットマップ"
❺   Set img = Sht.Pictures(1)
❻   Set objChart = Sht.ChartObjects.Add(img.Left, img.Top, img.Width, img.Height)
    img.Copy
    Do While objChart.Chart.Shapes.Count = 0
❼       objChart.Chart.Paste
        DoEvents
    Loop
❽   objChart.Chart.Export filePath, "PNG"
    Dim strImage As String
❾   strImage = EscapeJSON(Base64FromFile(filePath))

    With Application
        .DisplayAlerts = False
❿       Sht.Delete
        .DisplayAlerts = True
        .ScreenUpdating = True
    End With

    Dim MyRtn As String
```

```
⓫      MyRtn = InputBox("質問文を入力してください")

⓬      Call OpenMemo(ChatGPTV(MyRtn, "png", strImage, "row"), "
画像認識結果.text")

   End Sub
```

❶…クリップボードに画像が含まれているかをチェックし、画像がない場合はメッセージを表示して終了します。

❷…一時保存する画像のパスを設定します。

❸…画面の更新を停止し、作業場としての新しいワークシートを追加します。

❹…クリップボードの画像を新しいワークシートにビットマップ形式で貼り付けます。

❺…imgオブジェクトに、貼り付けた画像をセットします。これにより、貼り付けた画像のサイズが取得できるようになります。

❻…imgオブジェクトと同サイズのチャートオブジェクトを追加します。

❼…チャートオブジェクトに、imgオブジェクトを貼り付けます。チャートオブジェクトは、画像ファイルと同サイズに設定しているので、ぴったりと収まることになります。画像の貼り付けには、一定の処理時間を要するため、確実に画像貼り付けが完了するまでループで待機します。画像貼り付けの完了は、チャートオブジェクトのChart.Shapes.Count プロパティで判定します。

❽…Exportメソッドで画像ファイルとして保存できるChartObjectの機能を利用して、画像をPNG形式で一時ファイルとして保存します。

❾…保存された画像ファイルをBase64形式の文字列に変換し、EscapeJSON関数を使って、結果の文字列をJSONとして安全に扱えるようにエスケープします。

❿…作業場としてのワークシートを削除し、画面更新を再開します。

⓫…画像解析する質問文を入力します。

⓬…ChatGPTV関数を呼び出し、ユーザーからの入力質問文と画像データをGPT-4Vにリクエストします。画像解析結果はOpenMemoプロシージャを使用しメモ帳で表示します。

「画像解析」レシピを使ってみよう

より汎用性高く使えるよう、7章P.135の手順に沿って、画像解析レシピをクイックアクセスツールバーのボタンに登録しましょう。

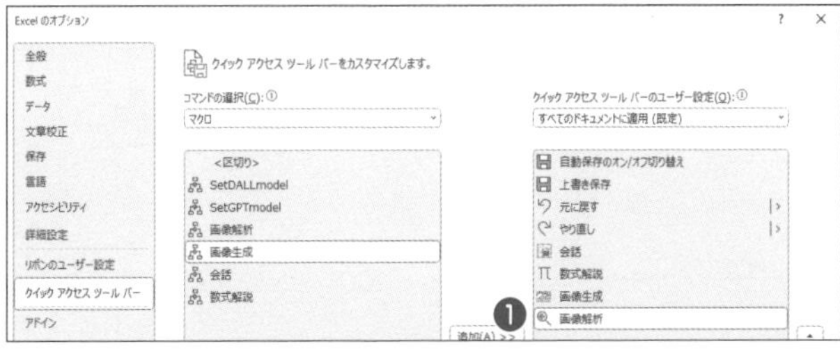

7章P.135を参考に、作成した「画像解析」プロシージャをクイックアクセスツールバーに登録❶しておく

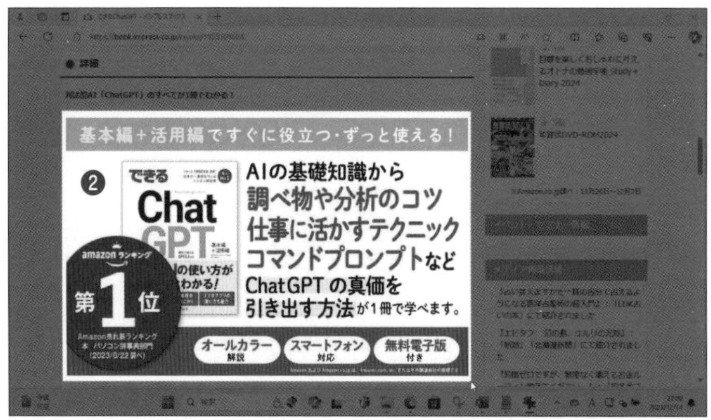

ここではWebページ内の画像を解析する。解析する画像が含まれたWebページを表示しておく。Print Screenキーを押す、またはShift＋⊞＋Sキーで Snipping Toolを実行し、解析したい画像のスクリーンショットをクリップボードに保存❷しておく

Excelを起動し、クイックアクセスツールバーに登録された［画像解析］をクリック❸する

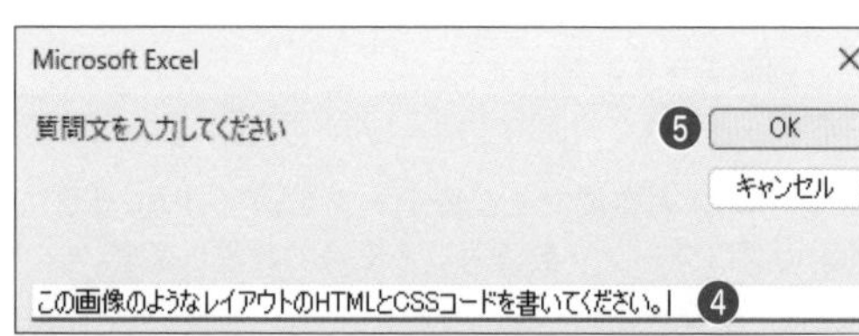

質問文を入力するインプットボックスが表示される。質問文を入力❹し、［OK］をクリック❺する

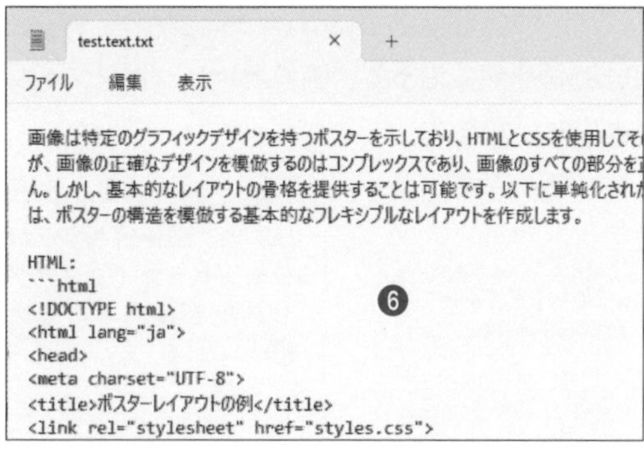

メモ帳が自動的に起動し、ChatGPTから生成された回答が表示❻される

レシピをExcelに組み込もう（OpenAIアドインの登録）

「OpenAI.xlsm」のモジュールに記述したマクロは、そのファイルを開いている時だけ動作します。本章で作成したレシピ①～③を、Excelを起動している間いつでもレシピを使えるようにするには「リボンの追加」と「Excelアドイン」としての保存を行い、Excelに登録する必要があります。その手順は7章P.193で詳しく紹介していますので、ここでは7章のPowerPointとの違いを主に解説します。また、既にリボンを追加し「Excelアドイン」として保存した「OpenAI.xlam」ファイルも用意しています。こちらは、「リボンの追加」の手順をスキップし、Excelにアドインを登録するだけでレシピが使用できるようになるので、必要に応じてご活用ください。

Excelへの「OpenAI」カスタムリボン作成のポイント

基本的な操作は、7章P.193で解説した手順と同様です。ここでは7章の手順と異なる点をピックアップして解説します。

リボンのタブとボタンを追加する

サンプルファイルとして提供している次のフォルダーとファイルを使用して、リボンのタブとボタンを追加します。

[10sho] - [10-05]フォルダー内サンプルファイル

- **customUI フォルダー（customUI.xmlが保存されている）**
- **.relsに追記するテキスト.txt**

OpenAI.xlsmの拡張子をzipに変更します。

OpenAI. xlsmの拡張子をzipに変更し、7章P.193と同様の手順でファイルの編集作業を行った後、拡張子をxlsmに戻します。

OpenAI.xlsmのコードを追加する

OpenAI.xlsmを開くとリボン上に［OpenAI］タブとレシピのボタンが設置されています。

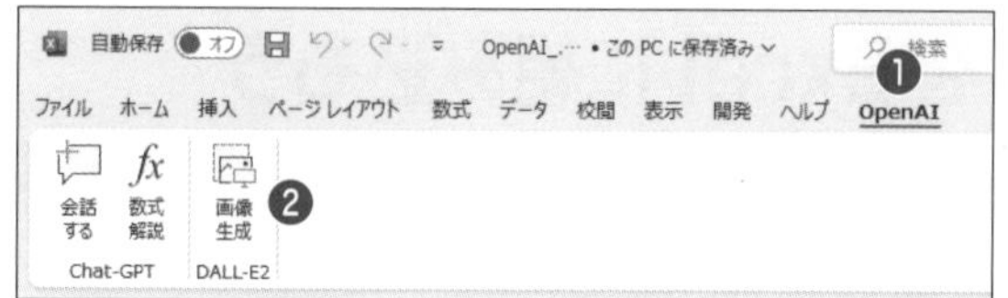

[OpenAI] タブをクリック❶し、3つのボタンが表示❷されていることを確認する

次に、各プロシージャが、リボンから呼ばれて動作するよう、7章P.196に記載されているコードをOpenAI.xlsmのAIモジュールの先頭に追記します。

OpenAI. xlsmのアドイン化とExcelへの登録

次の手順に沿って、OpenAI. xlsmをExcelアドイン(*.xlam)として保存し、アドインとしてExcelに登録します。その後は、Excelを開くたびに自動的にアドインとして有効となります。もし将来、アドインを無効にしたい場合は、同様の手順で「有効なアドイン」リストからチェックボックスをオフにしてください。

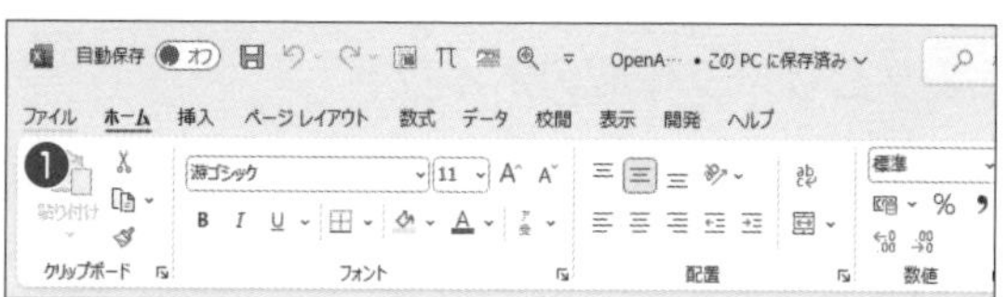

[ファイル] タブをクリック❶する

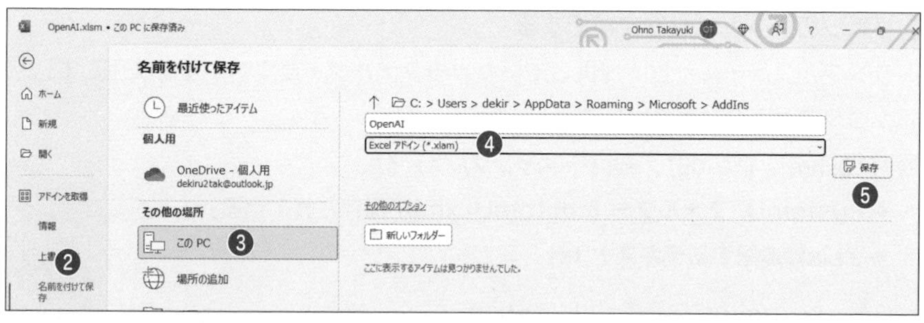

[名前を付けて保存] をクリック❷し、[このPC] をクリック❸する。ここをクリックして[Excelアドイン] を選択❹して [保存] をクリック❺する

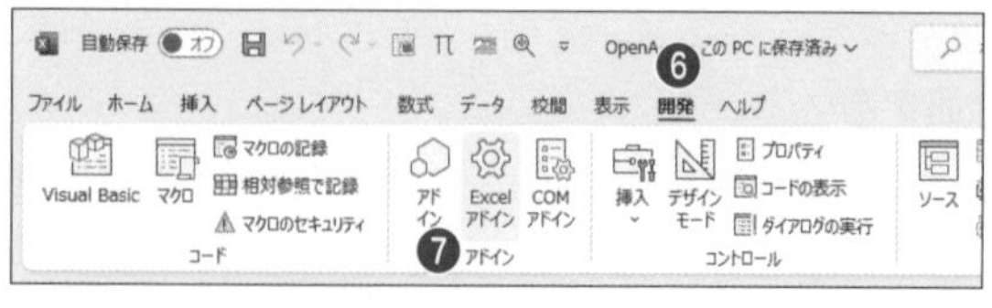

[開発] タブをクリック❻し、[Excelアドイン] を] クリック❼する

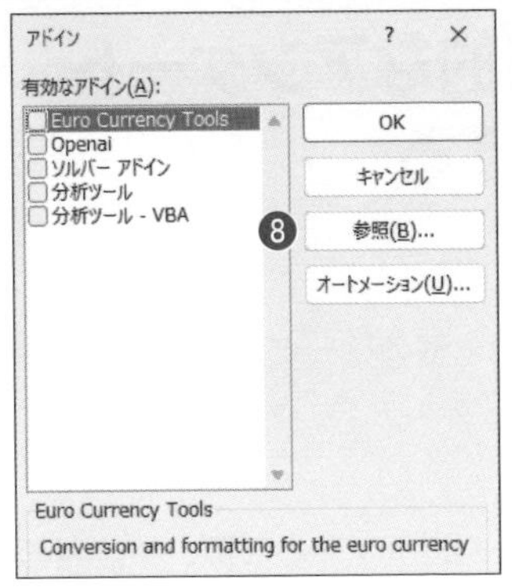

[アドイン] 画面が表示される。[参照] をクリック❽する

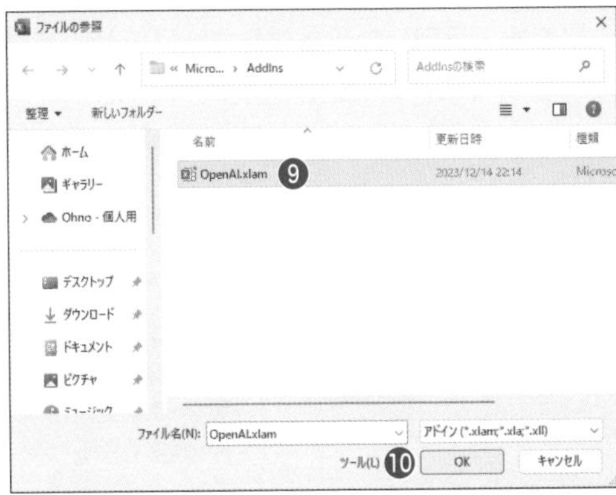

Excelアドイン形式で保存した「OpenAI」をクリック❾し、[OK] をクリック❿する

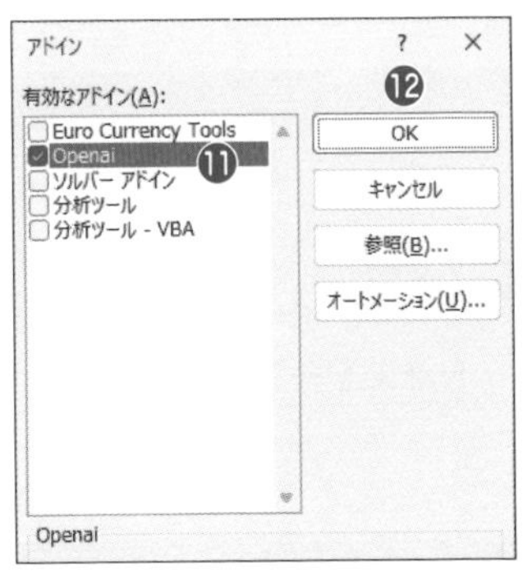

[アドイン] 画面に戻る。[有効なアドイン] に表示された [OpenAI] にチェックマーク⓫が付いていることを確認する。[OK] をクリック⓬する

10-6 ▷ 特別レシピ① 仮想的なアンケート結果を瞬時に生成する

ここから先のセクションでは、今まで紹介してきた、他のワークブックでも利用できる汎用的なレシピではなく、マクロが記述されたワークブックと一体となって動作する特別なレシピを作成します。

Excelでアンケート結果のようなフォーマット固定のデータを扱う際、検証用のデータが不足していて困ることはありませんか。これを解決するのが、ChatGPTを活用した仮想アンケート結果の自動生成です。指定したテーマやキーワードに基づいたリアルな声が、年齢、性別、職業、コメントとともにExcelシート上に一覧で出力されるのです。このレシピは、仮想アンケートデータ作成の手間を大幅に削減し、具体的なデータセットの不足を解消してくれるでしょう。

サンプル 10-ex1.xlsm

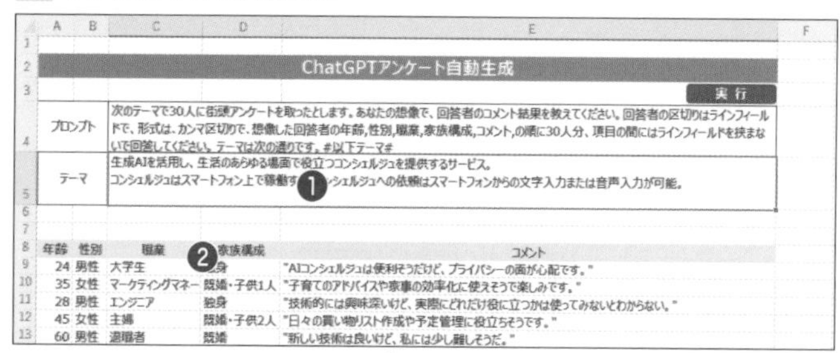

セルに入力されたテーマ❶を基に仮想のアンケートを実施❷できる

「仮想アンケート実施」レシピの機能と使えるシーン

指定したプロンプトとテーマに沿って、仮想アンケート結果を一覧表示します。

使えるシーン

● **教育・研修での仮想データ作成**

教師やトレーナーが、生徒や参加者にデータ分析の技術や方法を教える際、実際のデータを使用すると個人情報の問題が生じることがあるので、実際のデータに近い仮想のデータセットを生成して、実践的な研修を提供したい。

- **新商品の市場調査シミュレーション:**

　市場調査を実施する前に仮想的なデータを使用して、どのような反響が予想されるかのシミュレーションを行い、初期段階の検討をスムーズに進めたい。

- **レポートのバウチャー生成**

　仮想のアンケートデータを使用して、プレゼンテーションやレポートの中でデータを視覚化や説明する際に使用したい。

- **ワークショップやブレインストーミングの題材作成**

　新しいアイディアや解決策を議論する際の背景情報や参考データとして、リアリティのある仮想アンケートデータを使用したい。

- **ユーザビリティテストのシミュレーション**

　新しいソフトウェアやウェブサイトのユーザビリティテストを実施する際に、ユーザがどのようなフィードバックを行うか事前にシミュレーションしたい。

「仮想アンケート実施」コード解説

シート上に入力されたプロンプトとテーマをChatGPTにリクエストし、生成されたアンケート結果を整形し、一覧で表示します。コードはサンプルファイルの「AI」モジュールに記述します。

サンプル 10-ex1.txt

```
Sub アンケート作成()

    Rows("9:" & Rows.Count).ClearContents
    Dim Prmpt As String, Theme As String
    Prmpt = [C4]
    Theme = [C5]

    Dim Rtn As String
    Application.StatusBar = "ChatGPTにリクエスト中・・・"
    Rtn = ChatGPT(Prmpt & Theme, , , 4096)

    Dim arr1, arr2, i As Long
    arr1 = Split(Rtn, vbLf)
```

```
    For i = LBound(arr1) To UBound(arr1)
        arr2 = Split(arr1(i), ",")
        For i2 = LBound(arr2) To UBound(arr2)
            Cells(i + 9, i2 + 1) = arr2(i2)
        Next i2
    Next i
    Application.StatusBar = False

End Sub
```

❶…アンケートを表示するセルを初期化し、プロンプトとテーマをセルから読み取ります。

❷…プロンプトとテーマを連結して、ChatGPTに送信します。レスポンスが長文になる可能性があるので、回答トークンの最大値を4096に設定し、300秒の待ち時間でリクエストします。

❸…ChatGPTからのレスポンスは、指定したプロンプトの形式に従い、カンマで区切られた形で返されます。これをまず行ごとに、次にカンマで分割して、各回答者の情報を取得します。その後、各行をExcelのセルに順次書き込んで、アンケートの回答一覧を生成します。

「仮想アンケート実施」レシピを使ってみよう

3章P.77の手順に沿って、［実行］ボタンにアンケート作成()プロシージャを登録しましょう。プロンプトとテーマを入力し「実行」ボタンをクリックすると、仮想アンケート結果が一覧で表示されます。使用するモデルはGPT-3.5より、仮想アンケートの回答の質が高くなるGPT-4がおすすめです。7章P.135の手順で切り替えましょう。

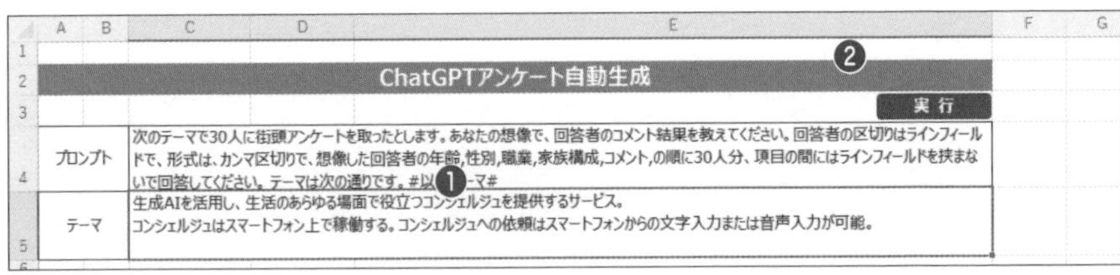

セルC5にアンケートのテーマを入力❶する。アンケートの実施条件を変更する場合はセルC4の文字を修正する。入力した内容を確認し、［実行］をクリック❷する

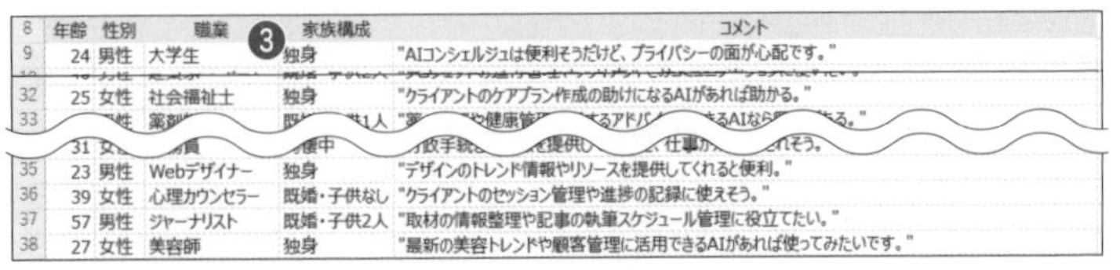

9行目以降に仮想アンケートの回答一覧が表示❸される

10-7 特別レシピ② Excel チャットボットを作成する

ChatGPTを活用してExcelワークシート上で、あなただけのオリジナルのExcelチャットボットを作成しましょう。ブラウザー版のChatGPTと同じように、会話が交互に表示され、以前の会話履歴を参考にしながら、スムーズで連続した会話を行います。APIが提供するボットに特定の役割を持たせることができるRole-Systemや、一貫性やランダム性を指定できるTemperatureを調整することで、対話の内容やボットの性格を自分の好みにカスタマイズできます。Excelワークシートと ChatGPTの組み合わせで実現するオンリーワンのコミュニケーションの世界、あなただけのチャットボットを楽しんでみませんか？

サンプル 10-ex2.xlsm

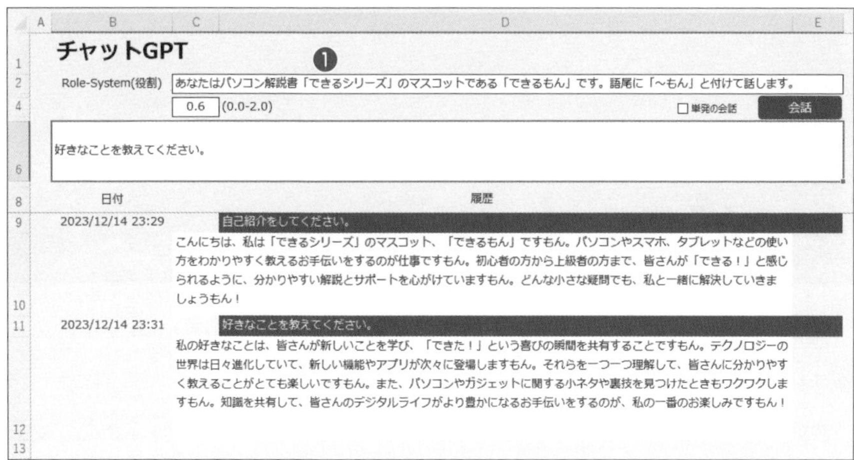

Excel上でChatGPTのように会話のやり取りができる。セルC2に入力された役割❶に基づいた会話が可能になっている

「Excel チャットボット」レシピの機能と使えるシーン

Excelワークシート上でChatGPTと連続した会話によるチャットを行います。役割や性格を指定できます。

使えるシーン

- **有益なカスタマーサポート担当**

  ボットに「サポート担当」という役割を与え、一貫性を保ちながらユーザーの問い合わせに対応させたい。その際Temperatureを下げて確実な回答を促したい。

- **学生との会話シミュレーション**

  ボットに「教師」や「チューター」の役割を与え、学生の質問に答える際のアドバイスに一貫性や専門性を高めたい。

- **チャットボットのエンターテインメント**

  ボットに「コメディアン」や「物語のキャラクター」の役割を与え、Temperatureを上げて面白おかしい、または想像力を刺激する返答をさせたい。

- **メンタルヘルスサポート**

  ボットに「カウンセラー」の役割を与え、一貫性のある優しい対応をするチャットボットを作りたい。

- **イベントの司会トーク原稿**

  ボットに「MC」や「ナレーター」という役割を与えて、イベントの流れに合わせてアナウンスさせトークの原稿としたい。

「Excel チャットボット」コード解説

会話セルに入力されたテキストを、履歴を含めてChatGPTにリクエストし、結果をワークシート上に表示します。コードはサンプルファイルの「AI」モジュールに記述します。

サンプル 10-ex2-01.txt

❶
```
Public RngValue0 As String
Sub チャット()

  Dim EndR As Long, i As Long, r As Long
    Dim Text As String, RoleSys As String, Temperature As Double
```

```
    Text = [B6]
    RoleSys = [C2]
    RngValue0 = Text
    Temperature = [C4]
    If Text = "" Then Exit Sub

    EndR = Cells(Rows.Count, 3).End(xlUp).Row
    Cells(EndR + 1, 2) = Now()
    Cells(EndR + 1, 4) = Text
    [B4] = ""

    Dim MyRng As Range
    Set MyRng = Range(Cells(EndR + 1, 4), Cells(EndR + 1, 5))
    With MyRng
        .Merge
        .HorizontalAlignment = xlLeft
        .Interior.Color = 8013854
        .Font.Color = RGB(255, 255, 255)
        .WrapText = True
    End With
    Call SetFitHeight(MyRng)
    MyRng.Select

    Const MaxPrev As Long = 9
    Dim prevU As String, prevA As String
    If [F5] = False Then
        For i = 1 To MaxPrev
            r = EndR - (i - 1) * 2
            If Cells(r, 3) <> "" And r >= 10 Then
                prevA = prevA & Cells(r, 3) & ";;;"
                prevU = prevU & Cells(r - 1, 4) & ";;;"
            Else
                Exit For
            End If
        Next i
        If Right(prevA, "3") = ";;;" Then prevA = left(prevA, Len(prevA) - 3)
        If Right(prevU, "3") = ";;;" Then prevU = left(prevU, Len(prevA) - 3)
    End If
```

```

    Dim Rsps As String
    [D1] = "ChatGPTのAPIをコールしています・・・"
    Rsps = ChatGPT(Text, RoleSys, Temperature, , , , prevU, prevA)
    Cells(EndR + 2, 3) = Rsps
    Set MyRng = Range(Cells(EndR + 2, 3), Cells(EndR + 2, 4))
    With MyRng
        .Merge
        .HorizontalAlignment = xlLeft
        .Interior.Color = RGB(255, 255, 255)
        .Font.Color = 0
        .WrapText = True
    End With
    Call SetFitHeight(MyRng)
    MyRng.Select
    [D1] = ""

End Sub
```

❶…前回の質問内容を保持する変数です。プロシージャ終了後も値を保持できるようPublic変数として宣言します。

❷…セルを参照し、ChatGPTのAPI呼び出しの際のパラメータを取得し、Public変数RngValue0に現在の会話テキストを格納します。質問テキストが空の場合、サブプロシージャを終了します。

❸…ユーザーの質問をワークシートの適切な位置に書き込みます。

❹…セルを結合し書式を設定、テキストの高さを調整するサブプロシージャ SetFitHeightを呼び出します。

❺…[F5（単発の会話サイン）]がFalseの場合、以前のユーザーとChatGPTのやり取りを取得します。これはAPIに連続的な会話を可能にするための会話履歴として渡すためのものです。履歴は「;;;」区切りの文字列にします。

❻…ChatGPT関数を使って、ChatGPTのAPIを呼び出します。結果はRspsに格納されます。

❼…APIの結果をワークシート上の適切な位置に書き込み、SetFitHeightプロシージャを呼び出して、セルの高さを調整します。

SetFitHeightプロシージャの作成

ChatGPTの会話を表示する際に使用され、結合セル内のすべてのテキストが適切に表示されるように行の高さを調整するプロシージャです。結合されたセルは、AutoFitメソッドを使用して行の高さを自動調整することができません。そのため、「行高さ調整用」シート内の結合されていない通常セルを利用して、会話が表示される結合されたセルに必要な高さを計取得し、その高さを元の結合セルに適用して、すべての会話テキストが適切に表示されるようにします。

サンプル 10-ex2-02.txt

```
Sub SetFitHeight(MyRng As Range)

    Dim FitHeight As Double
    Dim c As Long, w1 As Double, w2 As Double
    c = MyRng.Column
    w1 = Cells(1, c).ColumnWidth
    w2 = Cells(1, c + 1).ColumnWidth

    With Sheets("行高さ調整用").[A1]
        .Value = MyRng.Value
        .ColumnWidth = w1 + w2
        .EntireRow.AutoFit
        FitHeight = .RowHeight
    End With
    MyRng.RowHeight = FitHeight

End Sub
```

❶…指定されたセルの列番号を取得し、会話表示用に結合された2つのセルの列幅を取得します。

❷…「行高さ調整用」シートのセルA1を用います。会話テキストを入力し、会話セルと同じ幅に設定、その上で、EntireRowのAutoFitメソッドでセルA1の行を自動調整し、会話テキストが完全に表示される高さを取得します。

❸…元の結合された会話セルの高さを設定します。

Worksheet_Changeイベントプロシージャの作成

セルB6に質問を入力して Enter キーで確定させた際、会話ボタンをクリックしなくても、自動的にChatGPTにリクエストできるようにします。ワークシートのチェンジイベントを利用し、会話内容が更新された際に、チャットプロシージャを呼び出します。コードは「チャットGPT」シートモジュールにイベントプロシージャとして記述します。

サンプル 10-ex2-03.txt

```
Private Sub Worksheet_Change(ByVal Target As Range)

    Dim RngValue As String
    On Error Resume Next
❶    RngValue = Target.Value
    On Error GoTo 0

❷    If Target.Row = 6 And Target.Column = 2 And RngValue <> "" And RngValue <> RngValue0 Then
        Call チャット
    End If

End Sub
```

❶…変更のあったセルの値を取得します

❷…変更のあったセルが会話入力セルで、かつ、直前の会話内容と異なっていた場合に、会話が更新されたとみなして、チャットプロシージャを呼び出します

「Excel チャットボット」レシピを使ってみよう

3章P.77の手順に沿って、[会話] ボタンにチャット()プロシージャを登録しましょう。Role-System (役割)、Temperatureを設定し、会話を入力します。そのまま Enter キーを押すか、[会話] をクリックします。役割に応じた会話が表示されます。

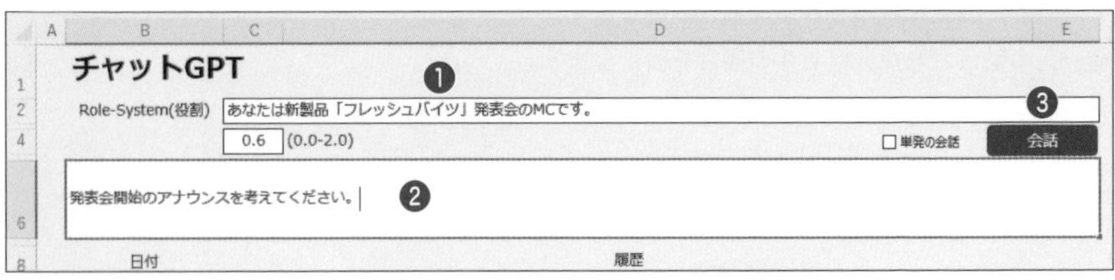

セルC2に役割を入力❶し、セルB6に会話のテキストを入力❷する。入力後に [会話] をクリック❸する

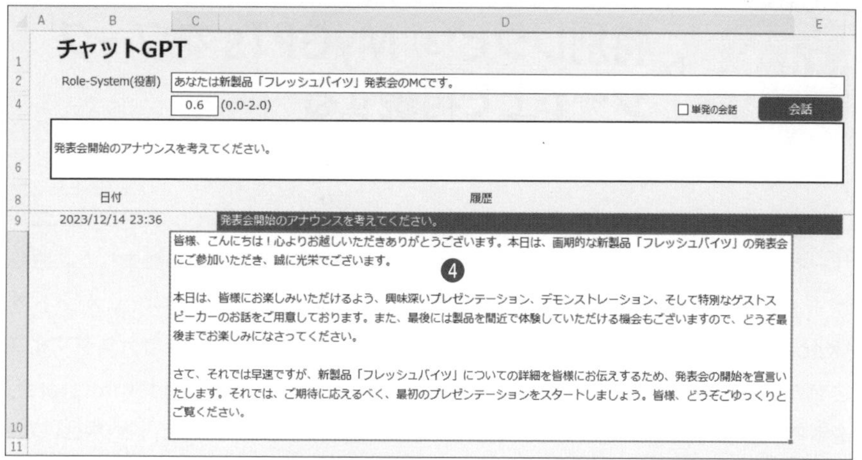

9行目以降にChatGPTからの回答が表示❹される。続けて会話をすることで、行が増えて会話の履歴が残るようになっている

Temperatureの設定や単発の会話ができる

「Temperature」設定は、応答の創造性と予測可能性を調整する機能です。低い値はより確実性が高く一般的な回答をもたらし、高い値は創造的でユニークな応答を引き出します。また、「単発の会話」を選択すると、ChatGPTは直前の質問のみを参照し、過去の会話履歴は考慮しません。これは、それぞれの質問やコメントを独立した会話として扱う際に適しています。これらの設定は、ニーズに合わせてChatGPTの応答をカスタマイズするのに役立ちます。

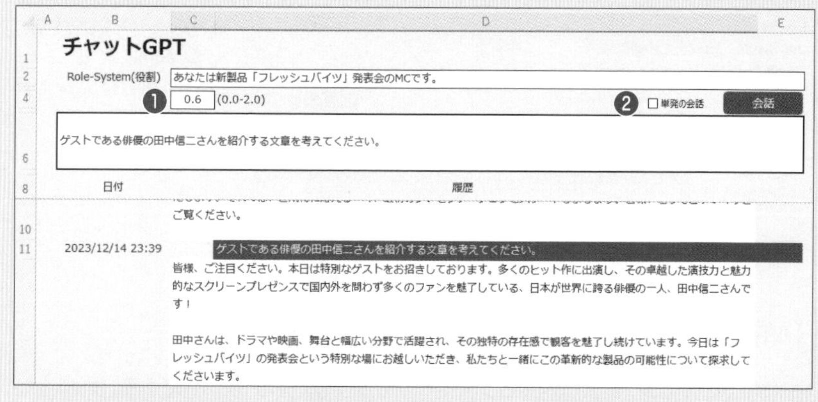

セルC4にはTemperatureを設定❶できる。[単発の会話]❷をクリックしてチェックマークを付けると、履歴を無視して会話できる

10-8 ▷ 特別レシピ③ MyGPTsをワークシート上で再現する

2023年11月、OpenAIの有償のサブスクリプションであるChatGPT Plusユーザー向けに、新しい機能「GPTs」がリリースされ、大きな注目を集めました。ユーザーが「Instructions（指示）」を設定し、PDFやWordなどのドキュメントを「Knowledge（知識）」として指定することにより、独自の知識を持つカスタマイズされた「MyGPTs」を作成できるようになったのです。さらに「CodeInterpreter」を有効にすることで、プラグラムコードの生成と実行が可能となり、xlsxやcsvファイルに対するデータ分析の自動化も実現しています。

驚くべきことに、これらの「GPTs」の機能は、同時にリリースされた「Assistants API」を使用することにより、Excelワークブック上でも実現可能です。本書の最終レシピで、文書ファイルの参照やデータの分析を行うことができる、あなただけの「MyGPTs」を作成しましょう。カスタマイズされたAIアシスタントは、独自のインタラクティブな体験を創り出してくれるはずです。

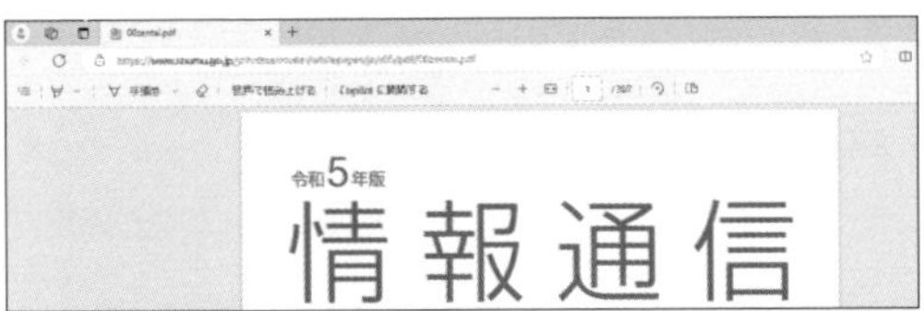

あらかじめ用意しておいた任意のPDFを読み込ませることができる

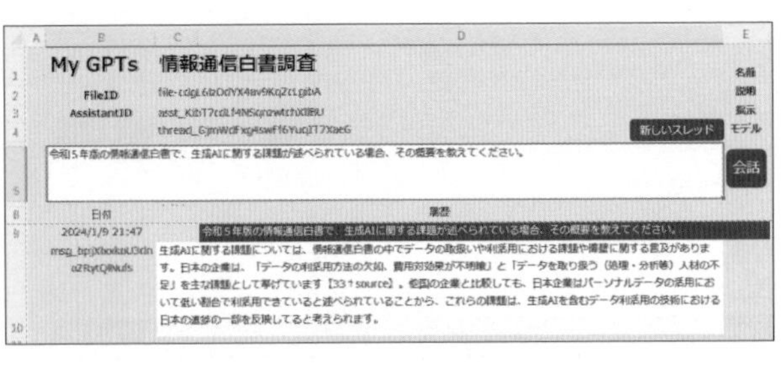

読み込ませたPDFに基づいた質問をすることでChatGPTを経由した回答を生成できる

「MyGPT」レシピの機能と使えるシーン

Instructions（命令）、Model、Knowledge（参照する文書）を指定して、MyGPTsを作成します。新しくMyGPTsシートが作成され、指定した文書を参照して、Instructionに従って回答するMyGPTsが完成、自由に会話できます。

使えるシーン

- **専門的な知識を持つアシスタント**
  特定の専門分野、たとえば医学、法律、工学、経済などに関する文書をKnowledgeとして設定し、その分野に特化したアドバイスや情報を提供するアシスタントを作成したい。

- **財務データの自動分析:**
  会社の財務データが含まれるcsvファイルを読み込み、重要な財務指標や異常値を自動で特定し、財務状況の概要を素早く理解したい。

- **バーチャル面接官**
  入社を希望する企業との面接の前に、決算書や会社案内、中期経営計画などの企業情報をKnowledgeに設定し、面接官の指示を与えて仮想の面接トレーニングを行い、フィードバックやアドバイスをもらいたい。

- **歴史的人物や有名人のスタイルでの会話**
  特定の歴史的人物や有名人の書簡、スピーチ、伝記などを参照し、その人物のスタイルで会話するアシスタントを作成したい。

- **顧客フィードバックの分析:**
  顧客からのフィードバックや意見が記載された大量の文書ファイルを参照し、重要なポイントや改善提案を自動で抽出し、顧客満足度向上のためのアクションプランを作成したい。

- **ゲームの攻略**
  特定のゲームに関する情報、ルール、データをKnowledgeに設定し、そのゲームに関する質問や攻略方法など何でも答えてくれるAIが欲しい。

GPTsをAssistants APIで再現する仕組み

Assistants APIは、今まで使用してきたChatGPT関数とは異なる仕組みで実行されます。ChatGPT関数は、リクエストに応じてレスポンスが返ってくる仕組みでしたが、Assistants APIは、次のようなプロセスで動作します。

● Assitants API の動作プロセス

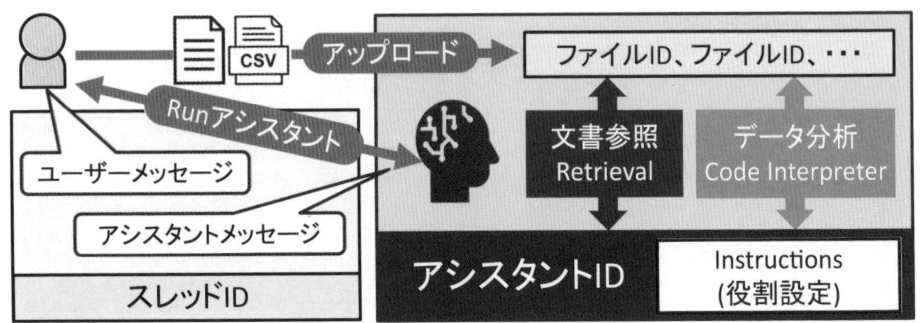

スレッドIDを指定してアシスタントをRun（実行）すると、アシスタントは設定された役割に従い、アップロードされたファイルを参照・分析しながらユーザーメッセージに回答する。回答は、スレッドIDと実行IDを指定して処理が完了したことを確認した後に取得できる

「MyGPTs」レシピ用にワークシートとモジュールを準備しよう

これらの動作を行うレシピを、次のファイルを使用して作成しましょう。ワークシートは「GPTs設定」シートと「MyGPTs」シートを利用します。Assistants APIを呼び出す関数は、AssistantsモジュールにFunctionプロシージャとして記述します。それらの関数を使用するSubプロシージャは、他のレシピ同様、AIモジュールに記述します。また、会話テキストの入力完了を機にChatGPTへのリクエストが自動実行されるよう、「MyGPTs」シートのモジュールには、P.304と同様の、Private Sub Worksheet_Change(ByVal Target As Range)プロシージャを記述します。

サンプル 10-ex3.xlsm

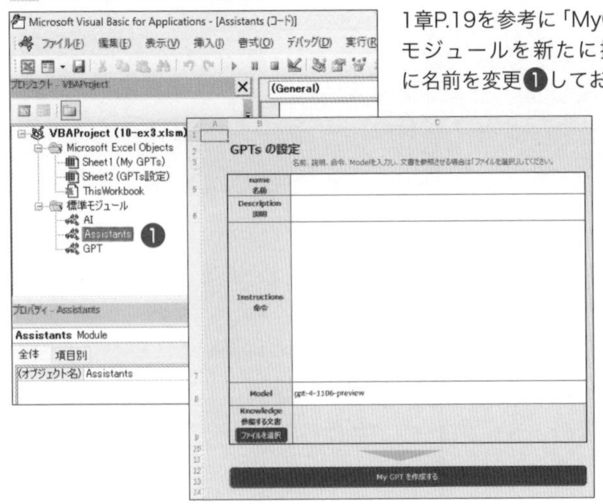

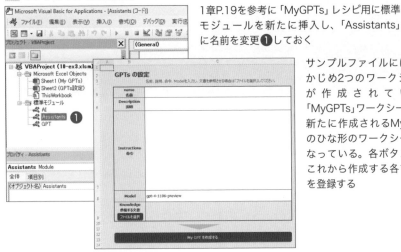

1章P.19を参考に「MyGPTs」レシピ用に標準モジュールを新たに挿入し、「Assistants」に名前を変更❶しておく

サンプルファイルにはあらかじめ2つのワークシートが作成されている。「MyGPTs」ワークシートは、新たに作成されるMyGPTsのひな形のワークシートになっている。各ボタンにはこれから作成する各マクロを登録する

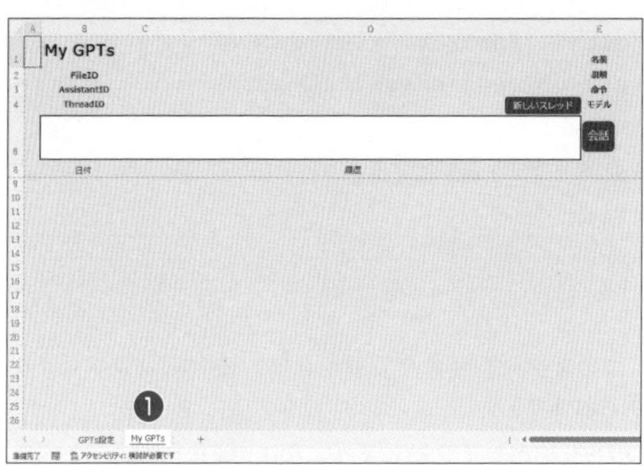

「GPTs設定」ワークシート❶では作成されるMyGPTの名称や役割と基本的な命令を設定できるようになっている

ファイルをアップロードする関数群のコード解説

MyGPTsが参照するファイルをOpenAIプラットフォームにアップロードするための関数群をAssistantsモジュールに作成します。アップロード処理を行うときは、テキストファイルとバイナリファイルを区別して扱う必要があります。テキストファイルは文字情報として、バイナリファイルはデータのバイト列として読み込み、それぞれ異なる方法でアップロードします。これらの処理を効率的かつ正確に行うために、複数の専用関数を作成します。このアプローチにより、異なるタイプのファイルを柔軟かつ効率的なコードで扱うことができます。

UploadFile 関数の作成

メインとなるアップロード関数です。ファイルのパスを受け取り、ファイルの種類に基づいて、テキストファイルかバイナリファイルのアップロード関数を呼び出します。テキストファイル(txt, html)とバイナリとして扱うファイル(pdf, docx, pptx, xlsx, csv)をサポートし、最終的にOpenAIより払い出されるファイルIDを返します。サポートされていないファイル形式の場合、エラーメッセージを返します。

サンプル 10-ex3-01.txt

```
Function UploadFile(Path As String) As String
    Dim fileName As String, fileExtension As String
    fileName = Right(Path, Len(Path) - InStrRev(Path, "\"))
    fileExtension = LCase(Right(Path, Len(Path) - InStrRev(Path, 
"."))) 
    Select Case fileExtension
        Case "txt", "html"
            UploadFile = UploadTextFile(Path)
```

```
        Case "pdf", "docx", "pptx", "xlsx", "csv"
            UploadFile = UploadBinaryFile(Path)
        Case Else
            UploadFile = "ファイル形式エラー "
            Exit Function
    End Select
End Function
```

❶…fileNameとfileExtensionという二つの文字列型変数を宣言します。それぞれファイルの名前と拡張子を格納するために使用されます。

❷…fileName変数に、パスからファイル名を抽出して格納します。Right関数とInStrRev関数を使用して、パスの最後のバックスラッシュ ("")以降の文字を取得します

❸…fileExtension変数に、同様にパスからファイルの拡張子を抽出し、LCase関数で小文字に変換して格納します。

❹…Select Case文を使って、抽出したファイル拡張子に基づいて処理を分岐します。拡張子が"txt"または"html"の場合、UploadTextFile関数を、"pdf"、"docx"、"pptx"、"xlsx"、"csv"の場合、UploadBinaryFile関数を呼び出して、その結果をUploadFile関数の戻り値として設定します。当てはまらない拡張子の場合、文字列"ファイル形式エラー "を戻り値として設定し、関数を終了します。

UploadTextFile 関数の作成

テキストファイルをOpenAIにアップロードする関数です。引数として受け取ったテキストファイルの内容を読み込み、目的(purpose)とともに、マルチパートフォームデータ(テキストとファイルなど異なるタイプのデータを1つのフォームで送信するためのウェブフォームデータ形式)として送信し、APIのレスポンスに存在するファイルIDを取得して返します。

サンプル 10-ex3-02.txt

```
Function UploadTextFile(Path As String) As String

    Dim http As Object, url As String
    Dim mpfData As String, boundary As String
    Dim fileContent As String, fileName As String, fExt As String
    fExt = LCase(Right(Path, Len(Path) - InStrRev(Path, ".")))
    fileName = Format(Now(), "yyyymmdd_hhmmss") & "." & fExt
    url = "https://api.openai.com/v1/files"
    boundary = "----Boundary" & Format(Now, "ddmmyyyyhhmmss")
    fileContent = ReadTextFile(Path)

```

```
        mpfData = "--" & boundary & vbCrLf
        mpfData = mpfData & "Content-Disposition: form-data; name=""file""; filename=""" & fileName & """" & vbCrLf
        mpfData = mpfData & "Content-Type: text/csv" & vbCrLf & vbCrLf
❻       mpfData = mpfData & fileContent & vbCrLf
        mpfData = mpfData & "--" & boundary & vbCrLf
        mpfData = mpfData & "Content-Disposition: form-data; name=""purpose""" & vbCrLf & vbCrLf
        mpfData = mpfData & "assistants" & vbCrLf
        mpfData = mpfData & "--" & boundary & "--"
        Debug.Print mpfData

❼       Set http = CreateObject("MSXML2.XMLHTTP")
        With http
❽           .Open "POST", url, False
            .setRequestHeader "Authorization", "Bearer " & apiKey
❾           .setRequestHeader "Content-Type", "multipart/form-data; boundary=" & boundary
❿           .send mpfData
            Debug.Print .responseText
⓫           UploadTextFile = ExtractStr(.responseText, "id"": """, """,")
        End With

End Function
```

❶…以下の変数を宣言します。

● **変数と役割**

変数	説明
http	HTTPリクエストを行うオブジェクト
url	APIのURL
mpfData	マルチパートフォームデータ
boundary	マルチパートフォームデータの区切り文字列
fileContent	ファイルの内容
fileName	アップロードするファイル名

❷…アップロードするファイル名には、日本語が使用できないため、現在の日付と時刻に基づいて生成したファイル名をfileName変数に格納します。

❸…OpenAIのファイルアップロード用APIのURLをurl変数に設定します。

❹…HTTPマルチパートフォームデータを区切るための境界文字列を生成し、boundary変数に格納します。

❺…ReadTextFile関数を使用してファイルの内容を読み込み、fileContent変数に格納します。

❻…HTTPマルチパートフォームデータを構築してmpfData変数に格納します。これにはファイルの内容と、ファイルの目的("purpose": "assistants")が含まれます。

❼…MSXML2.XMLHTTPオブジェクトを使用します。

❽…OpenメソッドでPOSTリクエストを設定し、urlとFalse(同期リクエスト)を指定します。

❾…setRequestHeaderメソッドで認証情報とコンテントタイプを設定します。

❿…sendメソッドでマルチパートフォームデータを含むHTTPリクエストを送信します。

⓫…APIからの応答(responseText)をExtractStr関数を使用してアップロードされたファイルのIDを抽出、関数の戻り値として返します。

UploadBinaryFile 関数の作成

バイナリファイルをOpenAIにアップロードする関数です。引数として受け取ったバイナリファイルの内容を読み込み、目的(purpose)とともに、マルチパートフォームデータとして送信し、レスポンスからファイルIDを取得して返します。

サンプル 10-ex3-03.txt

```
Function UploadBinaryFile(Path As String) As String

 Dim fileName As String, contentType As String, fExt As String
    fExt = LCase(Right(Path, Len(Path) - InStrRev(Path, ".")))
    fileName = Format(Now(), "yyyymmdd_hhmmss") & "." & fExt
    Select Case fExt
        Case "docx"
            contentType = "application/vnd.openxmlformats-officedocument.wordprocessingml.document"
        Case "pptx"
            contentType = "application/vnd.openxmlformats-officedocument.presentationml.presentation"
'        Case "xlsx"
'            contentType = "application/vnd.openxmlformats-officedocument.spreadsheetml.sheet"
        Case "pdf"
            contentType = "application/pdf"
    End Select

        Dim url As String, boundary As String
    url = "https://api.openai.com/v1/files"
```

```
    boundary = "----Boundary" & Format(Now, "ddmmyyyyhhmmss")

    Dim header As String
    header = "--" & boundary & vbCrLf
    header = header & "Content-Disposition: form-data; name=""file""; filename=""" & fileName & """" & vbCrLf
    header = header & "Content-Type: " & contentType & vbCrLf & vbCrLf
    Debug.Print header
    Dim headerBytes() As Byte
    headerBytes = StrConv(header, vbFromUnicode)

    Dim fileData() As Byte
    fileData = ReadBinaryFile(Path)

    Dim footer As String
    footer = vbCrLf & "--" & boundary & vbCrLf
    footer = footer & "Content-Disposition: form-data; name=""purpose""" & vbCrLf & vbCrLf
    footer = footer & "assistants" & vbCrLf
    footer = footer & "--" & boundary & "--" & vbCrLf
    Debug.Print footer
    Dim footerBytes() As Byte
    footerBytes = StrConv(footer, vbFromUnicode)

    Dim http As Object
    Set http = CreateObject("MSXML2.XMLHTTP")
    http.Open "POST", url, False
    http.setRequestHeader "Authorization", "Bearer " & apiKey
    http.setRequestHeader "Content-Type", "multipart/form-data; boundary=" & boundary

    Dim stream As Object
    Set stream = CreateObject("ADODB.Stream")
    With stream
        .Type = 1 ' adTypeBinary
        .Open
        .Write headerBytes
        .Write fileData
        .Write footerBytes
        .Position = 0
```

```
            http.send stream
            .Close
        End With

        Debug.Print http.responseText
        UploadBinaryFile = ExtractStr(http.responseText, "id"":""", """,")

End Function
```

❶…ファイルの拡張子に基づいて、適切なMIMEタイプ（ファイルの種類を識別するための標準的な形式）をcontentType変数に設定します。

❷…URL、境界文字列の設定とマルチパートフォームデータのヘッダーとフッターを構築します。

❸…ファイルデータはバイナリ形式なので、ReadBinaryFile関数を使用して読み込みます。

❹…MSXML2.XMLHTTPオブジェクトとADODB.Streamオブジェクトを使用して、バイナリデータを含むHTTPリクエストを構築し送信します。

❺…ヘッダーバイト、ファイルデータ、フッターバイトをStreamオブジェクトに書き込み、その後httpオブジェクトを使用してリクエストを送信します。

❻…APIからのレスポンスからアップロードされたファイルのIDを抽出して関数の戻り値として返します。

ReadTextFile と ReadBinaryFile 関数の作成

テキストファイルとバイナリファイルをそれぞれ読み込むための関数です。テキストファイルは文字列として、バイナリファイルはバイト配列として読み込みます。

サンプル 10-ex3-04.txt

```
Function ReadTextFile(Path As String) As String
    Dim fileContent As String
    Dim fileLine As String
    Dim fileNum As Integer

        fileContent = ""
    fileNum = FreeFile

    Open Path For Input As fileNum
    Do While Not EOF(fileNum)
        Line Input #fileNum, fileLine
        fileContent = fileContent & fileLine & vbCrLf
    Loop
```

```
    Close fileNum

    ReadTextFile = fileContent
End Function
```

❶…ファイルの内容を格納するためのfileContent変数を初期化します。

❷…FreeFile関数を使用して、使用可能なファイル番号を取得します。

❸…Openステートメントでファイルを開き、Do Whileループを使用してファイルの終わり(EOF)まで一行ずつ読み込みます。各行はfileContent変数に追加されます。

❹…ファイルを閉じて読み込んだ内容を関数の戻り値として返します。

サンプル 10-ex3-05.txt

```
Function ReadBinaryFile(Path As String) As Byte()
    Dim stream As Object
    Set stream = CreateObject("ADODB.Stream")
    stream.Type = 1 ' adTypeBinary
    stream.Open
    stream.LoadFromFile Path
    ReadBinaryFile = stream.Read
    stream.Close
End Function
```

❶…ADODB.Streamオブジェクトを使用してバイナリデータを操作します。

❷…ストリームのTypeをバイナリ(adTypeBinary)に設定し、LoadFromFileメソッドでファイルを読み込みます。

❸…Readメソッドを使用してバイナリデータを取得し、関数の戻り値として返します。

❹…ストリームを閉じます。

ExtractStr 関数の作成

与えられた文字列(Str)から、特定の2つの文字列(str1とstr2)に挟まれた部分を抽出するための関数です。API応答がJSONで返ってくる場合など、フォーマットされた文字列から特定のデータを抽出する際に汎用的に利用できます。

サンプル 10-ex3-06.txt

```
Function ExtractStr(Str As String, str1 As String, str2 As String) As String
            Dim p1 As Integer, p2 As Integer
    p1 = InStr(Str, str1)
    If p1 = 0 Then
        ExtractStr = ""
```

```
        Exit Function
    End If
    p1 = p1 + Len(str1)
    p2 = InStr(p1, Str, str2)
    If p2 = 0 Then
        ExtractStr = Str
    Else
        ExtractStr = Mid(Str, p1, p2 - p1)
    End If
End Function
```

❶…p1とp2は整数型の変数で、文字列内の特定の位置を示します。

❷…InStr関数を使ってStr内でstr1が最初に現れる位置を探します。

❸…p1が0の場合（str1が見つからない場合）、関数は空の文字列を返して終了します。

❹…p1の値にstr1の長さを加えることで、str1の直後の位置を取得します。

❺…再びInStr関数を使って、更新されたp1の位置からStr内でstr2が最初に現れる位置を探します。

❻…p2が0の場合（str2が見つからない場合）、引数として受け取ったレスポンステキストをそのまま返します。それ以外の場合、Mid関数を使ってStrのp1位置からp2 - p1の長さの部分を抽出し、それを関数の戻り値として返します。

アシスタント作成とスレッド進行のコード解説

この関数群はOpenAIのAssistants APIを利用して、GPTsのチャットに必要な一連のプロセスを実行します。

● 作成する関数と役割

関数名	役割	説明
CreateAssistant 関数	アシスタントの作成	名前、説明などの詳細を設定して新しいアシスタントを作成します。
CreateThreads 関数	スレッドの作成	会話の流れを管理するためのスレッド（会話のコンテキスト）を作成します。
AddMessage 関数	メッセージの追加	ユーザーからの入力をスレッドに追加します。
RunAssistant 関数	アシスタントの実行	スレッド上でアシスタントを実行し、ユーザーの入力に応じた応答を得ます。
CheckStatus 関数	ステータスの確認	アシスタントの実行状況をチェックします。
DisplayResponse 関数	レスポンスの表示	スレッド上でのアシスタントの応答を表示します。

アシスタントの作成 (CreateAssistant関数)の作成

新しいアシスタントを作成するための関数で、アシスタントIDを返します。アシスタントの名前、説明、指示、使用するモデルをJSONデータとしてAPIにPOSTリクエストを送信します。任意で特定のファイルIDを関連付けることができます。これはアシスタントが参照するデータベースや情報源となります。

サンプル 10-ex3-07.txt

```
Function CreateAssistant(Name As String, Description As String, _
                         Instructions As String, Model As String, _
                         Optional fileIDs As String) As String

    Dim url As String
    Dim Body As String
    url = "https://api.openai.com/v1/assistants"

    Body = "{""name"": """ & Name & """, " & _
                  """description"": """ & Description & """, " & _
                  """instructions"": """ & Instructions & """, " & _
                  """model"": """ & Model & """"

    If fileIDs <> "" Then
        Body = Body & ", ""tools"": [{""type"": ""retrieval""}, {""type"": ""code_interpreter""}], " & _
                      """file_ids"": [" & ConvArrJson(fileIDs) & "]"
    End If

    CreateAssistant = HttpRequest(url, "POST", Body, "id"": """, """,")

End Function
```

❶…アシスタントのname（名前）、description（説明）、instructions（指示）、model（使用するモデル）をJSONデータに格納します。

❷…fileIDs パラメータが空ではない場合、アップロードされたファイル（Knowledge）に対して使用するツールのタイプとして、「Retrieval（文書参照）」と「CodeInterpreter（プログラミングコードの生成・実行）」を指定します。併せてfile_ids フィールドに fileIDs の値を設定し、これらの情報をJSONデータに追加します。カンマで区切られたファイルIDの文字列は、fileIDsConvArrJson 関数を使ってJSON配列形式に変換します。

❸…HttpRequest関数を使用して、構築したJSONデータを含むPOSTリクエストをAPIに送信、レスポンスを受け取り、返り値に設定します。

汎用HTTPリクエスト実行(HttpRequest関数)の作成

本レシピにおいて、OpenAI API通信の核となる関数で、各機能の実行に必要なHTTPリクエストを汎用的に処理します。URL、リクエストメソッド(POST/GET)、リクエストボディ、レスポンスから抽出する情報のキーを受け取り、それらを指定したHTTPリクエストを送信し、APIからのレスポンスを処理して返します。Assistants APIを利用した異なるAPIエンドポイントへのリクエストを簡単に構築し実行、IDなどのレスポンスを取得することができるようになります。

サンプル 10-ex3-08.txt

```
Function HttpRequest(url As String, Post As String, Body As String, p1 As String, p2 As String) As String
    Dim http As Object
        Set http = CreateObject("MSXML2.XMLHTTP")
    http.Open Post, url, False
    http.setRequestHeader "Content-Type", "application/json"
    http.setRequestHeader "Authorization", "Bearer " & apiKey
    http.setRequestHeader "OpenAI-Beta", "assistants=v1"
    If Body = "" Then
        http.send
    Else
        http.send Body
    End If
    Debug.Print http.responseText
    HttpRequest = ExtractStr(http.responseText, p1, p2)
End Function
```

❶…MSXML2.XMLHTTPオブジェクトのhttp.Openメソッドを使用して、リクエストの種類(POSTまたはGETなど)、APIのURL、そして非同期フラグ(ここではFalse、つまり同期リクエスト)を設定します。

❷…Content-Typeをapplication/json、AuthorizationヘッダーにBearerトークン(apiKey)、Assistants APIの呼び出しに必要な、OpenAI-Betaヘッダーを設定します。

❸…Bodyが空の場合はボディなしで、ボディがある場合は、その内容を含めてリクエストを送信します。

❹…ExtractStr関数を使用して、レスポンスから特定の文字列を抽出します。これは、レスポンス内の特定のキー(たとえば、アシスタントIDやステータス)を抽出するために用います。

ConvArrJson関数の作成

カンマ区切りの文字列をJSON形式の配列文字列に変換するための関数です。複数のファイルIDをAPIに送信する際にこの関数を使用して、適切な形式の文字列を生成します。

サンプル 10-ex3-09.txt

```
Function ConvArrJson(Str As String) As String
    Dim Arr() As String
        Arr = Split(Str, ",")

    Dim i As Long
    Dim Arrs As String
    For i = LBound(Arr) To UBound(Arr)
        Arrs = Arrs & """" & Trim(Arr(i)) & """"
        If i < UBound(Arr) Then
            Arrs = Arrs & ", "
        End If
    Next i
        ConvArrJson = Arrs
End Function
```

❶…引数として受け取った文字列(Str)を、Split関数を使用して、カンマ(,)で分割し、文字列配列(Arr)に格納します。

❷…新しい文字列変数(Arrs)を初期化し、そこにJSON配列の要素を追加していきます。Forループを使って配列Arrの各各要素をダブルクォーテーション("")で囲み、JSON形式に準拠するようにします。要素間にはカンマとスペース(,)を挿入して、適切なJSON配列の形式を保ちます。

❸…ループが終了すると、構築したJSON配列文字列(Arrs)を関数の戻り値として返します。

スレッドの作成(CreateThreads関数)の作成

会話やインタラクションのためのスレッド(会話のコンテキストや履歴を保持するための単位)を作成し、スレッドIDを返します。

サンプル 10-ex3-10.txt

```
Function CreateThreads() As String
    Dim url As String
    url = "https://api.openai.com/v1/threads"
    CreateThreads = HttpRequest(url, "POST", "", "id"": """, """",")
End Function
```

❶…空のリクエストボディでAPIにPOSTリクエストを送信し、新しいスレッドを生成、スレッドIDを返します。

メッセージの追加 (AddMessages関数)の作成

指定したスレッドにユーザーのメッセージを追加する関数です。スレッドIDとメッセージテキストを引数で受け取り、メッセージIDを返します。

サンプル 10-ex3-11.txt

```
Function AddMessages(ThreadID As String, Text As String) As String
    Dim url As String
    Dim Body As String
        url = "https://api.openai.com/v1/threads/" & ThreadID & "/messages"
    Body = "{""role"": ""user"", ""content"": """ & Text & """}"
    AddMessages = HttpRequest(url, "POST", Body, "id"": """, """,")
End Function
```

❶…引数のスレッドIDを使用して、スレッド内に新しいメッセージ(ユーザーの入力)を追加します。

❷…レスポンスに存在するメッセージIDを返します。

アシスタントの実行 (RunAssistant関数)の作成

特定のスレッドでアシスタントを実行し、ユーザーの入力に対する応答を生成します。アシスタントIDの受け取りに加え、オプショナルで追加のInstructionsを指定できます。実行結果としてRunIDを返します。

サンプル 10-ex3-12.txt

```
Function RunAssistant(ThreadID As String, AssistantID As String, Optional Instructions As String) As String
    Dim url As String
    Dim Body As String
        url = "https://api.openai.com/v1/threads/" & ThreadID & "/runs"
    'Body = "{""assistant_id"": """ & AssistantID & """}"
    Body = "{""assistant_id"": """ & AssistantID & """, " & _
           """instructions"": """ & Instructions & """}"
 RunAssistant = HttpRequest(url, "POST", Body, "id"": """, """,")
```

```
End Function
```

❶…引数で受け取ったスレッドIDとアシスタントIDを利用して、アシスタントを実行します。実行結果としてRunIDを返します。

ステータスの確認 (CheckStatus関数)の作成

スレッドIDとRunIDを受け取り、実行されたアシスタントのステータスを確認します。ステータスがcompletedとなった場合、スレッドにアシスタントメッセージが追加されているので、次のDisplayResponse関数でメッセージを取得できるようになります。

サンプル 10-ex3-13.txt

```
Function CheckStatus(ThreadID As String, RunID As String) As String
    Dim url As String
    url = "https://api.openai.com/v1/threads/" & ThreadID & "/runs/" & RunID
❶       CheckStatus = HttpRequest(url, "GET", "", "status"": """, """,")
End Function
```

❶…GETリクエストを使用して特定のスレッド/アシスタントの実行ステータスを取得し、返り値に設定します。

レスポンスの表示 (DisplayResponse関数)の作成

特定のスレッドでのアシスタントのレスポンス（応答メッセージ）を取得します。

サンプル 10-ex3-14.txt

```
Function DisplayResponse(ThreadID As String) As String
    Dim url As String
    url = "https://api.openai.com/v1/threads/" & ThreadID & "/messages"
❶   DisplayResponse = HttpRequest(url, "GET", "", "value"": """, """,")
End Function
```

❶…GETリクエストを使用してスレッド内のメッセージ履歴を取得、最新の足スタンメッセージを戻り値に設定します。

GPTsの作成と会話のコード解説

Assistantsモジュールに、Assistants APIを呼び出す各関数が準備できました。いよいよ、それらの関数を使って、MyGPTsを作成するためのプロセスを構築しましょう。「GPTs設定」シートで、name（名前）、Description（説明）、Instructions（命令）、Model、Knowledge（参照する文書）を指定して、MyGPTsシートを作成できるようにします。ここでプロシージャはExcelAIモジュールに記述します。

「ファイルを選択する」プロシージャの作成

「ファイルを選択」ボタンで呼び出します。ファイルダイアログを使用して複数のファイルを選択し、選択したファイルのパスを、セルC9にカンマ区切りで表示します。特定のファイル形式（txt, pdf, html, docx, pptx, xlsx, csv）以外が選択された場合は、その旨表示して終了します。

サンプル 10-ex3-15.txt

```
Sub ファイルを選択()

    Dim fileDialog As fileDialog
    Dim Files() As String, fExt As String
    Dim i As Long, fileCount As Long
    ChDir ThisWorkbook.Path

    Set fileDialog = Application.fileDialog(msoFileDialogFilePicker)
    fileDialog.InitialFileName = ThisWorkbook.Path & "\"
    fileDialog.AllowMultiSelect = True

    If fileDialog.Show = -1 Then
        fileCount = fileDialog.SelectedItems.Count
        ReDim Files(1 To fileCount)
        For i = 1 To fileCount
            Files(i) = fileDialog.SelectedItems(i)
            fExt = LCase$(Right$(Files(i), Len(Files(i)) - InStrRev(Files(i), ".")))
            Select Case fExt
                Case "txt", "pdf", "html", "docx", "pptx", "xlsx", "csv"
                Case Else
                    MsgBox "txt, pdf, html, docx, pptx, xlsx, csvが対象です"
```

```
                        Exit Sub
                End Select
            Next i
        Else
            Exit Sub
        End If

    [C9] = ""
        For i = LBound(Files) To UBound(Files)
            [C9] = [C9] & IIf(i <> 1, ",", "") & Files(i)
        Next i

End Sub
```

❶…ファイル選択ダイアログを設定します。ダイアログの初期ディレクトリをワークブックが存在するパスに設定し、複数のファイル選択を許可します。

❷…fileDialog.Showメソッドを使用してダイアログを表示します。ユーザーがファイルを選択し、「OK」をクリックすると、選択されたファイルのパスがfileDialog.SelectedItemsコレクションに格納されます。

❸…選択された各ファイルに対して、ファイルの拡張子をチェックします。対応するファイル形式（txt, pdf, html, docx, pptx, xlsx, csv）でない場合は、エラーメッセージを表示し、サブルーチンを終了します。

❹…セルC9に選択されたファイルのフルパスをカンマ区切りの文字列として表示します。

「MyGPTsの作成」プロシージャの作成

「GPTs設定」シート上で指定された設定を使用して、新しいMyGPTs（アシスタント）を作成し、MyGPTsと会話できる専用のワークシートを作成するマクロです。アシスタントIDなどのMyGPTs設定情報は、すべて、ここで作成されるシートに入力されます。

サンプル 10-ex3-16.txt

```
Sub MyGPTsの作成()

    If [C5] = "" Or [C6] = "" Or [C7] = "" Or [C8] = "" Then
        MsgBox "設定項目を入力してください", , "OpenAI"
        Exit Sub
    End If

    Dim Name As String, Dscr As String, Inst As String, Model As String, Files As String
```

```
❷      Name = [C5]: Dscr = [C6]: Inst = [C7]: Model = [C8]: Files = [C9]

       Sheets("My GPTs").Copy After:=ThisWorkbook.Sheets("GPTs設定")
❸      ActiveSheet.Name = Name & "_" & Format(Now(), "yyyymmdd_hhmmss")

       Dim ArrFiles, i As Long, strPath As String
       ArrFiles = Split(Files, ",")
       If Files <> "" Then
           Files = ""
❹          For i = 0 To UBound(ArrFiles)
               strPath = ArrFiles(i)
               Files = Files & IIf(i > 0, ",", "") & UploadFile(strPath)
           Next i
       End If

       [C1] = Name
       [C2] = Files
❺      [C3] = CreateAssistant(Name, Dscr, Inst, Model, Files)
❻      [C4] = CreateThreads
       [F1] = Name
❼      [F2] = Dscr
       [F3] = Inst
       [F4] = Model
❽      MsgBox "GPTs" & "「" & Name & "」" & "が作成されました"

   End Sub
```

❶…入力セル（C5, C6, C7, C8）が空でないかをチェックします。これらのセルには、アシスタントの名前、説明、指示、使用するモデルが入力されている必要があるため、何れかが空の場合は、エラーメッセージを表示し、終了します。

❷…各設定項目（名前、説明、指示、モデル、ファイル）を対応するセルから取得します。

❸…「My GPTs」シートをコピーして、新しいシートを作成します。新しいシートの名前はアシスタントの名前と現在の日付・時刻を組み合わせ、設定します。

❹…カンマ区切りで指定されたファイルパスを配列に分割します。各ファイルに対してUploadFile関数を呼び出し、アップロードされたファイルのIDを取得します。

❺…CreateAssistant関数を使用して新しいアシスタントを作成し、そのIDをセルC3に表示します。

❻…CreateThreads関数を使用して新しいスレッドを作成し、そのIDをセルC4に表示します。

❼…アシスタントの設定情報（名前、説明、指示、モデル）を所定のセル（F1, F2, F3, F4）に表示します。

❽…アシスタント作成が完了したことを通知するメッセージボックスを表示します

「チャットGPTs」プロシージャの作成

作成されたMyGPTsシート上で、MyGPTsと会話するためのメインプロシージャです。ユーザーからの入力（質問）を受け取り、それに対する応答を生成するためにOpenAIのAssistants APIを呼び出す各関数を使用して回答を表示します。

サンプル 10-ex3-17.txt

```
Declare PtrSafe Sub Sleep Lib "kernel32" (ByVal ms As Long)
Public RngValue0 As String
Sub チャットGPTs()

    Dim EndR As Long, i As Long, r As Long
    Dim Text As String
    Text = [B6]
    RngValue0 = Text
    If Text = "" Then Exit Sub

    EndR = Cells(Rows.Count, 3).End(xlUp).Row
    Cells(EndR + 1, 2) = Now()
    Cells(EndR + 1, 4) = Text
    [B4] = ""

    Dim MyRng As Range
    Set MyRng = Range(Cells(EndR + 1, 4), Cells(EndR + 1, 5))
    With MyRng
        .Merge
        .HorizontalAlignment = xlLeft
        .Interior.Color = 10498160
        .Font.Color = RGB(255, 255, 255)
        .WrapText = True
    End With
    Call SetFitHeight(MyRng)
    MyRng.Select

    Dim Rsps As String
    [C1] = "ChatGPTのAPIをコールしています・・・"
```

```
    Dim AssistantID As String, ThreadID As String, MessageID As String, RunID As String
    AssistantID = [C3]
    ThreadID = [C4]
❻    MessageID = AddMessages(ThreadID, [B6])
    Cells(EndR + 2, 2) = MessageID
❼    RunID = RunAssistant(ThreadID, AssistantID])
❽    Do
        If CheckStatus(ThreadID, RunID) = "completed" Then Exit Do
        DoEvents
        Sleep 200
    Loop
❾    Rsps = DisplayResponse(ThreadID)
    Rsps = UnescapeJSON(Rsps)

❿        Cells(EndR + 2, 3) = Rsps
    Set MyRng = Range(Cells(EndR + 2, 3), Cells(EndR + 2, 4))
    With MyRng
        .Merge
        .HorizontalAlignment = xlLeft
        .Interior.Color = RGB(255, 255, 255)
        .Font.Color = 0
        .WrapText = True
    End With
    Call SetFitHeight(MyRng)
    MyRng.Select
    [C1] = [F1]

End Sub
```

❶…Win32 APIのSleep関数を呼び出す宣言です。Sleep関数は、GPTの応答完了を待機する⑧のループ中で、処理を一時停止させるために使用します。

❷…直前のリクエストテキストを記憶するためのパブリック変数です。

❸…セルB6からユーザーの入力（質問）を取得します。入力が空の場合は、サブルーチンを終了します。

❹…質問の内容とタイムスタンプを記録します。

❺…質問を含むセルの範囲をマージし、フォントの色や背景色、テキストの折り返し設定などを行います

❻…AddMessages関数を使用して、指定したスレッドに質問メッセージを追加します。

❼…RunAssistant関数を使用して、指定したスレッドで、指定されたアシスタントを実行し、RunIDを取得します。

❽…CheckStatus関数でアシスタントの実行ステータスを定期的に確認し、応答が完了するまで待機します。

❾…DisplayResponse関数を使用して、アシスタントからの応答(レスポンス)を取得し、JSON文字列をデコードします。

❿…取得した回答メッセージを該当するセルに表示し、書式を整えます。

「スレッド作成」プロシージャの作成

MyGPTsで新しく会話を始めたい時、シート上の会話履歴を削除し、新たなスレッドを作成します。

サンプル 10-ex3-18.txt

```
Sub スレッド作成()
        [C4] = CreateThreads                  ' ❶
        Rows("9:" & Rows.Count).Delete        ' ❷
End Sub
```

❶…CreateThreads関数で新たなスレッドIDを取得し、表示します

❷…会話ゾーンである9行目から最下行までを削除します。

「MyGPTs」を作成して会話してみよう

早速、MyGPT s を作ってみましょう。ここでは、指定したPDFドキュメントの内容に沿って、何でも答えてくれるアシスタントを作成します。3章P.77の手順に沿って、次のボタンに、該当するプロシージャを登録しましょう。

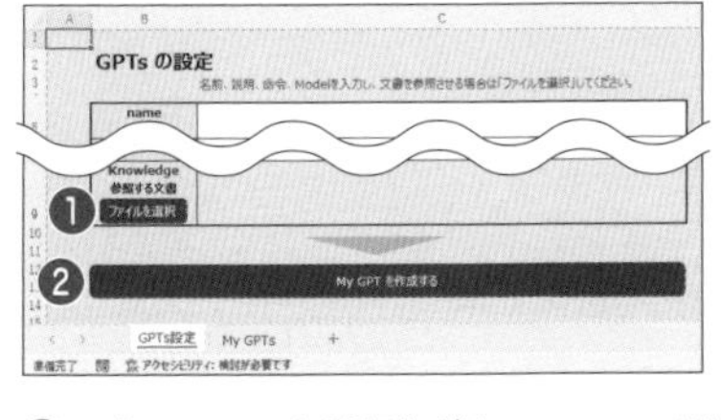

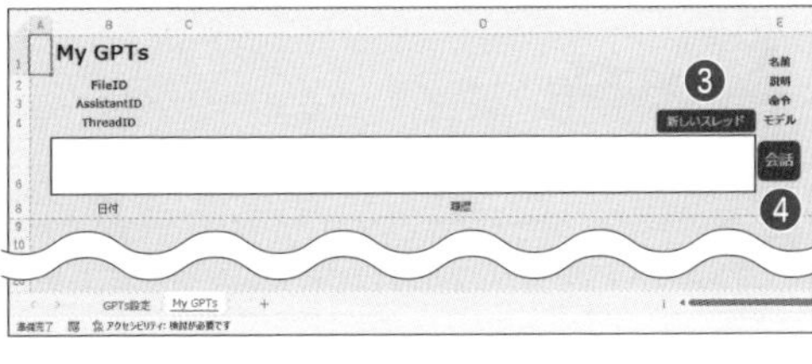

❶… [ファイルを選択] ボタン：ファイルを選択()プロシージャ

❷… [MyGPTを作成する]：ボタンMyGPT s の作成()プロシージャ

❸… [新しいスレッド]：ボタンスレッド作成()プロシージャ

❹… [会話]：ボタンチャットGPTs()プロシージャ

以上で、MyGPTsと会話する準備が整いました。以下の手順に沿って、あなただけのオリジナルGPTとの会話を楽しみましょう。

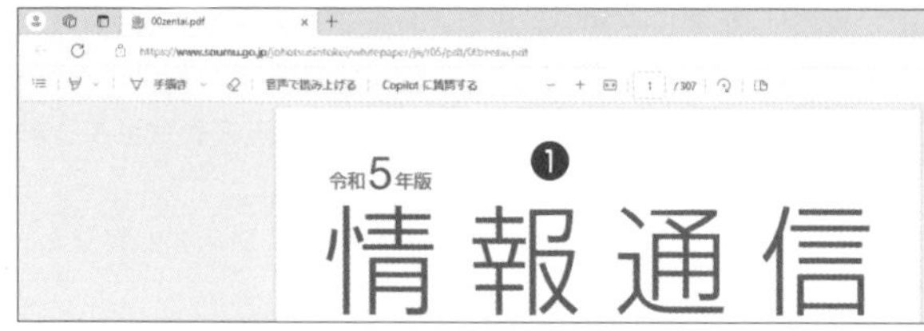

読み込ませるPDFを準備❶しておく。ここでは経済産業省の令和5年版「情報通信白書」のPDF版を使っている

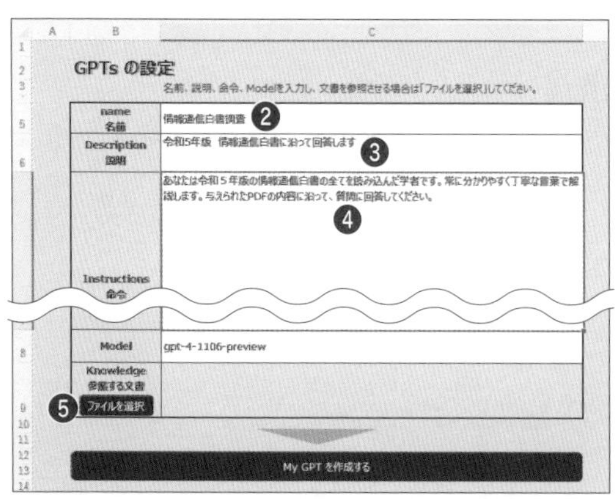

作成するMyGPTsの名前❷と説明❸を入力する。加えて、基本的な命令❹を入力する。最後に読み込ませるPDFを選択するため、[ファイルを選択]をクリック❺する

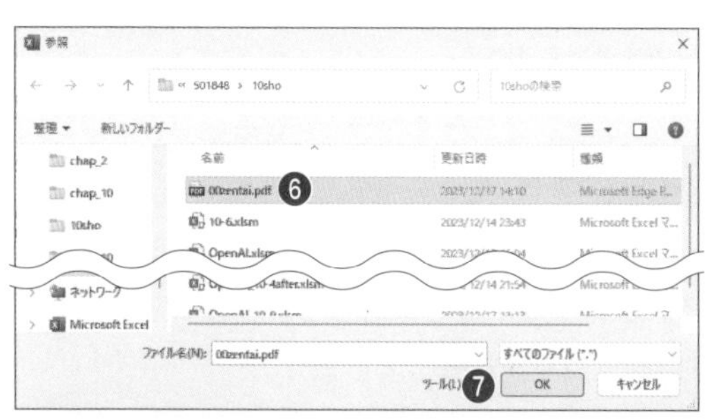

PDFを指定する[参照]ダイアログボックスが表示される。読み込むPDFを選択❻し、[OK]をクリック❼する

MyGPTsを作成する際にモデルを指定できる

MyGPTsでアシスタントを作成する際には、AIモデルを指定することができます。GPT-3.5 Turboは応答速度が速く利用コストも割安です。一方、GPT-4はより高度な理解能力や詳細な応答が可能な反面、利用コストは割高となっています。カスタム内容やニーズに応じて適切なモデルを選択するとよいでしょう。

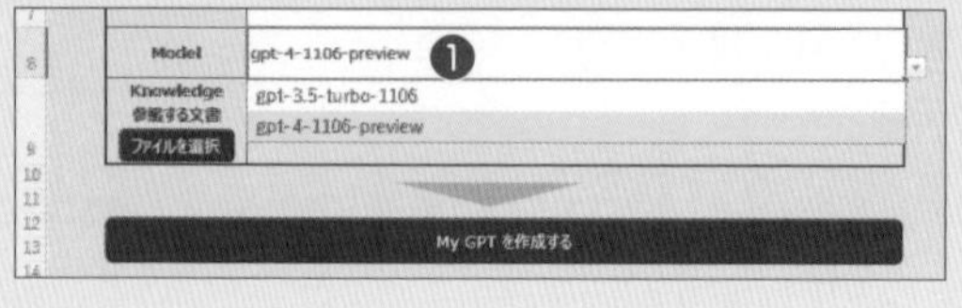

ここをクリック❶すると、使用するGPTのモデルを選択できる

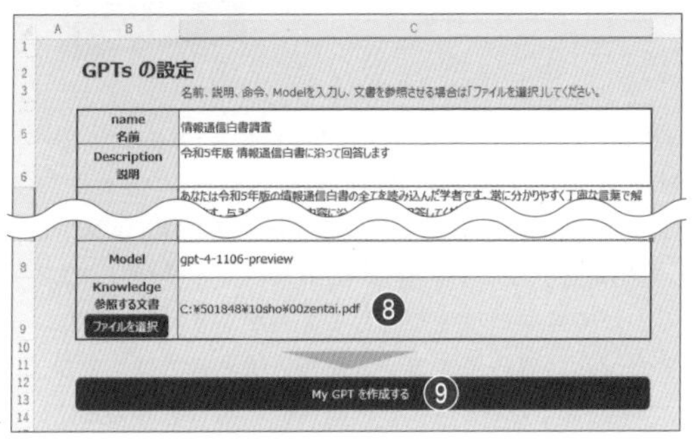

指定されたPDFが表示❽される。最後に［My GPTを作成する］をクリック❾する

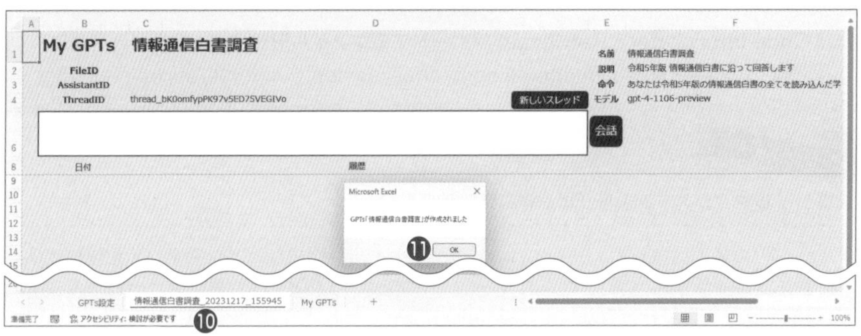

新たにワークシートが追加❿され、GPTの作成が完了したダイアログボックスが表示される。［OK］をクリック⓫する

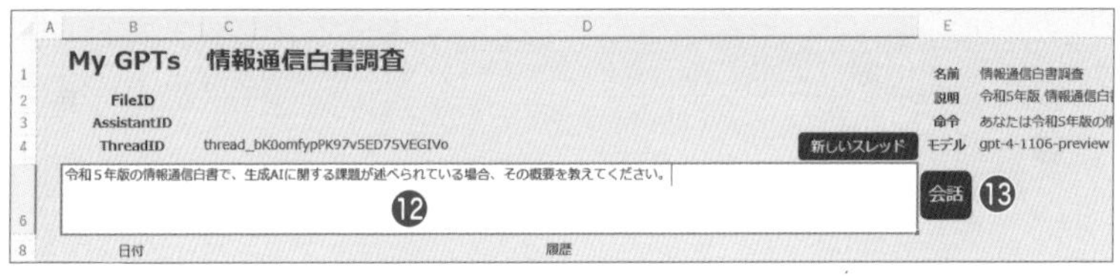

作成されたMy GPTsへの質問を入力⓬し、［会話］をクリック⓭する

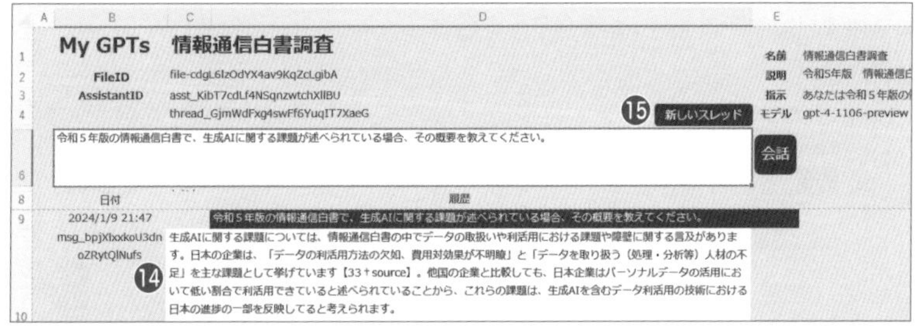

生成された回答が表示⓮される。会話を続けると、最新の回答を最上段に、過去の回答が下に続けて表示されるようになっている。［新しいスレッド］をクリック⓯すると、会話の履歴を消去して新しい会話をはじめられる

xlsxとCSVファイルの扱い

現在のところ(2024年1月)、xlsxやcsvファイルは「Knowledge(知識)」としての「Retrieval(文書参照)」機能には対応していません。これらのフォーマットは、「CodeInterpreter(コードの生成と実行)」機能にのみ対応しています。その結果、xlsxやcsvファイルのみを「Knowledge」として指定し、かつ「CodeInterpreter」が不要なリクエストを行った場合、ファイルを開くことができない状況が生じることがあり、その際はファイルの参照に失敗したなどのレスポンスが返ってきます。対処方法としては、プロンプトに「与えたファイルをxlsxとして開いてください」などの具体的な指示を含めることで、適切なレスポンスが得られるようになります。

Code InterpreterとRetrievalがサポートするファイル形式
URL https://platform.openai.com/docs/assistants/tools/supported-files

ファイルやアシスタントを OpenAI から削除する

OpenAI の管理ページで、アップロードしたファイルや作成したアシスタントを削除することができます。特にアップロードしたファイルは、ファイルの容量に応じて料金が発生※するため、不要となったタイミングで削除しましょう。

※1GB あたり、アシスタントごとに 1 日$0.20（2024 年 1 月時点）

Files – OpenAI API
URL https://platform.openai.com/files

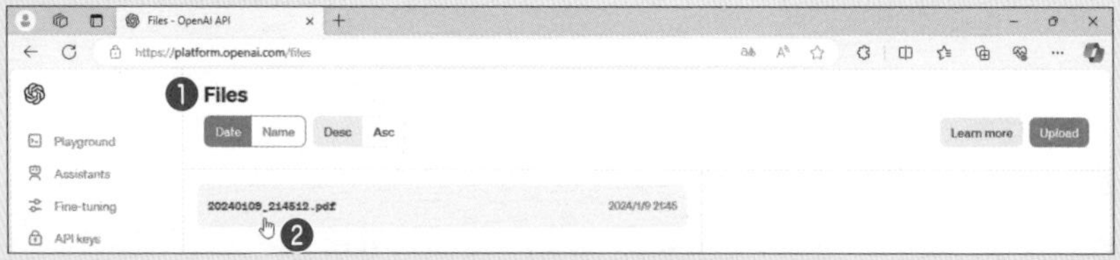

URLを参考に［Files］のWebページを表示❶する。アップロードされたファイルの一覧が表示されるので、削除するファイルをクリック❷する

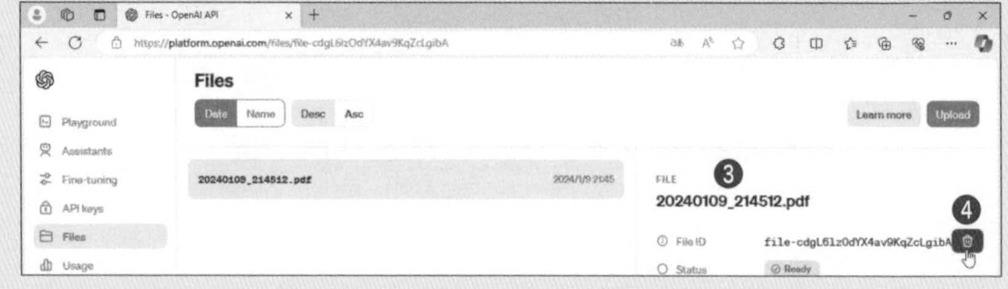

アップロードされたファイルの詳細が表示❸される。削除するファイルに表示された削除のアイコンをクリック❹すると、ファイルが削除される

▷ おわりに

本書を最後までお読みいただいた読者の皆さま、ありがとうございました。そしてお疲れさまでした。Office VBAと生成AIの融合という斬新なテーマに取り組んだ本書が、皆さまにとって未知の領域を探求する楽しい旅となっていれば幸いです。

本書の始まりはChatGPTのAPIが公開された2023年3月当初、Excelユーザー定義関数としてAPIを利用するマクロを、私のブログ「VBAVB.com」で公開し、さらに懐かしのOfficeアシスタント「カイル」君にGPT技術を実装、ユーザーと対話できるチャットBotとしてリリースしたことがきっかけです。これらの作品が「窓の杜」等メディアに取り上げられ、本書のチャレンジへと繋がっていきました。

過去に共著した「Excel VBAアクションゲーム作成入門」や「Excel VBAでIEを思いのままに操作できるプログラミング術」も類書のない書籍でしたが、本書はそれら以上の新たな挑戦でした。執筆中も進化し続ける生成AI技術へ対応し、ExcelだけでなくWord、PowerPoint、Outlookなど様々なOfficeアプリへ統合、VBAへの愛情と理解が一層深まった執筆活動は、私にとって貴重な学びの時間でした。

本書の出版に至るまで、幾度のインプレス社との編集会議を経て、編集部の皆さまがレイアウトや動作確認に膨大な時間を割いてくださいました。スケジュール変更も多くありましたが、そのおかげで、OpenAIのDevDayイベントで発表されたMyGPTsやAssistants API、GPT-4VやDall-E3等の最新技術を取り入れることができました。担当の小野さん、藤原編集長、谷川さん、鈴木さんをはじめとする出版関係者の皆さま、賛同応援してくれた私の勤務先メンバーに深く感謝いたします。そして土日や平日早朝の執筆を支えてくれた妻と娘にも、ありがとう。

最後に、読者の皆さまにお願いがあります。読後ぜひ、ご自身のビジネスや生活シーンに合ったオリジナルレシピの作成にチャレンジしてみてください。本書を読んでくださった皆さまの手により、Office VBAで生成AIを自在に操る新たな可能性が開かれることを心より願い、そして楽しみにしています。

2024年１月　**近田伸矢**

▷ INDEX

アルファベット

ア

カ

サ

タ

ハ

マ

ヤ

ラ

著者

近田伸矢（ちかだのぶや）

Excelをこよなく愛する会社員。Excelゲーム開発のパイオニアとして、過去に10年連続でマイクロソフトMVPアワードを受賞。VBAと新技術を組み合わせてOffice機能のポテンシャルを最大限に引き出す活動を継続、勤務先の保険ホールディングスでも主席スペシャリストとしてグループ各社のDXを推進している。著書に『Excel VBAアクションゲーム作成入門 Excel 2007/2003/2002対応』『Excel VBAでIEを思いのままに操作できるプログラミング術 Excel 2013/2010/2007/2003対応』（インプレス）、『10日でおぼえるExcelVBA入門』（翔泳社）などがある。好きな言葉は「Excelで動かすことに意義がある！」。

VBAで実用マクロ
URL https://vbavb.com/

エクドラ！ Excelドラクエウォーク
URL https://dqw.xlsgm.net/

監修

古川渉一（ふるかわしょういち）

1992年鹿児島生まれ。東京大学工学部卒業。株式会社デジタルレシピ取締役CTO。デジタルレシピではパワーポイントからWebサイトを作る「Slideflow」の立ち上げを経て、現在はAIライティングアシスタント「Catchy（キャッチー）」の事業責任者。

STAFF

カバーデザイン	松本 歩（細山田デザイン事務所）
本文デザイン	クニメディア株式会社
本文イラスト	ケン・サイトー
校正	株式会社トップスタジオ
制作担当デスク	柏倉真理子
DTP	町田有美・田中麻衣子
デザイン制作室	今津幸弘
編集	小野孝行
編集長	藤原泰之

■商品に関する問い合わせ先

このたびは弊社商品をご購入いただきありがとうございます。本書の内容などに関するお問い合わせは、下記のURLまたは二次元バーコードにある問い合わせフォームからお送りください。

https://book.impress.co.jp/info/

上記フォームがご利用いただけない場合のメールでの問い合わせ先
info@impress.co.jp

※お問い合わせの際は、書名、ISBN、お名前、お電話番号、メールアドレス に加えて、「該当するページ」と「具体的なご質問内容」「お使いの動作環境」を必ずご明記ください。なお、本書の範囲を超えるご質問にはお答えできないのでご了承ください。

●電話やFAX でのご質問には対応しておりません。また、封書でのお問い合わせは回答までに日数をいただく場合があります。あらかじめご了承ください。

●インプレスブックスの本書情報ページ　https://book.impress.co.jp/books/1123101083 では、本書のサポート情報や正誤表・訂正情報などを提供しています。あわせてご確認ください。

●本書の奥付に記載されている初版発行日から1年が経過した場合、もしくは本書で紹介している製品やサービスについて提供会社によるサポートが終了した場合はご質問にお答えできない場合があります。

■落丁・乱丁本などの問い合わせ先

FAX　03-6837-5023
service@impress.co.jp
※古書店で購入された商品はお取り替えできません。

生成AIをWord&Excel&PowerPoint&Outlookで自在に操る超実用VBAプログラミング術

2024年2月11日　初版発行

著　者　近田伸矢
監　修　古川 渉一
発行人　高橋隆志
発行所　株式会社インプレス
〒101-0051　東京都千代田区神田神保町一丁目105番地
ホームページ　https://book.impress.co.jp/

印刷所　株式会社暁印刷

ISBN978-4-295-01848-3 C3055
Printed in Japan